Planung von Logistiknetzen

- Modellierung und Optimierung verteilter Produktionssysteme -

Dissertation

zur Erlangung des Grades

eines Doktors der

wirtschaftlichen Staatswissenschaften

(Dr. rer. pol.)

des Fachbereichs Rechts- und

Wirtschaftswissenschaften

der

Johannes Gutenberg-Universität Mainz

vorgelegt von

Dipl.-Wirtsch.-Ing. Karsten Junge

wiss. Mitarbeiter am Lehrstuhl für

Allgemeine Betriebswirtschaftslehre und Produktionswirtschaft

2002

Erstberichterstatter:	Univ.-Prof. Dr. K. Bellmann
Datum der Berichterstattung:	08.10.2002
Zweitberichterstatter:	Univ.-Prof. Dr. A. Herrmann
Datum der Berichterstattung:	21.10.2002
Tag der mündlichen Prüfung:	15.11.2002

Karsten Junge

Planung von Logistiknetzen

Modellierung und Optimierung verteilter Produktionssysteme

Mit einem Geleitwort von Prof. Dr. Klaus Bellmann

Deutscher Universitäts-Verlag

Bibliografische Information Der Deutschen Bibliothek
Die Deutsche Bibliothek verzeichnet diese Publikation in der Deutschen Nationalbibliografie; detaillierte bibliografische Daten sind im Internet über <http://dnb.ddb.de> abrufbar.

Dissertation Universität Mainz, 2002

1. Auflage Oktober 2003

Lektorat: Brigitte Siegel / Sabine Schöller

Der Deutsche Universitäts-Verlag ist ein Unternehmen der Fachverlagsgruppe BertelsmannSpringer.
www.duv.de

Umschlaggestaltung: Regine Zimmer, Dipl.-Designerin, Frankfurt/Main
Druck und Buchbinder: Rosch-Buch, Scheßlitz
Gedruckt auf säurefreiem und chlorfrei gebleichtem Papier
Printed in Germany

ISBN 3-8244-7978-8

Geleitwort

Die abnehmende Wertschöpfungstiefe in der Sachgüter produzierenden Industrie hat eine zunehmende Verflechtung der Lieferant-Abnehmer-Beziehungen zur Folge. Folglich erfordert die Erstellung einer spezifischen Leistung die Kooperation einer Vielzahl direkt produktiver und logistischer Elemente sowie die zielgerichtete Koordination sämtlicher Wertschöpfungsprozesse. Aus produktionswirtschaftlicher Perspektive kann das Zusammenwirken der Akteure als ein räumlich verteiltes, mehrstufiges Produktions- und Logistiksystem, kurz als ein Logistiknetzwerk perzipiert werden.

Netzwerke als produktionswirtschaftlich-logistische Komplexe sind im Grunde genommen nichts Neues. Neu ist allein der Gedanke, dass infolge der Verteilung der Leistungsbeiträge auf eine Vielzahl von Leistungsträgern die Netzwerkakteure als Gesamtheit dafür verantwortlich sind, dass mit der zu erstellenden Leistung die übergeordneten Markt- und Leistungsziele des Netzwerks erfolgswirksam realisiert werden. Unter der Prämisse der Optimierung bedingt die übergreifende Netzwerksicht somit die integrierte Betrachtung des Zusammenspiels der Netzwerkelemente und postuliert eine zentrale Koordination der Einzelleistungen.

Dieser holistische Ansatz in Verbindung mit der Ausrichtung der Netzwerkaktivitäten auf ein oder mehrere übergeordnete Ziele wirft die Frage nach der optimalen Gestaltung des Logistiknetzwerks auf. Aus intraorganisationaler, produktionswirtschaftlicher Sicht ist die Gestaltung logistischer betrieblicher Strukturen traditionell eine Aufgabe der mathematischen Planungsrechnung. Es stellt sich somit zunächst die Frage, ob die herkömmlichen Ansätze der Planungsrechnung geeignet sind, interorganisationale Planungsprobleme von Netzwerken abzubilden und zielorientiert zu optimieren. Im Falle der Verneinung wäre weiterhin zu untersuchen, ob die traditionellen Instrumente sich in geeigneter Weise modifizieren lassen oder gänzlich neue Elemente und Ansätze zu entwickeln sind.

Mittels deskriptiver Analyse hinterfragt Karsten Junge kritisch die Ziele, die Annahmen und die betriebswirtschaftliche Relevanz von herkömmlichen Planungsmodellen, um daraus Vorschläge für die Gestaltung von Optimierungsmodellen für Logistiknetze mit dem Anspruch auf eine problemadäquate Abbildung der realen Planungssituation zu entwickeln. Damit setzt sich der Verfasser bewusst der Kritik aus, sich auf eine theoretische Modellierung zu beschränken, ohne die praktische Lösbarkeit eines konkreten Optimierungsmodells im Auge zu haben.

Dem ist jedoch einerseits entgegenzuhalten, dass der Verfasser sehr wohl die kapazitätstreibenden Faktoren analysiert, welche die praktische Lösbarkeit von Modellen der mathematischen Planungsrechnung determinieren und die es bei deren Gestaltung daher zu berücksichtigen gilt. Andererseits ist zu konstatieren, dass Gestaltungsansätze frei von einem 'solution constraint' konzipiert werden sollten, um betriebswirtschaftlich relevante Problemstellungen realitätsnah zu formalisieren. Ein Blick in die Vergangenheit zeigt, dass modelltheoretische Ansätze der praktischen Lösung meist vorauseilten. So ist heute, mit verbesserten Algorithmen, Heuristiken und schnelleren Rechnern, das Lösen von Planungsmodellen möglich, die während einer ersten Blütephase der mathematischen Planungsrechnung vor ca. dreißig Jahren als unlösbar galten.

Das Verdienst von Karsten Junge besteht darin, (1) herkömmliche gemischt-ganzzahlige Optimierungsmodelle der Produktions- und Projektplanung als Voraussetzung für eine vergleichende Analyse auf die Basis einer einheitlichen Nomenklatur und Notation zu stellen, (2) als Analyseinstrument einen allgemeinen, einheitlichen Beschreibungsrahmen für Vorgangsnetze als übergreifende Konstrukte für die beiden genannten Planungsbereiche zu entwickeln, (3) herkömmliche Optimierungsmodelle mittels Einordnung in den Beschreibungsrahmen vergleichend zu analysieren und deren Eignung zur Optimierung von Logistiknetzen kritisch zu hinterfragen, um (4) aus der Kritik heraus Gestaltungselemente zur Bildung von Optimierungsmodellen für Logistiknetze in problem- und entscheidungsrelevanter Weise zu konzipieren. Im letzten Schritt gelingt es Karsten Junge insbesondere, mit der „zielfunktionsunabhängigen Schaltsteuerung“ die Voraussetzung für die freie Kombination der Gestaltungselemente, namentlich unterschiedlicher Zielfunktionen und der jeweils gewünschten Restriktionen, zu schaffen und eine herausragende Eigenschaft von Logistiknetzen, nämlich die möglichen unterschiedlichen Funktionen paralleler Ressourcen, differenziert abzubilden. Der möglicherweise erhobene Vorwurf, die Anwendung der Gestaltungselemente an einem konkreten Praxisbeispiel werde noch nicht demonstriert, schmälert keineswegs den Wert der theoretischen Arbeit.

Klaus Bellmann

Vorwort

Die schon seit etwa einem Jahrzehnt andauernde, teilweise unter dem Schlagwort „Supply Chain Management" (SCM) geführte intensive qualitative Diskussion von räumlich verteilten Produktionssystemen - kurz: von Logistiknetzen - hat bislang keinen vergleichbar umfangreichen Niederschlag in der Diskussion zugehöriger quantitativer Modelle gefunden, die eine Optimierung erlauben würden. Der überwiegende Teil der Forschung scheint sich bis in die jüngste Zeit intensiv mit der Lösung bestimmter Modellformulierungen - insbesondere mittels modellspezifisch entwickelter Heuristiken - zu befassen, die Annahmen und Ziele einer betriebswirtschaftlichen Planung aber zu vernachlässigen.

Die vorliegende Arbeit stößt in diese Lücke vor. Anstatt sich mit Heuristiken zur Lösung spezieller Modelle auseinander zu setzen und diese gegen Standardlösungsverfahren zu testen, entwickelt sie Komponenten zur Gestaltung von Optimierungsmodellen für Logistiknetze, die es erlauben, die gewünschten betriebswirtschaftlichen Annahmen und Ziele widerspruchsfrei abzubilden. Grundlage hierfür ist eine mittels eines eigens entwickelten Beschreibungsrahmens durchgeführte vergleichende Analyse herkömmlicher Optimierungsmodelle der Produktions- (Losgrößen-) und der Projektplanung, die als Voraussetzung für die Analyse in einheitlicher Notation formuliert wurden. Ergebnis sind die genannten Komponenten, von denen eine Reihe konzeptionell neue Ansätze darstellen, so etwa die „zielfunktionsunabhängige Schaltsteuerung" oder die Gestaltungselemente zur differenzierten Abbildung der möglichen Konstellationen paralleler Ressourcen. Unter Berücksichtigung der in der Arbeit gegebenen Hinweise zur Komplexitätsreduktion sollten die in Standardprogramme integrierten Standardverfahren zur Lösung der mit den Komponenten erstellten Modelle oftmals ausreichen.

Mein herzlichster Dank gilt zuvörderst Herrn Univ.-Prof. Dr. Klaus Bellmann, an dessen Lehrstuhl für Allgemeine Betriebswirtschaftslehre und Produktionswirtschaft ich, neben diesem Forschungsprojekt, anspruchsvolle Aufgaben in der Lehre übernehmen und interessante Projekte der Unternehmensberatung bearbeiten durfte. Das Vorbild seines Forschergeistes und seines wissenschaftlichen Arbeitsstils sowie seine Bereitschaft, Forschungsfreiheit und damit Forschungsverantwortung zu übertragen, machen die Jahre am Lehrstuhl unersetzbar. Herzlichst danken möchte ich auch Herrn Univ.-Prof. Dr. Andreas Herrmann, vormals Mainz und heute St. Gallen, der die Anfertigung des Zweitgutachtens übernahm.

Ferner danke ich den Kolleginnen und Kollegen und den externen Doktorandinnen und Doktoranden des Lehrstuhls für die wertvollen Diskussionen und für ihre aufrichtige Art, die zum Erfolg dieser Arbeit und zu einer angenehmen Arbeitsatmosphäre beigetragen haben.

Für die freundschaftliche Verbundenheit und für manch‘ kurzweilige Stunde danke ich besonders und nicht zuletzt auch den Kolleginnen und Kollegen der anderen Lehrstühle der betriebswirtschaftlichen Abteilung des Fachbereichs Rechts- und Wirtschaftswissenschaften an der Johannes Gutenberg-Universität Mainz.

Karsten Junge

Inhaltsübersicht

Inhaltsverzeichnis

Abbildungsverzeichnis

Tabellenverzeichnis

Gleichungsverzeichnis

Abkürzungs- und Symbolverzeichnis

Abkürzungen

Abkürzung	Bedeutung
ADM	Annals of Discrete Mathematics
ALBP	Assembly Line Balancing Problem
APS	Advanced Planning and Scheduling
AS	Ameisensysteme
ATP	available to promise
AW	AussenWirtschaft, Die Zeitschrift für Export und Import - Branchen und Märkte
B&B	Branch and Bound
BIFOA	Betriebswirtschaftlichen Institut für Organisation und Automation an der Universität Köln
BME	Bundesverband Materialwirtschaft und Einkauf e. V.
BPP	Bin Packing Problem
CLSD	Capacitated Lot sizing problem with Sequence Dependant setup costs, KLMSRK
CLSP	Capacitated Lot Sizing Problem, vgl. KLM
CLSPL	Capacitated Lot Sizing Problem with Linked lot sizes, KLMVL
CSLP	Continuous Setup Lot sizing Problem
CTP	capable to promise
DLSM	Diskretes Losgrößen- und Lossequenzoptimierungsmodell, vgl. DLSP
DLSMRE	Diskretes Losgrößen- und Lossequenzoptimierungsmodell mit Rüstzustands-erhaltung, vgl. CSLP
DLSP	Discrete Lot sizing and Scheduling Problem, vgl. DLSM
DS	Decision Sciences
ECPE	Engineering Costs and Production Economics
EJOR	European Journal of Operational Research
ELM	Einstufiges Losoptimierungsmodell, vgl. SLLSP
ELSP	Economic Lot Scheduling Problem, vgl. ÖLSM
EOQ	Economic Order Quantity, OBM

EPOM	Einfachmodus-Projektoptimierungsmodell, vgl. SMPSP
EPOMBW	Einfachmodus-Projektoptimierungsmodell zur Barwertmaximierung, vgl. SMPSPPV
EPOMBW-UBK	Einfachmodus-Projektoptimierungsmodell zur Barwertmaximierung bei unvollkommenem und beschränkten Kapitalmarkt, vgl. SMPSPPV-ILC
ES	Evolutionsstrategien
EV	Entscheidungsvariable
FK	Fremdkapital
FM	Forschungsmagazin der Universität Mainz
FSP	Flow Shop Problem
GA	Genetische Algorithmen
GE	Geldeinheiten
GLSM	Generelles Losgrößen- und Lossequenzoptimierungsmodell, vgl. GLSP
GLSP	General Lot sizing and Scheduling Problem, vgl. GLSM
HBR	Harvard Business Review
I&L	Inventory and Lot sizing model
IJOPM	International Journal of Operations and Production Management
IJPE	International Journal of Production Economics
IJPR	International Journal of Production Research
IM	Industrie Management
INFM	Information Management
JIE	Journal of Industrial Engineering
JOM	Journal of Operations Management
JORS	Journal of the Operational Research Society
JSP	Job Shop Problem
k. A.	keine Angabe
KLM	Kapazitiertes Losgrößenmodell, vgl. CLSP
KLMSRK	Kapazitiertes Losgrößenmodell mit lossequenzabhängigen Rüstkosten, vgl. CLSD
KLMVL	Kapazitiertes Losgrößenmodell mit verbundenen Losen, vgl. CLSPL
LP	Lineare Planungsrechnung, linear programming
Makrop.	Makroperioden
Mass.	Massachusetts
ME	Mengeneinheiten
Mikrop.	Mikroperioden

MIP	Mixed Integer Programming
MKLM	Mehrstufiges kapazitiertes Losgrößenmodell, vgl. MLCLSP
MKLMSRK	Mehrstufiges kapazitiertes Losgrößenmodell mit lossequenzabhängigen Rüstkosten, vgl. MSLS, vgl. MLSLSP
MLCLSP	Multi Level Capacitated Lot Sizing Problem, MKLM
MLLSP	Multi Level Lot Sizing Problem, vgl. MLM
MLM	Mehrstufiges Losoptimierungsmodell, vgl. MLLSP
MLSLSP	Multi Level Sequence dependent Lot sizing and Scheduling Problem, vgl. MKLMSRK
MPLSM	Mehrstufiges Proportionallosgrößen- und Lossequenzoptimierungsmodell, vgl. PLSP-MM
MMPSP	Multi Mode Project Scheduling Problem, vgl. MPOM
MMPSPDL	Multi Mode Project Scheduling Problem with given Dead Line, vgl. MPOMVE
MPM	metra potential method
MPOM	Mehrfachmodi-Projektoptimierungsmodell, vgl. MMPSP
MPOMVE	Mehrfachmodi-Projektoptimierungsmodell mit vorgegebenem spätesten Endzeitpunkt, vgl. MMPSPDL
MRP I	Material Requirements Planning
MRP II	Manufacturing Resource Planning
MRP III	Multiple Resources Programming
MS	Management Science
MSLS	Multi level Sequence dependant dynamic Lot sizing and Scheduling, vgl. MKLMSRK
NL	Niederlande
NP	nicht-polynomial
NRL	Naval Research Logistics
o. B. d. Zf.	ohne Berücksichtigung der Zielfunktion
OBM	Modell zum Problem der optimalen Bestellmenge, vgl EOQ
OIJMS	OMEGA International Journal of Management Science
ÖLSM	Modell zum Problem der ökonomischen Lossequenz, vgl. ELSP
OR	Operations Research
ORQ	Operations Research Quarterly

ORS	OR Spektrum
p. P.	pro Periode
p. R.	pro Ressource
PAIDS	Proceedings of the American Institute of Decision Sciences
PFSP	Permutation Flow Shop Problem
PIMJ	Production and Inventory Management Journal
PLSM	Proportionallosgrößen- und Lossequenzoptimierungsmodell, vgl. PLSP
PLSP	Proportional Lot sizing and Scheduling Problem, vgl. PLSM
PLSP-MM	Proportional Lot sizing and Schedulung Problem with Multiple Machines, vgl. MPLSM
PMQ	Project Management Quarterly
POM	Production and Operations Management
PPSM	PPS Management
QJE	The Quarterly Journal of Economics
RTM	Research Technology Management
SA	Simulated Annealing
SCM	Supply Chain Management
SD	Stabilisierungs-Destabilisierungs-Verfahren
SLLSP	Single Level Lot Sizing Problem, vgl. ELM
SMPSP	Single Mode Project Scheduling Problem, EPOM
SMPSPPV	Single Mode Project Scheduling Problem for Present Value maximization, vgl. EPOMBW
SMPSPPV-ILC	Single Mode Project Scheduling Problem for Present Value maximization on Imperfect and Limited capital market, vgl. EPOMBW-UBK
SMR	Sloan Management Review
Sp.	Spalte
SPL	Simple Plant Location model
TA	Treshold Accepting
TS	Tabu Search
u. R.	und Ressource
WiSt	Wirtschaftswissenschaftliches Studium
WISU	Das Wirtschaftsstudium
WW	Wagner-Whitin
Zf.	Zielfunktion
ZfB	Zeitschrift für Betriebswirtschaft
ZfbF	Zeitschrift für betriebswirtschaftliche Forschung
ZfP	Zeitschrift für Planung

Symbole für die Optimierungsmodelle

In der folgenden Variablenliste sind zunächst lateinische, dann griechische Buchstaben aufgeführt. Kleinbuchstaben, die vor Großbuchstaben angeordnet sind, symbolisieren Koeffizienten, Indizes oder Entscheidungsvariablen. Großbuchstaben stehen für Mengen oder die letzten Elemente abgezählter Mengen. Mit dem ersten Buchstaben einer Variablen erfolgt eine Klassifikation, mögliche weitere Buchstaben dienen der Spezifizierung. Da in umfangreichen Formeln in kleinem Schrifttyp dargestellte Indizes möglicherweise nur schwer erkennbar sind, kann eine als Index zu lesende Variable tiefgestellt oder auf gleicher Ebene wie die Hauptvariable hinter einer Raute „#" angeordnet sein.

Variable	Erläuterung
a_v	Einnahmen oder Ausgaben am Ende von Vorgang v
a_{vt}	Einnahmen oder Ausgaben am Ende von Vorgang v in der Periode t
B_{lt}	Primärbedarf oder Primärbedarfsgrenze für den Teiletyp l in Periode t
B_t	Primärbedarf oder Primärbedarfsgrenze für nur einen Teiletyp in Periode t
c_j	Belastungskoeffizient für die Kapazität einer Ressource bei Verarbeitung bzw. Aufname des Teiletyps j
ca_j	Aktivitätszeit: Belastungskoeffizient für die Kapazität einer Ressource bei Verarbeitung des Teiletyps j
cab_j	Abschaltzeit: Belastungskoeffizient für die Kapazität einer Ressource bei Eliminierung des Schaltzustands für den Teiletyp j
can_j	Anschaltzeit: Belastungskoeffizient für die Kapazität einer Ressource bei Herstellung des Schaltzustands für den Teiletyp j
co_r	Faktor zur Bestimmung der Zusatzkapazität O_{rt} als Bruchteil oder ggfs. Vielfaches der Normalkapazität C_r
cp_j	Produktionskoeffizient: Belastungskoeffizient für die Kapazität einer Ressource bei Produktion einer Einheit des Teiletyps j
cs_j	Rüst-, Schaltzeit bzw. -koeffizient: Belastungskoeffizient für die Kapazität einer Ressource beim Rüsten bzw. Schalten für den Teiletyp j
$cum_{jv,j}$	Umrüst- bzw. Umschaltzeit: Belastungskoeffizient für die Kapazität einer Ressource bei Umrüstung von Teiletyp jv auf Teiletyp j
C	Kapazität der einzigen Ressource
C_r	Kapazität der Ressource r
C_{rt}	Kapazität der Ressource r in Periode t
C_t	Kapazität einer Ressource in Periode t
d_j	Materialverlustkoeffizient zur Kompensation von Verlusten an Teiletyp j in Materialbilanzen durch Schwund aus Materialbeständen oder Ausschuss bei der Produktion

da_j	Materialverlustkoeffizient zur Ausschusskompensation
ds_j	Materialverlustkoeffizient zur Schwundkompensation
f_{jt}	EV: Hilfsvariable zur Bestimmung der Lossequenz in Periode t: je größer f_{jt}, desto später wird Teiletyp j in Periode t aufgelegt
$f_{ab} = \frac{q_a}{q_b}$	Kuppelmengenfaktor, der anzeigt, welche Stückzahl von Teiletyp a aus jedem Stück des Teiletyps b technisch zwingend hervorgeht
g_{ij}	Gozinto-Faktor: $g_{ij} = 0$, wenn j kein unmittelbarer Nachfolger von i ist, andernfalls die Anzahl der Teile des Typs i, die erforderlich ist, um ein Teil des Typs j herzustellen
$h,\ 1 \leq h \leq H$	Index für die dem Teiletyp j im Logistiknetz vorgelagerten und durch Zukauf beschafften Teiletypen
H	Menge aller dem Teiletyp j im Logistiknetz vorgelagerten und durch Zukauf beschafften Teiletypen h bzw. letztes Element dieser Menge
$i,\ 1 \leq i \leq I$	Index für die dem Teiletyp j im Logistiknetz vorgelagerten und durch Produktion oder Transport beschafften Teiletypen
i_v	Zinssatz bei vollkommenem Kapitalmarkt
i_h	Habenzinssatz
i_s	Sollzinssatz
I	Menge aller dem Teiletyp j im Logistiknetz vorgelagerten und durch Produktion oder Transport beschafften Teiletypen i bzw. letztes Element dieser Menge
IR	Menge der Teiletypen i, die mit einer Ressource r hergestellt werden, bzw. letztes Element dieser Menge
IRE	Menge der Teiletypen i, die mit einer erneuerbaren Ressource $r \in RE$ hergestellt werden, bzw. letztes Element dieser Menge
$j,\ 1 \leq j \leq J$	Index für die Teiletypen, insbesondere die Bestandsteiletypen
$jn,\ 1 \leq jn \leq JN$	Index für den Nachfolger des Teiletyps j auf einer Ressource
$jv,\ 1 \leq jv \leq JV$	Index für den Vorläufer des Teiletyps j auf einer Ressource
J	Menge aller (Bestands-) Teiletypen j bzw. letztes Element dieser Menge
JA	Menge aller Teiletypen j, die im gegebenen Planungszeitraum abgesetzt werden sollen
JN	Menge aller Nachfolger des Teiletyps j im Produktnetz bzw. letztes Element dieser Menge
JNE	Menge der nur beschränkt zur Verfügung stehenden Teiletypen j bzw. letztes Element dieser Menge
JR	Menge der Teiletypen j, die mit einer Ressource r hergestellt werden, bzw. letztes Element dieser Menge
JRE	Menge der Teiletypen j, die mit einer erneuerbaren Ressource $r \in RE$ hergestellt werden, bzw. letztes Element dieser Menge
JRN	Menge der Teiletypen j, die mit einer nicht-erneuerbaren Ressource $r \in RN$ hergestellt werden, bzw. letztes Element dieser Menge

JV	Menge aller Vorläufer des Teiletyps j im Produktnetz bzw. letztes Element dieser Menge
$k,\ 1 \leq k \leq K$	Index für die dem Teiletyp j im Logistiknetz nachgelagerten und durch Produktion oder Transport abgeführten Teiletypen
ka_j	Aktivitätskostensatz: Kosten je Einheit des Teiletyps j
ka_{jt}	Aktivitätskostensatz: Kosten je Einheit des Teiletyps j in Periode t
kab_j	Abschaltkostensatz: Kosten für die Abschaltung der Ressource für den Teiletyp j
kan_j	Anschaltkostensatz: Kosten für die Anschaltung der Ressource für den Teiletyp j
kb_r	Bereitschaftskostensatz: Kosten je Periode für die Ressource r
kb_{rt}	Bereitschaftskostensatz: Kosten für die Ressource r in Periode t
$kum_{jv,\,j}$	Umschaltkostensatz: Kosten für die Umschaltung von Teiletyp jv auf Teiletyp j
km_j	Lagerkostensatz: Lagerkosten pro Einheit des Teiletyps j pro Periode
ko_r	„Überstundenkostensatz", Kosten für jede Einheit der zusätzlich genutzten Ressource r
kp_{jt}	Produktionskostensatz, Kosten pro Einheit des Teiletyps j in Periode t
ks_j	Rüst- bzw. Schaltkostensatz: Kosten beim Schalten für den Teiletyp j
K	Menge aller dem Teiletyp j im Logistiknetz nachgelagerten und durch Produktion oder Transport abgeführten Teiletypen k bzw. letztes Element dieser Menge
K_r^R	Zahl der Kombinationen von r aus R Ressourcen
K_v^V	Zahl der Kombinationen von v aus V Vorgängen
$l,\ 1 \leq l \leq L$	Index für die dem Teiletyp j im Logistiknetz nachgelagerten und durch Verkauf abgeführten Teiletypen
L	Menge aller dem Teiletyp j im Logistiknetz nachgelagerten und durch Verkauf abgeführten Teiletypen l bzw. letztes Element dieser Menge
$m_v = 1,\ldots,M_v$	Index für den Ausführungsmodus des Vorgangs v
M_v	letztes Element der Menge der Ausführungsmodi des Vorgangs v
n	Index für eine subperiodische Position
N_{ges}	Anzahl aller binären Schaltvariablen im Modell
$N_{ges,\ abhängig}$	Gesamtzahl der Schaltvariablen bei Reihenfolgeabhängigkeit von Schaltzeiten bzw. -kosten
$N_{ges,\ unabhängig}$	Gesamtzahl der Schaltvariablen bei Reihenfolgeunabhängigkeit von Schaltzeiten bzw. -kosten
N_J	Anzahl der Teiletypen je Periode
N_T	Anzahl der Perioden im Planungszeitraum (= T)
$N_{T,\ Makro}$	Anzahl der Perioden im Planungszeitraum bei Anwendung eines Makroperiodenmodells
$N_{T,\ Mikro}$	Anzahl der Perioden im Planungszeitraum bei Anwendung eines Mikroperiodenmodells

$NPOS = \sum_{t=1}^{T} NPOS_t$	Anzahl aller Positionen über alle Perioden
$NPOS_t$	Anzahl der Positionen in Periode t
O_{rt}	EV: Menge der genutzten Zusatzkapazität von Ressource r in Periode t
$pose_t = 1 + \sum_{\tau=1}^{t-1} NPOS_\tau$	erste Position in Periode t beim GLSM
$posl_t = pose_t + NPOS_t - 1$	letzte Position in Periode t beim GLSM
q_{At}	EV: Menge der Hilfs- (Anfangs-) Variablen in Periode t
q_{Et}	EV: Menge der Hilfs- (End-) Variablen in Periode t
q_{ht}	EV: Menge, die dem Bestand an Teiletyp j in Periode t durch Zukauf hinzugefügt wird
q_{it}	EV: Menge, die dem Bestand an Teiletyp j in Periode t durch Produktion oder Transport (Teiletyp i) hinzugefügt wird
q_{jt}	EV: Bestand an Teiletyp j in Periode t
q_{kt}	EV: Menge, die dem Bestand an Teiletyp j in Periode t zwecks Weiterverarbeitung entnommen wird (Sekundärbedarf)
q_{lt}	EV: Menge, die dem Bestand an Teiletyp j in Periode t zwecks Verkauf entnommen wird (Primärbedarf)
qbv	EV: Menge der Blindzielvariablen
qm_{jt}	EV: Materialbestand an Teiletyp j am Ende von Periode t
$qp_{j,n}$	EV: Produktionsmenge an Teiletyp j am Ende von Position n
qp_{jt}	EV: Produktionsmenge an Teiletyp j am Ende von Periode t
qz_t	EV: Zahlungsmittelbestand in t
$QMAX_j$	Schranke für das zur Verfügung stehende Material des Typs j
$QZFMAX$	Schranke für den Zahlungsmittelfehlbetrag in Geldeinheiten
r	Index für die Ressourcen
R	Menge der Ressourcen
RE	Menge der erneuerbaren Ressourcen
RM	Menge der angemieteten Ressourcen
RNE	Menge der nicht-erneuerbaren Ressourcen
$\Re^{+}$	Menge der positiven reellen Zahlen
$t,\ 1 \leq t \leq T$	Index für die Periode
t_v	EV: Fertigstellungs- und Zahlungszeitpunkt von Vorgang v
tef_v	Zeitpunkt des frühestmöglichen Endes des Vorgangs v
tes_v	Zeitpunkt des spätestmöglichen Endes des Vorgangs v
T	Anzahl der Planungsperioden (Planungszeitraum)
TAN_r	Anschaltzeit der Ressource r in Perioden
TD_v	nicht-unterbrechbare (non-präemptive) Dauer des Vorgangs v

TD_{vm}	nicht unterbrechbare (non-präemptive) Dauer des in Modus m ausgeführten Vorgangs v
$TFIX_r$	Fixierte (genaue) Schaltzustandsdauer der Ressource r in Perioden
$TMAX_r$	Maximale Schaltzustandsdauer der Ressource r in Perioden
$TMIN_r$	Minimale Schaltzustandsdauer der Ressource r in Perioden
$TPAUSE_r$	(Minimale) Pausendauer der Ressource r in Perioden
$TSTAT_j$	Stationszeit für den Teiletyp j in Perioden
$TSTAT_{jv,j}$	Stationszeit eines Auftrags des Teiletyps j in Perioden, wenn diesem der Teiletyp jv vorausgeht, $jv \neq j$
$TÜMAX_{rt}$	maximal verfügbare zusätzliche Zeiteinheiten („Überstunden") für Ressource r in Periode t
TZ_j	Zahlungsfrist für Teiletyp j bei dessen Einkauf oder Verkauf in Perioden
$v,\ 1 \leq v \leq V$	Index für die Vorgänge
$vn,\ 1 \leq vn \leq VN$	Index für den Nachfolgervorgang des Vorgangs v
$vv,\ 1 \leq vv \leq VV$	Index für den Vorläufervorgang des Vorgangs v
V	Menge aller Vorgänge bzw. letztes Element dieser Menge
VN_v	Menge der Nachfolgervorgänge des Vorgangs v bzw. letztes Element dieser Menge
VNU_v	Menge der unmittelbaren Nachfolgervorgänge des Vorgangs v bzw. letztes Element dieser Menge
VNU_{vt}	Menge der unmittelbaren Nachfolgervorgänge des Vorgangs v in der Periode t bzw. letztes Element dieser Menge
VV_v	Menge des Vorläufervorgangs des Vorgangs v bzw. letztes Element dieser Menge
VVU_v	Menge der unmittelbaren Vorläufervorgänge des Vorgangs v bzw. letztes Element dieser Menge
we_i	Einkaufspreis für den Teiletyp i
we_{it}	Einkaufspreis für den Teiletyp i in Periode t
wv_k	Verkaufspreis für den Teiletyp k
wv_{kt}	Verkaufspreis für den Teiletyp k in Periode t
x_{jt}	EV: binäre Rüst- bzw. Schalthergangsvariable, die anzeigt, ob ein Rüst- bzw. Schalthergang für Teiletyp j in Periode t durchgeführt wird ($x_{jt} = 1$) oder nicht ($x_{jt} = 0$)
$x_{j,n}$	EV: binäre Rüst- bzw. Schalthergangsvariable, die anzeigt, ob ein Rüst- bzw. Schalthergang für Teiletyp j an Position n durchgeführt wird ($x_{j,n} = 1$) oder nicht ($x_{j,n} = 0$)
$x_{jv,j,t}$	EV: binäre Rüst- bzw. Schalthergangsvariable, die anzeigt, ob ein Umrüst- bzw. Umschalthergang von Teiletyp jv auf j in Periode t durchgeführt wird ($x_{jv,j,t} = 1$) oder nicht ($x_{jv,j,t} = 0$)

x_{rt}	EV: binäre Rüst- bzw. Schalthergangsvariable, die anzeigt, ob ein Rüst- bzw. Schalthergang der Ressource r in Periode t durchgeführt wird ($x_{rt} = 1$) oder nicht ($x_{rt} = 0$)
$y_{j,n}$	EV: binäre Rüst- bzw. Schaltzustandsvariable, die anzeigt, ob ein Rüst- bzw. Schaltzustand für Teiletyp j an Position n vorliegt ($y_{j,n} = 1$) oder nicht ($y_{j,n} = 0$)
y_{jt}	EV: binäre Rüst- bzw. Schaltzustandsvariable, die anzeigt, ob ein Rüst- bzw. Schaltzustand für Teiletyp j in Periode t vorliegt ($y_{jt} = 1$) oder nicht ($y_{jt} = 0$)
y_{rt}	EV: binäre Rüst- bzw. Schaltzustandsvariable, die anzeigt, ob ein Rüst- bzw. Schaltzustand für Ressource r in Periode t vorliegt ($y_{rt} = 1$) oder nicht ($y_{rt} = 0$)
z_{vmt}	EV: binäre Endzeitpunktvariable, die anzeigt, ob der Endzeitpunkt des in Modus m durchgeführten Vorgangs v in Periode t liegt ($z_{vmt} = 1$) oder nicht ($z_{vmt} = 0$)
z_{vt}	EV: binäre Endzeitpunktvariable, die anzeigt, ob der Endzeitpunkt von Vorgang v in Periode t liegt ($z_{vt} = 1$) oder nicht ($z_{vt} = 0$)
Z	große Zahl
ZA_t	Auszahlung in Periode t
ZE_t	Einzahlung in Periode t
ZMF_t	EV: Zahlungsmittelfehlbetrag in Periode t
ZMK	Kreditgrenze: Schranke für den Zahlungsmittelfehlbetrag in Geldeinheiten
$ZMÜ_t$	EV: Zahlungsmittelüberschuss in Periode t
α_{jt}	substituierende Entscheidungsvariable
β_{jt}	substituierende Entscheidungsvariable
γ_{jt}	substituierende Entscheidungsvariable
δ_{jt}	substituierende Entscheidungsvariable

1 Neue Planungsanforderungen durch verteilte Produktion

1.1 Die Produktionsplanung zwischen Paradigmen und Methoden

1.1.1 Des- und Reintegration von Wertschöpfungsstufen

Seit geraumer Zeit ist in vielen Branchen eine Desintegration der Produktion festzustellen. Diese häufig dem Paradigma der „Konzentration auf die Kernkompetenzen“[1] folgende Auslagerung von Wertschöpfungsstufen an andere Unternehmen erfordert eine stärkere Zuwendung zur Gestaltung der inter- bzw. transorganisationalen Beziehungen, mithin der durch die Desintegration entstehenden „Unternehmensnetzwerke“.[2] Natürlich existieren Unternehmensnetzwerke, seit es Unternehmen gibt, da deren Aktivität darin besteht, Vorleistungen, die sehr häufig von anderen Unternehmen stammen, unter Nutzung eigener Ressourcen in einer Kombination von „Elementarfaktoren“ zu Produkten oder Dienstleistungen umzuformen,[3] welche wiederum an Konsumenten oder sehr häufig an andere Unternehmen abgegeben werden. Demzufolge sind auch die Beziehungen zwischen Unternehmen in Unternehmensnetzwerken so alt wie die Unternehmen selbst, lediglich deren wirtschaftswissenschaftliche Untersuchung scheint - vielleicht inspiriert durch die Netzwerkforschung in anderen Fachgebieten[4] - seit ca. drei Dekaden verstärktes Interesse zu erfahren.[5]

Die Fokussierung auf die - sachgüterproduzierende - Industrie führt zum Untersuchungsgegenstand der „Produktionsnetzwerke“, die in jüngerer Zeit einerseits aus sozial- oder organisationswissenschaftlicher,[6] z. B. systemdynamischer,[7] Perspektive untersucht werden, die aber andererseits auch ein Untersuchungsobjekt für die neueren quantitativen Ansätze der mehrstufigen Produktionsplanung bilden.[8]

---

1 vgl. stellvertretend Thomsen, E.: Management von Kernkompetenzen, 2001
2 vgl. Klein, St.: Interorganisationssysteme und Unternehmensnetzwerke, 1996
3 vgl. Gutenberg, E.: Einführung in die Betriebswirtschaftslehre, 1958, S. 57
4 vgl. z. B. Sainz, L. / Junge, K. / Pedra, J.: Electrical Network Analysis, in: CIRED '97, S. 18 f.
5 vgl. stellvertretend Sydow, J.: Strategische Netzwerke: Evolution und Organisation, 1992
6 vgl. stellvertretend Kaluza, B. / Blecker, Th. (Hrsg.): Produktions- und Logistikmanagement, 2000
7 vgl. Mildenberger, U.: Selbstorganisation von Produktionsnetzwerken, 1998;
vgl. Haritz, A.: Innovationsnetzwerke, 2000
8 vgl. stellvertretend: Tempelmeier, H.: Material-Logistik, 1999

Da in Produktionsnetzwerken aufgrund der räumlichen Verteilung dem Transport und der Lagerung gleiche Bedeutung zukommen wie der Produktion selbst und sich die von ihnen verarbeiteten Teile nicht nur nach ihren physischen Eigenschaften, sondern auch nach Ort und Zeit unterscheiden, sollen sie nachfolgend als „Logistiknetze" bezeichnet werden.[1] Dieser Terminus steht in Übereinstimmung mit dem Wandel, den der Inhalt des Begriffs „Logistik" in den letzten vier Jahrzehnten erfahren hat.[2] Denn während in den 1960er Jahren der Schwerpunkt auf Lager- und Transportoptimierungen lag, wurde in den 1970er und 1980er Jahren der Blick auf die „Geschäftslogistik" als eigenständige akademische Disziplin ausgeweitet.[3] Unter Ausnutzung der Möglichkeiten der sich verbreitenden Informationstechnologie wurden seitdem die isolierten Logistikkonzepte in einer das gesamte Logistiknetz umfassenden Betrachtung reintegriert.[4] ZÄPFEL weist in diesem Zusammenhang darauf hin, dass die integrierte Betrachtung des gesamten Logistiknetzes kein neues Konzept darstellt, sondern lediglich die Umsetzung dieses seit jeher praktizierten Ansatzes durch die Informations- und Planungswerkzeuge sowie die Kommunikationstechnologie erleichtert wird.[5] Bei genauerer Betrachtung läßt sich die Logistiknetz-Gestaltung in die naturgemäß stark interdependenten Aufgaben der *Kooperation der Logistiknetzteilnehmer* sowie der *Koordination der Informations-, Material- und Geldströme* differenzieren. Da in der Praxis die Koordination gesellschaftsrechtlich unabhängiger Unternehmen als größte Herausforderung deren Kooperation voraussetzt, sind zwar koordinierte unternehmens- bzw. konzerninterne Logistiknetze bereits häufig, koordinierte unternehmens- bzw. konzernübergreifende Logistiknetze jedoch noch relativ selten realisiert.[6] Zur Identifikation tatsächlich unternehmensübergreifender Logistiknetze werden diese deshalb manchmal mit den Attributen „erweitert" oder „integriert" versehen.

---

1 vgl. auch Kap. 3.1.2

2 vgl. Otto, A. / Kotzab, H.: Supply Chains, in: ZfbF, 53. Jg., März 2001, S. 159;
vgl. zur Definition von „Logistik" Schönsleben, P.: Integrales Logistikmanagement, 2000, S. 7

3 vgl. Pfohl, H.-Chr.: Logistiksysteme, 1996;
vgl. Göpfert, I.: Stand und Entwicklung der Logistik, in: LM, 1. Jg., Nr. 1, 1998, S. 19 ff.;
vgl. Isermann, H. (Hrsg.): Logistik: Gestaltung von Logistiksystemen, 1998

4 vgl. Bretzke, W.: Logistik,
in: Kern, W. / Schröder, H. / Weber, W. (Hrsg.): Produktionswirtschaft, 1996, Sp. 1110 ff.

5 vgl. Zäpfel, G.: Supply Chain Management,
in: Baumgarten, H. / Wiendahl, J. / Zentes, J. (Hrsg.): Logistik-Management, 2000, S. 8

6 vgl. Graf, H. / Putzlocher, St.: Kooperation über sechs Stufen, in: LH, 4/2000, S. 44 ff.;
vgl. Houlihan, J.: International Supply Chain Managment, in: IJPDMM, 15/1985, S. 22 ff.;
vgl. Junge, K. / Jacobsen, G.: Messemarkt Brasilien, in: m+a report, 10/1999;
vgl. Zäpfel, G. / Wasner, M.: Logistische Planungsprobleme in kooperativen Transportnetzwerken,
in: Kaluza, B. / Blecker, Th. (Hrsg.): Produktions- und Logistikmanagement, 2000, S. 321

Mit der Bedeutungszunahme der „integrierten“ Logistiknetze wurde im angloamerikanischen Sprachraum schnell der vermarktungsfähige Begriff des „Supply Chain Management“ (SCM) geprägt, der nach den Recherchen von STADTLER auf eine Veröffentlichung von OLIVER und WEBBER aus dem Jahre 1982 zurückgeht und sich zunehmender Verwendungshäufigkeit und vielfältiger Definitionsversuche erfreut.[1] So definieren HURTMANNS und PACKOWSKI „Supply Chain Management ... als prozessorientierte Gestaltung und kooperative Lenkung aller Aktivitäten von der Beschaffung beim Lieferanten (und seines Lieferanten) über die unternehmensinterne Wertschöpfungskette bis zum Verkauf beim Kunden (und seines Kunden)“.[2] Nach SIMCHI-LEVI et al. ist „Supply chain management ... a set of approaches utilized to efficiently integrate suppliers, manufacturers, warehouses, and stores, so that merchandise is produced and distributed at the right quantities, to the right locations, and at the right time, in order to minimize systemwide costs while satisfying service level requirements“.[3] Nach SCHOLZ-REITER und JAKOBZA ist „Supply Chain Management, auch Lieferkettenmanagement, ... die unternehmensübergreifende Koordina-tion der Material- und Informationsflüsse über den gesamten Wertschöpfungsprozess ... mit dem Ziel, den Gesamtprozess sowohl zeit- als auch kostenoptimal zu gestalten“.[4]

Trotz der offenbar weitgehenden inhaltlichen Identität sehen einige Autoren Unterschiede zwischen dem Begriff der „Supply Chain“ und demjenigen des „Logistiknetzes“,[5] was aber nicht immer überzeugt. So stellen auch CORSTEN und GÖSSINGER nach einer Diskussion möglicher Unterschiede zwischen diesen und verwandten Begriffen schließlich fest, dass die „Supply Chain ... eine enge Beziehung zur Logistikkette“ aufweist.[6] Jedoch verfügt der Begriff „Supply Chain“ offensichtlich über einige Mängel, denn einerseits ist bei integrierter Betrachtung keineswegs nur die „Supply“- bzw. Versorgungsseite, sondern auch die „Demand“- bzw. Bedarfsseite zu betrachten.

1 vgl. Oliver, R. / Webber, M.: Supply-chain management: Logistics catches up with strategy, 1992, in: Christopher, M. (Hrsg.): Logistics - The strategic issues, 1992, S. 63-75, zit. nach Stadtler, H.: Supply Chain Management - An Overview, in: Stadtler, H. / Kilger, Chr. (Hrsg.): Supply Chain Management, 2000, S. 18

2 Hurtmanns, F. / Packowski, J.: Optimierung mit SAP APO, in: PdW, 36. Jg., Juni 1999, S. 59

3 Simchi-Levi, D. / Kaminski, P. / Simchi-Levi, E.: Supply Chain, 2000, S. 1

4 Scholz-Reiter, B. / Jakobza, J.: Supply Chain Management, in: PdW, 36. Jg., Juni 1999, S. 7

5 vgl. Hicks, A.: The Manager's Guide, Part I, in: IIE Solutions, Vol. 29, Sep. 1997, S. 43 ff.; vgl. Delfmann, W.: Organisation globaler Versorgungsketten, in: Glaser, H. / Schröder, E. / Werder, A. von (Hrsg.): Organisation im Wandel, 1998, S. 61 ff.; vgl. Bogaschewsky, R.: Supply Chain Management, in: Schneider, H. (Hrsg.): Produktionsmanagement, 2000, S. 287 ff.

6 Corsten, H. / Gössinger, R.: Einführung in das Supply Chain Management, 2001, S. 81

Da der Bedarf auf der Lieferseite eines Logistiknetzes tatsächlich den Ausgangspunkt der Planung bildet, fordern deshalb einige Autoren, die „Supply Chain“ als „Demand Chain“ zu bezeichnen.[1] Sowohl die Versorgungs- als auch die Lieferseite werden allerdings vollständig mit dem auf den Materialstrom abhebenden Begriff „Logistik“ abgedeckt. Zudem wird bei mehrstufiger Produktion offensichtlich nicht nur eine eindimensionale Kette („Chain“) vorliegen, sondern ein zweidimensionales Netz. Daher erscheint der Begriff „Logistiknetz“ zur Beschreibung des diskutierten Sachverhalts am genausten.[2]

Schließlich sei darauf hingewiesen, dass Logistiknetze zunehmend nicht nur als Instrument zur Erzielung von Reorganisations-, sondern auch von Innovationszielen wahrgenommen werden. So urteilt WILDEMANN, dass sich „auf lange Sicht ... die derzeit bestehenden Logistikketten immer mehr zu wandelbaren, flexiblen Logistiknetzwerken entwickeln“ werden.[3] Denn bei beschleunigter Innovationsrate könnten komplizierte Produktionssysteme aus einem Angebot vorhandener Ressourcen praktisch verzögerungsfrei in Logistiknetzen zusammengestellt werden, ohne dass langwirkende „strategische“ oder „taktische“ (Investitions-) Entscheidungen zu treffen sind. Sofern hierbei klare vertragliche Vereinbarungen, etwa zur zeitlich befristeten Anmietung von Ressourcen,[4] getroffen werden, ist eine über das bisher übliche Maß hinausgehende Kooperation - und damit auch eine über das bisher übliche Maß hinausgehende Vertrauensbasis - gesellschaftsrechtlich unabhängiger Unternehmen nicht erforderlich.

---

1 vgl. Buscher, U.: Supply Chain Management, in: ZfP, 10 Jg., 1999, S. 449 ff.;
vgl. Ihde, G.: Mikro- und Makrologistik,
in: Weber, J. / Baumgarten, H. (Hrsg.): Handbuch Logistik, 1999, S. 119;
vgl. Vahrenkamp, R.: Supply Chain Management,
in: Weber, J. / Baumgarten, H. (Hrsg.): Handbuch Logistik, 1999, S. 309

2 vgl. Simchi-Levi, D. / Kaminski, P. / Simchi-Levi, E.: Supply Chain, 2000, S. 1

3 Wildemann, H.: Electronic Logistics, in: LH, 7-8/2001, S. 61

4 vgl. Ockens, K.: Finanzierungsmodelle, Mieten statt kaufen, in: LH, 23. Jg., 12/2001;
vgl. Bellmann, K.: Pay-as-Built - Innovative Organisationsmodelle, 2001

1.1.2 Methoden unternehmensübergreifender Logistik

Gegenwärtig werden in der Literatur eine Reihe von Methoden für die Gestaltung von Logistiknetzen aufgelistet,[1] die offensichtlich nicht unverbunden nebeneinander stehen. Hinsichtlich der Struktur und der Prozesse lassen sich vielmehr Voraussetzungen, Mittel und Ziele unterscheiden, zwischen denen vielfältige und in jedem Einzelfall unterschiedliche Interdependenzen bestehen. Häufig werden z. B. die folgenden Zusammenhänge zu erkennen sein:

Aufgrund der Rahmenbedingungen der gegenwärtigen Wettbewerbssituation sind zunächst ein „externes" und ein „internes" Ziel identifizierbar. Das „externe" Ziel ist mit der *Leistungsdifferenzierung* gegeben, d. h. mit einer zunehmend kundenindividuellen Erzeugung von Produkten oder Dienstleistungen. Die Umsetzung dieses Ziels im Prozesstyp der Massen- oder Serienfertigung wird auch durch das Konzept der „Mass Customization" versucht.[2] Ein *prozessuales Mittel* zur Ermöglichung der Differenzierung ist die *Beschleunigung* der Wertschöpfungsprozesse. Diese ist erforderlich, um ein kundenindividuelles Produkt unter Beibehaltung oder sogar unter Verkürzung der Auftragsdurchlaufzeit herzustellen. Die Beschleunigung der Wertschöpfungsprozesse wiederum wird einerseits durch eine *Kompression* der Wertschöpfungskette und andererseits durch den *Aufschub* des Übergangs von der erwartungsorientierten zur auftragsorientierten Produktion erreicht, welche beide strukturelle Mittel darstellen. Kompression und Aufschub erfordern Reorganisationsmaßnahmen. Die hier eingesetzten ebenfalls strukturellen Mittel sind die *Modularisierung* und die *Integration* von Wertschöpfungsschritten in den zu definierenden Modulen. Das „interne" Ziel besteht in der *Optimierung* einer meist finanzwirtschaftlichen Zielgröße. Häufig wird hierunter die Kostenminimierung unter Einhaltung gegebener Umsatz- und/oder Dienstleistungsziele verstanden, was noch zu diskutieren ist. In der Praxis wird die Optimierung auf der Grundlage der definierten Strukturen und Prozesse durch die Beruhigung und damit Beherrschung der Materialströme, also durch eine *Nivellierung*, versucht. Denn die Vorhersehbarkeit des Verhaltens eines Logistiksystems stellt in der Praxis die Voraussetzung für jede Verbesserung dar.

[1] vgl. stellvertretend Otto, A. / Kotzab, H.: Supply Chains, in: ZfbF, 53. Jg., März 2001, S. 166
[2] vgl. Piller, F.: Mass Customization, 2000

Natürlich ist die Nivellierung dann keine Voraussetzung zur Optimierung, wenn auch ein dynamisches Verhalten des Logistiknetzes beherrscht wird. Entsprechende Modelle werden im Rahmen der mathematischen *Planungsrechnung* aufgestellt. Grundvoraussetzung für die Gestaltung von Logistiknetzen ist die erzwungene oder freiwillige *Kooperation* aller Teilnehmer des Logistiknetzes zum Zwecke einer zentralen Koordination.

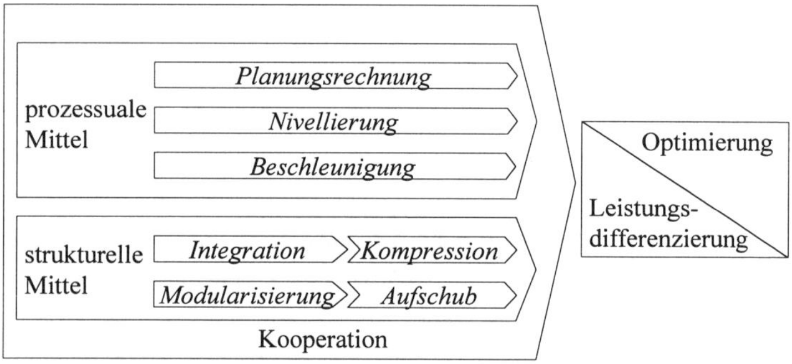

Abb. 1-1: Voraussetzungen, Mittel und Ziele der Logistiknetzplanung

1.1.3 Systematische Modellierung und Optimierung von Logistiknetzen

Wissenschaftliche Ansätze zur innerbetrieblichen Produktionsplanung gehen auf den Beginn des 20. Jahrhunderts zurück.[1] Erste Untersuchungen auch überbetrieblicher Produktionsabläufe stammen aus dessen Mitte, denn bereits 1958 beschrieb FORRESTER das in der Literatur als Peitschenschlag-Effekt bezeichnete Phänomen, dass in einem mehrstufigen Produktionssystem kleine Schwankungen der Bedarfe bei lokal begrenzten Informationen und lokalen Entscheidungen zu immer größeren Streuungen der an vorgelagerte Stufen gemeldeten Bedarfe führen.[2] Auch quantitative Methoden zur Lösung produktionsplanerischer Probleme sind keineswegs neu, wie eine Arbeit von GORENSTEIN zeigt, die aus dem Jahr 1970 stammt.[3] Allerdings werden Losoptimierungsmodelle mit praxisnahen Eigenschaften, wie der Annahme dynamischer Bedarfe, Mehrstufigkeit und Kapazitätsbeschränkungen, erst in der jüngeren Vergangenheit diskutiert. Ein frühes Beispiel der mehrstufigen Produktionsplanung, welches eine detaillierte Analyse und Simulationsstudie einschließt, beschreiben KAMARKAR et al. im Jahre 1985.[4] Häufig rezitiert wird auch ein Fall bei der Owens-Corning Fiberglas Corporation, der originär im selben Jahr von OLIFF und BURCH beschrieben wurde.[5] Eine weitere interessante frühe Studie wird in einer Arbeit von VICKERY und MARKLAND dargestellt.[6]

Auch während der letzten Dekade hat sich eine Reihe von Autoren mit Fragen der mehrstufigen Produktionsplanung auseinander gesetzt. DERSTROFF beschäftigt sich in seiner Dissertation mit Modellen für die mehrstufige Losgrößenplanung mit Kapazitätsbeschränkungen und passt Lösungsheuristiken für verschiedene Varianten an.[7]

---

1 vgl. Drexl., A. / Kimms, A.: Beyond manufacturing resource planning, 1998, S. 181

2 vgl. Forrester, J.: Industrial Dynamics, in: HBR, Vol. 36, 1958, H. 4, S. 37 ff.;
vgl. Moskilde E. / Larsen, E. / Sterman, J.: Coping With Complexity, in: Casti, J. / Karlqvist, A. (Hrsg.): Beyond belief, 1991, S. 203 ff.;
vgl. Berry, D. / Naim, M.: Redesign strategies, in: IJPE, Vol. 46/47, 1996, S. 181 ff.;
vgl. Handfield, R. / Nichols, E. Jr.: Introduction to Supply Chain Management, 1999, S. 17 f.;
vgl. Lee, H. / Padmanabhan, V. / Whang, S.: The bullwhip effect in supply chains, in: SMR, 1995, S. 93 ff.
vgl. Zäpfel, G. / Wasner, M.: Peitschenschlageffekt, in: LM, 1. Jg., 1999, S. 298

3 vgl. Gorenstein, S: Planning tire production, in: MS, Vol. B 17, 1970, S. 72 ff.

4 vgl. Karmarkar, U. / Kekre, S. / Kekre, S. et al.: Lotsizing, in: IF, Vol. 15 (2), 1985, S. 1 ff.

5 vgl. Oliff, M. / Burch, E.: Multiproduct production scheduling at Owens-Corning Fiberglas, in: IF, Vol. 15 (5), 1985, S. 25 ff.

6 vgl. Vickery, S. / Markland, R.: Multi-stage lot-sizing in a serial production system, in: IJPR, Vol. 24, 1986, S. 517 ff.

7 vgl. Derstroff, M.: Mehrstufige Losgrößenplanung, 1995

KIMMS entwickelt aus einem bekannten Modell der einstufigen Losoptimierung eine mehrstufige Variante und testet an dieser ein ganzes Spektrum von Lösungsheuristiken.[1] In einem ähnlichen Ansatz entwickelt GRÜNERT eine mehrstufige Variante eines anderen bekannten einstufigen Modells und passt Heuristiken zu dessen Lösung an.[2] PATTLOCH entwickelt in seiner Dissertation ein Modell und die notwendigen Lösungsheuristiken für ein praktisches Produktionsplanungsproblem, bei dem auch mehrere Maschinen eingesetzt werden.[3]

Aufgrund der Komplexität praxisgerechter Produktionsplanungsmodelle kommt der Entwicklung von Lösungsheuristiken in der Literatur große Bedeutung zu,[4] wobei mit teils beachtlichem Erfolg versucht wird, die Charakteristika einzelner Modelle für die Gestaltung der Heuristiken auszunutzen. Jedoch werden aus der Kritik an der herkömmlichen Produktionsplanung, dass ein- und derselbe Planungsansatz nicht auf unterschiedliche Organisationstypen der Produktion angewendet werden kann,[5] nur selten Konsequenzen gezogen. Denn nur vereinzelt richtet sich der Blick auf die Ziele der Modellformulierungen und deren betriebswirtschaftliche Relevanz. Die vorliegende Arbeit widmet sich daher nicht der Entwicklung oder Anpassung von Lösungsheuristiken für spezifische Modelle. Vielmehr kritisiert sie die den üblichen Modellen zu Grunde liegenden Annahmen und entwickelt daraus Vorschläge für die Gestaltung von Optimierungsmodellen für Logistiknetze mit dem Ziel einer geeigneten Abbildung der realen Planungssituation, anders formuliert: für die Planung von Logistiknetzen.

Damit ist der Ansatz der Arbeit der Kritik zugänglich, die MÜLLER-MERBACH schon 1973 für ein derartiges Vorgehen formulierte: Manchmal werden in der produktionswirtschaftlichen Forschung „mit ganz besonderem Fleiß ... auch für verschiedene Probleme der Maschinenbelegungsplanung ... wunderschöne Modelle ... aufgestellt. Darüber gibt es einige Kilogramm Dissertationen, deren namentliche Aufführung überflüssig zu sein scheint". Denn „viele betriebswirtschaftlich ambitionierte Modellbauer beschränken sich bewusst auf die Formulierung von Modellen und befassen sich mit ihrer Lösbarkeit nicht.

---

1 vgl. Kimms, A.: Multi-Level Lot Sizing and Scheduling, 1997
2 vgl. Grünert, T.: Lotsizing and Scheduling, 1998
3 vgl. Pattloch, M.: Planung auf parallelen Maschinen, 1999
4 vgl. auch Kap. 2.4
5 vgl. Drexl, A. / Fleischmann, B. / Günther, H. / Stadtler, H. / Tempelmeier, H.: Konzeptionelle Grundlagen kapazitätsorientierter PPS-Systeme, in: ZfbF, 46. Jg., 1994, S. 1022 ff.

Einige von ihnen sind voller guter Hoffnung, daß in einigen Jahren die entsprechenden Lösungsmethoden schon gefunden werden. Andere wälzen kurzerhand die Schuld, daß die Lösungsmethoden noch nicht befriedigen, auf die ‚unfähigen' Mathematiker ab, ähnlich wie ein guter Kaufmann unliebsame Steuererhöhungen auf seine Kunden überwälzt".[1]

Diese amüsante Kritik MÜLLER-MERBACHs ist nicht verwunderlich. Denn vor ca. dreißig Jahren kamen Modelle, die z. B. „Ganzzahligkeitsbedingungen enthalten, ... für eine Anwendung in der Praxis" schlichtweg „nicht in Frage".[2] Allerdings können ihr auch einige Argumente entgegengehalten werden: Erstens haben betriebswirtschaftlich ausgerichtete Arbeiten die Aufgabe, die in der Literatur zum Zwecke der Entwicklung von Lösungsheuristiken diskutierten Modelle zu hinterfragen und ggfs. eigene Vorschläge zur Modellformulierung zu unterbreiten. Denn andernfalls bestünde die Gefahr, dass mathematisch ausgerichtete Arbeiten möglicherweise „wunderschöne Lösungsheuristiken" für Problemstellungen entwickelten, die betriebswirtschaftlich nicht relevant sind. Zweitens garantiert die Entwicklung einer Lösungsheuristik für eine gegebene Modellformulierung nicht deren schnelle Lösbarkeit. Denn die Komplexität der hier behandelten Probleme der mathematischen Planungsrechnung hängt nicht nur von der mit der Modellformulierung erfassten Problemstruktur, sondern auch von der Probleminstanz, d. h. den konkreten Werten der Parameter ab. Auch diese determinieren, ob ein in Standardprogramme implementierter Algorithmus oder eine spezielle Lösungsheuristik zur schnelleren Lösung des Problems geeignet ist.[3] Nicht zuletzt kommt hinzu, dass die schnelle Entwicklung der Leistungsfähigkeit elektronischer Rechenanlagen sowie der in Standardprogramme implementierten Lösungsalgorithmen für Modelle der mathematischen Planungsrechnung heute die Lösung von komplexen Modellen ermöglicht, an die vor dreißig Jahren noch nicht zu denken war.[4] Daher darf mit gewissem Recht geprüft werden, ob eine Lösung auch ohne spezielle Heuristiken mit leistungsfähigen Standardprogrammen möglich ist.

---

1 Müller-Merbach, H.: Operations Research, 1973, S. 366 f.
2 Kilger, W.: Optimale Produktions- und Absatzplanung, 1973, S. 454
3 vgl. Davis, E. / Patterson J.: Comparison of Heuristic and Optimum Solutions, in: MS, Vol. 21, 1975, S. 944 ff.;
vgl. Patterson, J. / Talbot, F. / Slowinski, R. et al.: Computational experience, in: EJOR, Vol. 49, 1990
4 vgl. Buscher, R. / Jelken, O.: ERP- und APS-Systeme, in: LH, 5/2000, S. 64 ff.

Ein besonderes Ergebnis der Entwicklung von Gestaltungsvorschlägen für Optimierungsmodelle liegt in der Möglichkeit, die Zuordnung von Wertschöpfungsschritten zu den Produktionsanlagen, allgemeiner: die Allokation von Vorgängen auf die Ressourcen, auch bei verschiedenen Konstellationen paralleler Ressourcen modellgestützt bzw. automatisch durchführen zu können.[1] Dieses Detail erscheint unscheinbar, stellt aber einen beträchtlichen Unterschied zu den herkömmlichen produktionswirtschaftlichen Planungsansätzen dar. Denn während mit dem *Material Requirements Planning* (MRP I), das aus einer Stücklistenauflösung der Endprodukte in Teile besteht, die Frage beantwortet werden soll, *was* zu produzieren ist, und mit dem *Manufacturing Resource Planning* (MPP II), das außer der Stücklistenauflösung des MRP I eine Losgrößenbildung und die in einem gegebenen Planungszeitraum terminierte Einlastung der gebildeten Lose auf einer beschränkten Produktionskapazität beinhaltet, zusätzlich die Frage beantwortet werden soll, *wann* zu produzieren ist,[2] kann mit der Logistiknetzplanung nun auch die Frage beantwortet werden, *wo* zu produzieren ist. Da mit der Logistiknetzplanung ferner nicht nur eine Planung im weiten Sinne,[3] sondern eine Optimierung mittels der mathematischen Planungsrechnung verbunden ist, könnte man für sie auch den Begriff „*Multiple Resource Programming*“ (MRP III) einsetzen.

[1] vgl. auch Kap. 3.3.2.6
[2] vgl. auch Kap. 2.3
[3] vgl. auch Kap. 2.1.2

1.2 Von der Analyse zur Gestaltung

Der Aufbau der vorliegenden Arbeit orientiert sich an der klassischen Struktur einer an die Einleitung (***Kapitel 1***) anschließenden Analyse des gegenwärtigen Standes des behandelten Forschungsgebietes (***Kapitel 2***), einer hierauf fußenden Entwicklung von Gestaltungsvorschlägen (***Kapitel 3***) und der abschließenden Zusammenfassung (***Kapitel 4***).

Das ***Kapitel 2*** zielt auf die Darstellung des gegenwärtigen Forschungsstandes zur mehrstufigen Produktionsplanung. Hierzu erfolgt im ***Kapitel 2.1*** zunächst ein kurzer Überblick über die Ansätze der Produktions- und Projektplanung, in dessen Verlauf das Erfahrungsobjekt der mehrstufigen Produktionsplanung, einige Spezifika der Produktionsplanung sowie die methodische Verwandtschaft der Produktions- und der Projektplanung, welche später die Entwicklung von Gestaltungsvorschlägen unterstützt, erläutert werden. Anschließend wird ein integriertes Klassifikationsschema zur Beschreibung von Modellen sowohl der Produktions- als auch der Projektplanung, der „Beschreibungsrahmen für Vorgangsnetze" bereitgestellt (***Kapitel 2.2***). Auch wenn die Bedeutung einiger in ihm zusammengestellter Merkmale zur Analyse von Produktions- und Projektplanungsmodellen erst später, nämlich bei den Gestaltungsvorschlägen für Optimierungsmodelle (***Kapitel 3***), deutlich werden sollte, erscheint es didaktisch sinnvoll, dieses Analyseinstrument noch vor der Erläuterung möglicher Lösungsstrategien für mehrstufige Planungsprobleme zu behandeln, die im ***Kapitel 2.3*** vorgenommen wird. Auf diese Weise vorbereitet, liegt der Schwerpunkt des Abschnitts im ***Kapitel 2.4***. Hier werden einige ausgewählte herkömmliche Modelle sowohl der (Produktions-) Losoptimierung als auch der Projektoptimierung analysiert, verglichen und schließlich kritisiert. Dies erfordert es, einige Formulierungen für in der Literatur bereits diskutierte Modelle zu zitieren, wobei allerdings vereinheitlichte Variablen zur Anwendung kommen, um in einer standardisierten Darstellung den Vergleich zu erleichtern und die Argumentation nachvollziehen zu können.

Auf der Kritik an den herkömmlichen Modellen bauen die im ***Kapitel 3*** unterbreiteten Vorschläge zur Gestaltung von Optimierungsmodellen für Logistiknetze auf. Der Abschnitt beginnt im ***Kapitel 3.1*** mit grundsätzlichen Anmerkungen zur Modellgestaltung mit unabhängigen Komponenten und einer die Gestaltungsvorschläge erleichternden Visualisierung unterschiedlicher Netztypen, welche durch einige Bemerkungen zur Gestaltung der Grenzen von Logistiknetzen ergänzt werden.

Ferner werden bereits hier die in den Optimierungsmodellen verwendeten Parameter modelliert. Das nachfolgende ***Kapitel 3.2*** ist nun der Gestaltung und den Implikationen möglicher Optimierungsziele für Logistiknetze gewidmet. Denn die - auch an die zuvor eingeführten Methoden der Projektplanung angelehnten - Vorschläge zur Variation des üblichen Ziels herkömmlicher quantitativer Optimierungsmodelle der operativen Produktionsplanung - nämlich der Minimierung von Rüst- und Lagerkosten - erscheinen zur angemessenen Abbildung realer Planungssituationen notwendig. Allerdings verursachen sie auch Konsequenzen für die Funktion der herkömmlichen Modellformulierungen, welchen das ***Kapitel 3.3*** gewidmet ist. In diesem werden einerseits Ansätze zur Komplexitätsreduktion der Modelle, unkonventionelle Modellierungen der Ressourcenschaltungen - insbesondere der neuen zielfunktionsunabhängigen Schaltsteuerung, mehrperiodischer Schalthergänge und definierter Schaltzustandsdauern - und andererseits neuartige Modellierungen der Beschränkungen - insbesondere für die Konstellationen paralleler Strukturelemente - entwickelt. Diese Aspekte werden in der Literatur bisher nicht eingehend behandelt, obwohl sie für Logistiknetze äußerst bedeutsam sind. Schließlich liefert das ***Kapitel 3.4*** eine zusammenfassende Übersicht über die entwickelten Komponenten zur Konfiguration von Logistiknetzen sowie zwei Beispiele spezieller Konfigurationen.

Im abschließenden und zweigeteilten ***Kapitel 4*** werden einerseits die erzielten Forschungsfortschritte, die in der Fortentwicklung herkömmlicher Modellierungsansätze und in deren Adaptation an die Anforderungen der Optimierung von Logistiknetzen bestehen, und andererseits das mögliche Forschungspotenzial aufgezeigt, das sowohl in den Modellformulierungen als auch in den Interdependenzen mit anderen Planungsbereichen liegt.

2 Aspekte mehrstufiger Planung

2.1 Ansätze der Produktions- und der Projektplanung

2.1.1 Beispiele und Charakteristika des Erfahrungsobjekts

Logistiknetze liegen naturgemäß in der gesamten Industrie vor, welche Sachgüter erzeugt. Die mit der vorliegenden Arbeit behandelte Problematik ist daher so alt wie die Industrie selbst, gewinnt jedoch gegenwärtig an Bedeutung. Aufgrund der Eigenschaften der Produkte, welche in regelmäßig neuen Varianten unter Einbindung vieler Lieferanten mehrstufig in Serien und Großserien hergestellt werden, sind die mit Logistiknetzen verbundenen Herausforderungen traditionell in der Automobil-Industrie besonders ausgeprägt.[1] Während der letzten zwei Dekaden sind ähnliche Herausforderungen ferner in der Branche der Informations- und Kommunikationstechnologie zu beobachten.[2] Die Situation ist hier durch eine sehr hohe Innovationsrate der Produkte verschärft, welche zu einer dauernden Neubewertung der bestehenden Netzstruktur, der Lieferanten und der Distributionskanäle zwingt. Wie sich zeigt, sind durch eine systematische Logistiknetzoptimierung erhebliche Effizienzsteigerungen ferner in der Prozessindustrie und insbesondere der chemischen Industrie realisierbar.[3]

Die angeführten Beispiele scheinen eine wichtige Eigenschaft zu teilen: Die Logistiknetze sind leicht zentral koordinierbar. Dies ist bei Logistiknetzen innerhalb eines Unternehmens unmittelbar einsichtig (Prozessindustrie), aber auch bei Logistiknetzen, welche sich über mehrere Unternehmen erstrecken, verfügt in den genannten Beispielen meist ein fokales Unternehmen über eine Machtposition, welche die zentrale Planung erlaubt (Automobil-Industrie, Informations- und Kommunikationstechnologie-Branche). Hingegen wird manchmal angeführt, auch mittelständische Unternehmen reifer Branchen, wie z. B. dem Maschinenbau, könnten mittels Vernetzung ihrer jeweiligen spezifischen Spezialisierungen neue Wettbewerbsvorteile erschließen.

---

1 vgl. stellvertretend Wöhrle, Th.: Industriepark-Modell bei Ford, in: LH, 1-2/2001, S. 20 ff.
2 vgl. stellvertretend derselbe: Internet-Mo-Dell, in: LH, 1-2/2000, S. 18 ff.
3 vgl. Schwindt, Chr. / Trautmann, N.: Batch scheduling in process industries, 1999

Um die Dimensionen der hierbei möglichen Planungsaufgaben abschätzen zu können, sei eine empirischen Untersuchung von GLASER et al. angeführt. Zwar stammt die Untersuchung bereits aus dem Jahre 1991, jedoch bezieht sie sich auf mittelständische Industrieunternehmen, welche aus theoretischer Sicht für die Einrichtung von Logistiknetzen prädestiniert erscheinen. In 70 Unternehmen aus 13 Branchen mit 51 bis 2000 Mitarbeitern befragten GLASER et al. parallel die Unternehmens- und die Produktionsbereichsleitungen.[1] Dass die hierbei entstehenden Ergebnisse leicht differieren, überrascht nicht angesichts der Tatsache, dass bei der Befragung verschiedener Personen zu demselben Sachverhalt identische Aussagen eher die Ausnahme darstellen dürften. Da die Untersuchung hier nur verwendet wird, um Problemdimensionen abzuschätzen, scheinen diese Abweichungen aber vernachlässigbar zu sein. Andere in der Literatur verfügbare Studien zur Produktionsplanung sind weniger aktuell bzw. weisen nicht den passenden Fokus auf: Eine bereits aus dem Jahr 1987 stammende umfassende Untersuchung zur allgemeinen Situation der mittelständischen Wirtschaft liegt mit einer von ALBACH geleiteten empirischen Erhebung vor.[2] Eine ausschließlich den Bereich der Materialwirtschaft betreffende empirische Untersuchung wurde bereits 1980 vom betriebswirtschaftlichen Institut für Organisation und Automation an der Universität Köln (BIFOA) und dem Bundesverband Materialwirtschaft und Einkauf e. V. (BME) durchgeführt.[3] Ebenfalls 1980 führten RABUS[4] bzw. SCHOMBURG[5] Untersuchungen der Produktionsplanung und Produktionssteuerung durch, die auf den Maschinenbau bzw. auf für den Maschinenbau typische Produktionsnetze fokussiert sind.

Wesentliche Ergebnisse der Untersuchung von GLASER et al. lassen sich wie folgt zusammenfassen: Erwartungsgemäß ist der Anteil der auftragsorientierten Produktion in mittelständischen Unternehmen relativ hoch. So wird in 39% aller Unternehmen der gesamte Umsatz auftragsorientiert erwirtschaftet, über 77% aller Unternehmen erzielen mehr als die Hälfte ihres Umsatzes durch auftragsorientierte Produktion. Aus der Studie geht auch hervor, dass dabei unter den drei Prozesstypen der Einzel-, Serien- und Massenproduktion eindeutig die Serienproduktion dominiert.

1 vgl. Glaser, H. / Geiger, W. / Rohde, V.: PPS, Produktionsplanung und -steuerung, 1992, S. 283
2 vgl. Gruner und Jahr (Hrsg.): Absatzpotential Mittelstand, 1987
3 vgl. Grochla, E. / Fieten, R. / Puhlmann, M.: Aktive Materialwirtschaft, 1984
4 vgl. Rabus, G.: Typologie zum Vergleich von Fertigungsverfahren, 1980
5 vgl. Schomburg, E.: EDV-gestützte Produktionsplanungssysteme, 1980

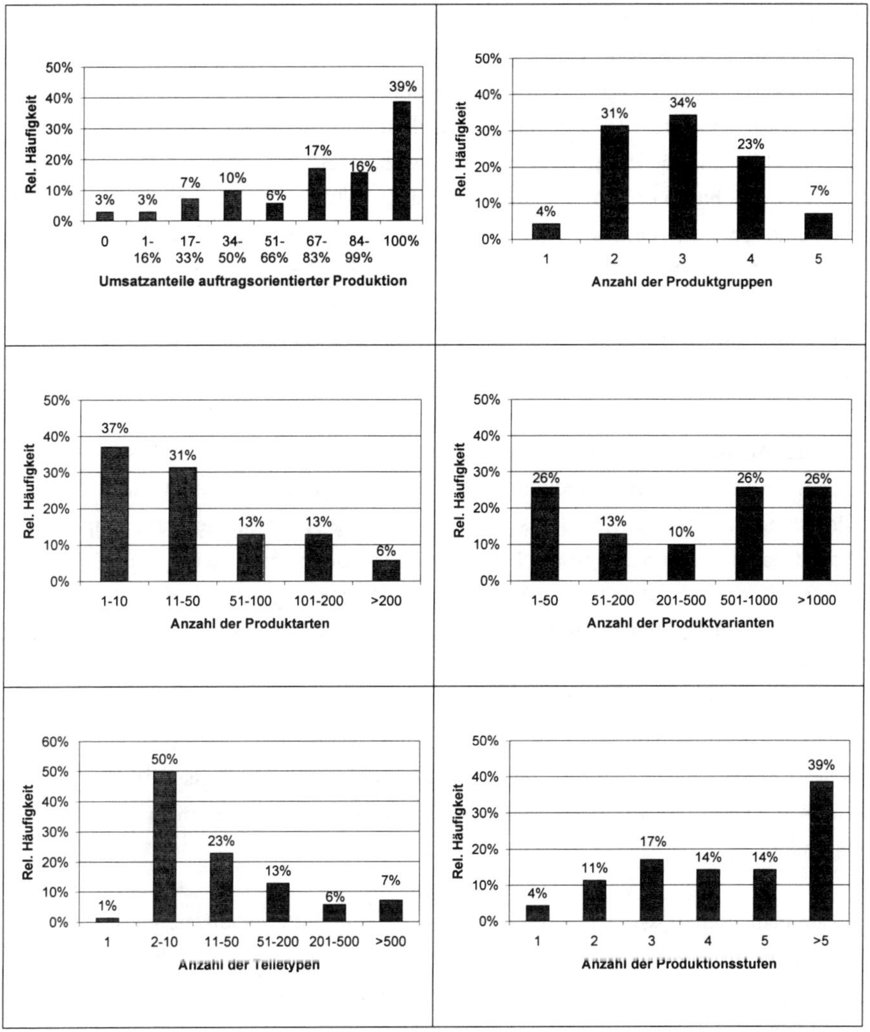

Abb. 2-1: Eigenschaften der Produktion im industriellen Mittelstand[1]

---

[1] vgl. Glaser, H. / Geiger, W. / Rohde, V.: PPS, Produktionsplanung und -steuerung, 1992, S. 280 ff.

Hinsichtlich der Auswirkungen auf die Komplexität der in dieser Arbeit diskutierten Modelle ist es interessant, dass GLASER et al. auch die Verteilungen der jeweiligen Anzahl der Produktgruppen, Produktarten und Produktvarianten untersuchen, allerdings ohne diese Begriffe erschöpfend zu definieren. Es kann festgehalten werden, dass ca. 35% aller befragten Unternehmen bis zu zwei Produktgruppen, ca. 70% aller Unternehmen bis zu drei Produktgruppen und über 90% aller Unternehmen bis zu vier Produktgruppen führen. Die Anzahl der Produktarten ist natürlich deutlich höher. Etwa 37% aller Unternehmen führen bis zu zehn, ca. 69% aller Unternehmen führen bis zu 50 und über 80% aller Unternehmen führen bis zu 100 Produktarten. Ferner ist festzuhalten, dass mit ca. 49% fast die Hälfte aller Unternehmen bis zu 500 Produktvarianten und ca. 75% aller Unternehmen bis zu 1000 Produktvarianten anbieten.

Weitere Parameter, welche die Komplexität der Modelle beeinflussen, sind die Erzeugnisstruktur bzw. das „Produktnetz“ und die Anzahl der Arbeitsstationen, d. h. das „Produktionsnetz“.[1] Bezüglich des Produktnetzes ergibt die Studie, dass in mehr als der Hälfte aller Unternehmen die Endprodukte aus bis zu zehn Teiletypen hergestellt werden. In ca. 75% aller Unternehmen werden durchschnittlich bis zu 50 Teiletypen im Endprodukt verbaut. Eine Aussage über die Verteilung dieser Teiletypen auf die Produktionsstufen ist hiermit allerdings nicht möglich. Bezüglich des Produktionsnetzes, d. h. der Anzahl der Arbeitsstationen, ist festzuhalten, dass nur unter 5% aller Unternehmen über eine Arbeitsstation verfügen, während ca. 15% bis zu zwei, ca. 32% bis zu drei, ca. 46% bis zu vier und ca. 60% bis zu fünf Arbeitsstationen aufweisen. Weniger als 40% der befragten Unternehmen verfügen über mehr als fünf Arbeitsstationen.

Zusammenfassend lässt sich festhalten, dass typische mittelständische Industrieunternehmen in auftragsorientierter Serienfertigung eine erhebliche Anzahl an Produktgruppen, -arten bzw. -varianten anbieten, was zur Produktion mehrerer hundert Teiletypen in einem mehrstufigen Prozess zwingt. Die Kooperation derartiger Unternehmen würde die hieraus entstehende Produktionsplanungsaufgabe um Elemente des Transports und der Lagerung erweitern und offensichtlich zu einer zielgerichteten Gestaltung der so entstehenden Logistiknetze zwingen.

[1] vgl. auch Kap. 3.1.2

2.1.2 Ebenen und Ziele der Produktionsplanung

Als gedankliche Vorwegnahme künftigen Handelns ist eine Planung im Gegensatz zur Prognose, die lediglich eine Aussage über zukünftige Sachverhalte aufstellt, stets intentional.[1] Allerdings kann die Intention entweder nur aus der Beherrschung eines realen Sachverhalts bestehen oder auf dessen Optimierung gerichtet sein. Letztere erfordert die Existenz eines Optimierungsziels, womit die Optimierung einen Spezialfall der Planung bildet. In der vorliegenden Arbeit soll daher der herkömmliche Begriff der (Produktions- oder Projekt-) „Planung" denjenigen der „Optimierung" mit einschließen. Der Begriff „Optimierung" wird dann verwendet, wenn die Planung explizit ein Optimierungsziel beinhaltet.

Grundsätzlich kann eine Planung nur anhand eines Modells erfolgen,[2] sei es auch ein rein mentales. Da Modelle notwendigerweise immer nur einen begrenzten Ausschnitt aus der Realität darstellen,[3] wird mit dem Übergang vom „Erfahrungsobjekt" des realen Planungsproblems zum „Erkenntnisobjekt" eines Modells die Eignung des Planungsergebnisses zur Lösung des realen Planungsproblems prädeterminiert.[4] Der exakten Abbildung der als wesentlich erachteten Aspekte des realen Planungsproblems im Modell kommt daher entscheidende Bedeutung zu. Wie auch auf anderen Gebieten, bedient man sich in der Produktionsplanung i. d. R. formaler oder graphischer Modelle,[5] obwohl eine sinnvolle Anwendung physischer Modelle, z. B. auch für Planungen mit Simulationscharakter,[6] nicht grundsätzlich ausgeschlossen erscheint.

Um die Komplexität umfangreicher Planungsaufgaben wie der Produktionsplanung zu beherrschen, sind grundsätzlich zwei Ansätze denkbar: die Dekomposition und die Aggregation. Unter dem Begriff der „Dekomposition" werden Verfahren zur Zerlegung der Gesamtplanungsaufgabe in mehrere abgegrenzte, aber nach wie vor interdependente Teilplanungsaufgaben verstanden, welche nacheinander zu bearbeiten sind. Die Dekomposition kann vertikal oder horizontal erfolgen.

---

1 vgl. Ulrich, P. / Fluri, E.: Management, 1992, S. 107
2 vgl. Adam, D.: Typen betriebswirtschaftlicher Modelle, in: WISU 1/76
vgl. Kosiol, E.: Zur Problematik der Planung in der Unternehmung, in: ZfB, 37 Jg., 1967
vgl. Schneeweiß, Chr.: Planung, Teil 1, 1991, S. 1 f.
3 vgl. Bellmann, K.: Deckung des Elektrizitätsbedarfs, 1975, S. 17
4 vgl. derselbe: Grundlagen der Produktionswirtschaft, 2000, S. 7 f.
5 vgl. stellvertretend Pichler, H.: Modellanalyse und Modellkritik, 1967
6 vgl. Lang, S. / Jung, K.-P.: Planspiele für die Praxis, in: LH, 3/2001, S. 50 ff.

Eine vertikale Dekomposition führt zu hierarchisch geordneten Teilplänen, bei denen die Planungsergebnisse der übergeordneten Teilpläne jeweils die Rahmenbedingungen oder Parameter der untergeordneten Teilpläne darstellen.[1] Hierbei besteht natürlich die Voraussetzung, dass eine Hierarchisierung von Teilplänen grundsätzlich möglich ist.[2] Eine horizontale Dekomposition führt zu gleichgeordneten Teilplänen,[3] deren Lösungssumme die Lösung der Gesamtplanung ergibt. Besonders herauszuheben ist hier die zeitliche Dekomposition, bei der ein Gesamtplanungszeitraum im Sinne einer Blockplanung in Teilplanungszeiträume zerlegt wird.[4] Zur Verbesserung der Gesamtlösung können Mechanismen zur Koordination der Teilpläne beitragen.[5] Ein Beispiel für einen solchen Mechanismus in der vertikalen Dekomposition ist die Rückkopplung, welche zum Aufbau „vermaschter" Regelkreise zwischen den Planungsstufen dient.[6] Außer zur Komplexitätsreduktion kann die Dekomposition auch zur Anwendung kommen, wenn eine zentrale Planung zwar möglich wäre, aus organisatorischen Gründen jedoch nicht erwünscht ist, weil Planungsverantwortung an dezentrale Entscheidungsträger delegiert werden soll.

Im Rahmen der Aggregation werden die Entscheidungsvariablen des Planungsbereiches nach festzulegenden Kriterien zu aggregierten Variablen zusammengefasst,[7] wodurch sowohl die Komplexität des Planungsmodells als auch der Datenbedarf reduziert werden.[8] Allerdings kann nach erfolgter Planung eine Disaggregation der Planungsergebnisse notwendig sein.

---

1 vgl. Hax, A. / Meal, H.: Hierarchical integration,
in: Geisler, M. (Hrsg.): Logistics: TIMS Studies in management sience, 1975
vgl. Rieper, B.: Hierarchische betriebliche Systeme, 1979;
vgl. derselbe: Planung von Produktionsvorgaben - ein hierarchischer Planungsansatz,
in: ZfB, 51. Jg., 1981;
vgl. derselbe: Hierarchische Entscheidungsmodelle, in: ZfB, 55. Jg., 1985, S. 770 ff.;
vgl. Stadtler, H.: Hierarchical production planning,
in: Axsäter, S. / Schneeweiß, Chr. et al. (Hrsg.): Production planning, 1986
vgl. derselbe: Hierarchische Produktionsplanung bei losweiser Fertigung, 1988, S. 127 f.;
vgl. Steven, M.: Hierarchische Produktionsplanung, 1994;
vgl. Zäpfel, G. / Gfrerer, H.: Sukzessive Produktionsplanung, in: WIST, 13. Jg., 1984, S. 235

2 vgl. Mesarovic, M. / Macko, D. / Takahara, Y.: Hierarchical, Multilevel Systems, 1970

3 vgl. Zäpfel, G. / Gfrerer, H.: Sukzessive Produktionsplanung, in: WIST, 13. Jg., 1984, S. 235 ff.

4 vgl. Rieper, B.: Hierarchische Entscheidungsmodelle, in: ZfB, 55. Jg., 1985, S. 770 ff.

5 vgl. Stadtler, H.: Hierarchische Produktionsplanung bei losweiser Fertigung, 1988, S. 127 f.;
vgl. Switalski, M.: Hierarchische Produktionsplanung, 1989

6 vgl. Zäpfel, G.: Produktionswirtschaft: Operatives Produktions-Management, 1982, S. 310

7 vgl. Kistner, K. / Steven, M.: Produktionsplanung, in: OR Spectrum, 13. Jg., 1991, S. 123 ff.

8 vgl. Hax, A. / Golovin, J.: Hierarchical Production Planning Systems,
in: Hax, A. (Hrsg.): Studies in Operations Management, 1978, S. 406 f.;
vgl. Stadtler, H.: Hierarchische Produktionsplanung bei losweiser Fertigung, 1988, S. 80

Die Aggregation bildet insofern das Komplement zur Dekomposition. Besonders herauszuheben ist auch hier die Anwendung der Aggregation auf die Dimension Zeit, d. h. die Möglichkeit der Zusammenfassung vieler zu wenigen Planungsperioden.

Die Gestaltung mehrerer Teilpläne nacheinander wird auch als *Sukzessivplanung* bezeichnet. Im Gegensatz dazu besteht eine *Simultanplanung* aus der gleichzeitigen Gestaltung mehrerer Teilpläne bzw. der umfassenden Gestaltung des Planungsfelds, das sonst in mehrere Teilpläne zergliedert wird, und bedingt bzw. ermöglicht die Ablösung der bei isolierter Durchführung der Teilplanungsaufgaben bestehenden Teilziele durch ein gemeinsames Oberziel, was bei der Sukzessivplanung nicht möglich ist.[1] Hierbei ist zu erwarten, dass die Optimierung eines Oberziels i. d. R. zu nur suboptimalen Erreichungsgraden der Teilziele führen wird. Die Optimierung des „eigentlichen“ Oberziels ist also nur durch eine Simultanplanung möglich. Jedoch wird die Simultanplanung in Theorie und Praxis vielfach kritisiert. So wird z. B. angeführt, dass alle Interdependenzen zwischen den simultan geplanten Teilplanungsaufgaben sowie alle Daten im höchsten Detaillierungsgrad zusammengestellt werden müssen. Ferner wird argumentiert, dass die Simultanplanung - s. o. - als zentralistischer Ansatz dem in der Praxis häufig implementierten Prinzip der Delegation von Entscheidungsbefugnissen widerspreche. Zudem wird auf die hohe Komplexität der formalen Modelle hingewiesen, die zu beträchtlichem Lösungsaufwand oder zur Unmöglichkeit der Lösung führe.[2] Der geeignete Grad der Dekomposition einer gegebenen Gesamtplanungsaufgabe in sukzessiv zu behandelnde Teilplanungsaufgaben hängt offensichtlich von den erwähnten Faktoren ab.

In der Produktionsplanung hat sich früh ein Ansatz der Sukzessivplanung mit vertikaler Dekomposition in die drei Planungsebenen der strategischen, taktischen und operativen Planung herausgebildet,[3] auf denen jeweils zu entscheiden ist, welche Variablen überhaupt, welche simultan und welche sukzessiv zu planen sind.

---

1 vgl. Jacob, H.: Planung, in: Jacob, H. (Hrsg.): Industriebetriebslehre, 1986, S. 391
2 vgl. Derstroff, M.: Mehrstufige Losgrößenplanung, 1995, S. 6 f.
3 vgl. Anthony, R.: Planning and Control Systems: A Framework for Analysis, 1965,
zit. nach Salomon, M.: Deterministic Lotsizing Models for Production Planning, 1991, S. 4 ff.;
vgl. Hax, A. / Candea, D.: Production and Inventory Management, 1984, S. 3 ff.;
vgl. Adam, D.: Produktionspolitik, 1988;
vgl. Stadtler, H.: Hierarchische Produktionsplanung bei losweiser Fertigung, 1988

Planungen auf der strategischen Ebene sind von grundsätzlicher Bedeutung für das Unternehmen und führen daher meist zu langfristigen Auswirkungen. Durch die strategische Planung sollen Erfolgspotentiale geschaffen werden, welche die Wettbewerbsfähigkeit des Unternehmens herstellen oder sichern.[1] Erfolgspotentiale können in (Beschaffungs- und Absatz-) Markt- sowie Produktionspotentiale differenziert werden. Letztere bestehen insbesondere aus dem Standort sowie dem Wissen und der Erfahrung der Mitarbeiter des Unternehmens. Ergebnis der strategischen Planung ist ferner das Produktprogramm, dessen „Breite" durch die Anzahl der Produktarten und dessen „Tiefe" durch die Anzahl der Produktvarianten gebildet wird.[2]

Hier überlappt die strategische mit der taktischen Planung, welche die konkreten Endprodukte bzw. deren Varianten und die Herstellungsverfahren festlegt und damit ebenfalls die „Tiefe" des Produktprogramms beschreibt.[3] An die Entscheidungen zu den Herstellungsverfahren sind natürlich Entscheidungen über Auf- oder Abbau von Kapazitäten, d. h. über Investitionen und Devestitionen, sowie über die räumliche Anordnung der Produktionsanlagen gebunden. Letztere wird im Rahmen der innerbetrieblichen Standortplanung[4] untersucht und ist natürlich mit dem Begriff „Organisationstyp der Produktion"[5] verbunden.

Auf der operativen Planungsebene ist über die in den Perioden eines Planungszeitraums herzustellenden Teile bzw. Produkte nach Art und Menge, d. h. über die Losgrößen, sowie über den Ablauf, d. h. über die Lossequenz innerhalb der Perioden, zu entscheiden, was auch als (Produktions-) Programmplanung bzw. als Ablaufplanung angesprochen wird. Die Begriffe „sukzessiv" bzw. „simultan" werden auf dieser Planungsebene verwendet, um zwischen einer schrittweisen bzw. gleichzeitigen Durchführung dieser beiden Teilplanungen differenzieren zu können.

---

1 vgl. Zäpfel, G.: Strategisches Produktions-Management, 1989;
vgl. Schweitzer, M.: Industrielle Fertigungswirtschaft,
in: Schweitzer, M. (Hrsg.): Industriebetriebslehre, 1990, S. 563 ff.

2 vgl. Schneeweiß, Chr.: Einführung in die Produktionswirtschaft, 1993, S. 103 ff.

3 vgl. Zäpfel, G.: Taktisches Produktions-Management, 1989, S. 7 ff.;
vgl. Schweitzer, M.: Industrielle Fertigungswirtschaft,
in: Schweitzer, M. (Hrsg.): Industriebetriebslehre, 1990, S. 605

4 vgl. Domschke, W. / Drexl, A.: Logistik: Standorte, 1996

5 vgl. Bellmann, K.: Grundlagen der Produktionswirtschaft, 2000, S. 50

Als ein wichtiges Instrument zur Visualisierung der Dispositionsstufen[1] bzw. der Erzeugnisstruktur, die hier auch als „Produktnetz" bezeichnet werden soll, und zur Bestimmung von aus dem Primärbedarf am Endprodukt abgeleiteten Sekundärbedarfen an Teilen kommt gewöhnlich der bekannte Gozintograph zur Anwendung,[2] dessen Bezeichnung 1958 von dem Mathematiker Andrew VAZSONYI geprägt wurde, welcher seinerseits auf den „italienischen Mathematiker" Zepartzat GOZINTO verwies.[3]

Herkömmlich herrscht auch auf der operativen Planungsebene ein sukzessiver Planungsansatz vor, d. h. Produktionsprogramm und Ablauf werden nacheinander geplant. Bis zu einer frühen Arbeit zur simultanen operativen Produktionsplanung von ADAM wurde dabei die Ablaufplanung insbesondere in der anglo-amerikanischen Literatur weitgehend mit dem Ziel der Minimierung der Durchlaufzeit und unabhängig von der Produktionsprogrammplanung vorgenommen.[4] Jedoch zeigt die folgende einfache Überlegung, dass die alleinige Verfolgung des Ziels der Durchlaufzeitminimierung nicht uneingeschränkt sinnvoll ist. Zwar erscheint die Minimierung der Durchlaufzeit auf den ersten Blick akzeptabel, wenn argumentiert wird, dass die Anlagen zwecks Bearbeitung weiterer Aufträge schnell zu räumen sind, was die Umsätze pro Periode und damit den Gewinn oder die Rendite steigern würde. Unter Berücksichtigung der zu Grunde liegenden Annahmen ist diese Argumentation jedoch nicht schlüssig. Denn bei Anwendung einer Sukzessivplanung, d. h. unter der Annahme eines vorgegebenen Produktionsprogramms und mithin fixiertem Umsatz, ist die Minimierung der Durchlaufzeit nicht nützlich. Sie wäre es nur dann, wenn dies gleichzeitig zur Verminderung der Kosten - vornehmlich der Rüst- und Lagerkosten sowie der direkten Produktionskosten - führte. Ein Beweis, der zeigt, dass dies generell der Fall ist, dürfte allerdings schwer fallen. Aber auch bei Anwendung einer Simultanplanung von Produktionsprogramm und Ablaufplanung, d. h. unter der Annahme innerhalb gegebener Grenzen einstellbarer Absätze und Umsätze, gilt Ähnliches. Zwar wäre die Minimierung der Durchlaufzeit nach obiger Argumentation geeignet, die Umsätze pro Periode zu maximieren, jedoch sind z. B. bei Verfolgung des Ziels der Gewinnmaximierung die hierbei entstehenden Kosten - insbesondere Rüst-, Lager- und direkte Produktionskosten - zu berücksichtigen.

---

1 vgl. Zäpfel, G.: Produktionswirtschaft: Operatives Produktions-Management, 1982, S. 156 f.
2 vgl. Kargl, H.: Datenverarbeitung, in: Schweitzer, M. (Hrsg.): Industriebetriebslehre, 1994, S. 1038
3 vgl. Vazsonyi, A.: Scientific Programming in Business and Industry, 1958
4 vgl. Adam, D.: Simultane Ablauf- und Programmplanung, in: ZfB, 33. Jg., 1963, S. 234; vgl. Sasieni, M. / Yaspan, A. / Friedman, L.: Unternehmensforschung, 1965

Dass deren absolute Werte bei Verminderung der Durchlaufzeit generell weniger stark ansteigen als die Umsätze, dürfte - vgl. oben - nicht allgemein beweisbar sein und erscheint wenig wahrscheinlich.

Außer auf das Ziel der Durchlaufzeitminimierung richtet sich die Forschung zur operativen Produktionsplanung seit geraumer und bis in die jüngste Zeit auch auf das Ziel der Minimierung der Rüst- und Lagerkosten unter der Annahme unbedingt zu erfüllender Bedarfe, d. h. unter der Annahme eines vorgegebenen Produktionsprogramms.[1] Wie die vorliegende Arbeit zeigt, erscheint die Anwendung einer Sukzessivplanung jedoch keinesfalls durch methodischen Zwang motiviert zu sein. Andererseits eignet sie sich nur für einige Fälle realer Planungssituationen. Im Folgenden wird daher der Argumentation von ADAM gefolgt, der schon früh herausstellte, dass es auch in der operativen Produktionsplanung natürlich nicht auf die optimale Erreichung der möglicherweise widersprüchlichen Teilziele einer Sukzessivplanung ankommt, sondern auf die optimale Lösung des unternehmerischen Oberziels. Um welches Oberziel es sich dabei handelt, ist eine unternehmerische Entscheidung, keine Entscheidung der operativen Produktionsplanung. ADAM setzt als unternehmerisches Oberziel die Gewinnmaximierung ein,[2] jedoch kann auch die oben als operatives Planungsziel kritisierte Durchlaufzeitminimierung sinnvoll sein, etwa wenn ein Unternehmen in einer bestimmten Phase unter Verzicht auf Gewinne mittels Durchlaufzeitminimierung seine Wettbewerbsposition ausbauen will. Entsprechendes gilt für die Kostenminimierung sowie für mögliche weitere, später zu diskutierende Ziele.[3]

---

1 vgl. auch Kap. 2.4
2 vgl. Adam, D.: Simultane Ablauf- und Programmplanung, in: ZfB, 33. Jg., 1963, S. 243
3 vgl. auch Kap. 3.2

2.1.3 Produktionsplanung mit entscheidungsrelevanten Größen

2.1.3.1 Relevante Aspekte der Kostenrechnung

Zwar lässt sich eine Kostentheorie nur auf der Grundlage einer Produktionstheorie entwickeln, jedoch muss umgekehrt eine konkrete Produktions- bzw. auch Logistiknetzoptimierung auf die Konzepte und Instrumente der Kostenrechnung zurückgreifen. Nachfolgend sollen daher für die Produktionsplanung relevante Aspekte der Kostenrechnung beleuchtet werden.

Herkömmlich hat die Kostenrechnung drei Hauptaufgaben, welche die synonyme Verwendung des Begriffs „Internes Rechnungswesen" rechtfertigen, nämlich die Kostenkontrolle, die Erfolgsrechnung sowie die Bereitstellung der hierfür erforderlichen relevanten Daten.[1] Während sich das Externe Rechnungswesen als gesetzlichen Vorschriften folgende Dokumentation der Struktur des gesamten Unternehmensergebnisses an unternehmensexterne Adressaten wendet, ist das Interne Rechnungswesen, also die Kostenrechnung, für rein interne Adressaten unabhängig von rechtlichen Vorgaben gestaltbar,[2] jedoch natürlich den Gesetzen der Logik verpflichtet. Die Entwicklung unterschiedlicher Ansätze der Kostenrechnung in ihrer mittlerweile über hundertjährigen Geschichte hat KILGER mit seiner Habilitationsschrift[3] umfassend aufgearbeitet und in weiteren Veröffentlichungen deren produktionswirtschaftlich relevante Aspekte analysiert.[4] Insofern überrascht es, dass mit den Ergebnissen KILGERs und weiterer Autoren eigentlich als geklärt anzusehende Fragestellungen - etwa die entscheidungstheoretische Irrelevanz von Opportunitätskosten[5] - in jüngerer Zeit erneut kontrovers diskutiert[6] und nicht entscheidungsrelevante Größen in operative produktionswirtschaftliche Optimierungsmodelle aufgenommen werden.[7]

---

1 vgl. Plaut, H.: Die Entwicklung der flexiblen Plankostenrechnung, in: ZfB, 57. Jg., 1987, S. 359
2 vgl. Mildenberger, U.: Grundlagen des Internen Rechnungswesens, 2000, S. 14
3 vgl. Kilger, W.: Flexible Plankostenrechnung und Deckungsbeitragsrechnung, 1961; vgl. Stackelberg, H. von: Grundlagen einer reinen Kostentheorie, 1932
4 vgl. stellvertretend Kilger, W.: Optimale Produktions- und Absatzplanung, 1973
5 vgl. auch Kap. 2.1.3.3
6 vgl. Schweitzer, M. / Ziolkowski, U. (Hrsg.): Interne Unternehmungsrechnung, ZfbF Sonderheft 42, 1999, zu Opportunitätskosten s. S. 83
7 vgl. auch Kap. 2.4.4

Als Grundprinzip einer entscheidungsorientierten Kostenrechnung und damit letztlich auch der Produktionsplanung darf das z. B. von SCHMALENBACH und RUMMEL diskutierte Verursachungs- oder Proportionalitätsprinzip angesehen werden.[1] „Hiernach sind bewertete Faktorverbrauchsmengen nur solchen Kontierungseinheiten zuzuordnen, durch welche die betreffenden Faktorverbrauchsmengen ‚verursacht' worden sind".[2] Daher erscheint die Vollkostenrechnung, welche zum Zwecke der Nachkalkulation fixe Kosten mittels einer Proportionalisierung auf Kostenträger verrechnet, für eine zukunftsgerichtete Planung nicht geeignet. Hinsichtlich der Planung besteht die Aufgabe der Kostenrechnung damit darin, die für ein gegebenes Planungsproblem „relevanten Kosten" oder „Differenzkosten", die von den in der Planung zu variierenden (Entscheidungs-) Variablen funktional abhängen, in ihrer für den Planungszeitraum bedeutsamen Höhe, also als Plankosten, zu identifizieren. Welche Kosten für ein bestimmtes Entscheidungsproblem relevant sind, muss natürlich im Einzelfall bestimmt werden. KILGER differenziert die relevanten Kosten weiter in solche ersten und solche zweiten Grades. Relevante Kosten ersten Grades sind nur von der Ausbringungsmenge abhängig, relevante Kosten zweiten Grade darüber hinaus auch vom Produktionsvollzug, z. B. von der Rüstreihenfolge.[3] Nicht relevante Kosten, welche von den im Planungsmodell zu variierenden Variablen nicht abhängen, sind meistens durch früher getroffene Entscheidungen verursacht und könnten als „starre Kosten" bezeichnet werden.

Die Akzeptanz des Verursachungsprinzips in der Kostentheorie sowie die Erkenntnis, dass für eine zukunftsgerichtete Planung Plankosten zu verwenden sind, dürften die Fortentwicklung des pagatorischen Kostenbegriffs zum wertorientierten Kostenbegriff angetrieben haben. Nach ersterem sind Kosten identisch mit Auszahlungen, nach letzterem sind Kosten der „bewertete Verbrauch von Produktionsfaktoren für die Herstellung und den Absatz der betrieblichen Erzeugnisse und die Aufrechterhaltung der hierfür erforderlichen Kapazitäten". Zwar stimmen beide Kostenbegriffe häufig überein, jedoch „erfordern inflatorische (oder sonstige) Preis- und Lohnerhöhungen ... eine Bewertung" bestimmter Kosten z. B. „zu *Tages- oder Wiederbeschaffungspreisen*".[4]

---

1 vgl. Rummel, K.: Einheitliche Kostenrechnung, 1967, S. 115 ff.
2 Kilger, W.: Flexible Plankostenrechnung und Deckungsbeitragsrechnung, 1993, S. 3
3 vgl. ebenda, S. 191 f.
4 ebenda, S. 2 f.

Auch der Übergang von der Vollkosten- zur Grenzplankosten- bzw. Deckungsbeitragsrechnung, welche z. B. die fixen Kosten in der Kostenträgerstückrechnung eliminiert, ist als Konsequenz aus dem Verursachungsprinzip anzusehen. Dieser Übergang wurde „als ‚revolutionärer' Entwicklungsschritt" empfunden, „der eine lang anhaltende Diskussion ausgelöst hat",[1] und spielt für die operative Produktionsplanung eine beträchtliche Rolle.

An dieser Stelle sei erwähnt, dass der Übergang vom pagatorischen zum wertorientierten Kostenbegriff zwar als Fortschritt zu werten ist, sofern entscheidungsrelevante Plankosten statt nicht (mehr) entscheidungsrelevanter Istkosten in einer Planung berücksichtigt werden. Jedoch ist die mit dem wertorientierten Kostenbegriff mögliche Verwendung kalkulatorischer Kosten, denen Aufwand in anderer als der angegebenen Kostenhöhe (Anderskosten) oder überhaupt kein Aufwand (Zusatzkosten) gegenübersteht, anstelle von Grundkosten, die nach der üblichen Definition einem (Zweck-) Aufwand entsprechen,[2] dahingehend zu überprüfen, ob das Verursachungsprinzip nicht verletzt wird.

Grundsätzlich ist also festzuhalten, dass aufgrund des Verursachungsprinzips bei betriebswirtschaftlichen Planungen, also auch in Optimierungsmodellen der Produktionsplanung, in einer Kostenanalyse festzustellen ist, welche Kosten in einer gegebenen Planungssituation entscheidungsrelevant sind und wie diese modelliert werden sollten. Mit der vorliegenden Arbeit wird jedoch verdeutlicht, dass in vielen die Diskussion der Produktionsplanung bestimmenden Modellen eine genaue Analyse und Definition der verwendeten Kostenkomponenten unterbleibt. Insbesondere wird in der Literatur konstatiert, dass bestimmte Kostenkomponenten, namentlich die Rüstkostensätze, wesentlich durch Opportunitätskosten bestimmt wären. Da Opportunitätskosten für entscheidungsorientierte Planungsmodelle aber als ungeeignet erscheinen,[3] könnten auch die meisten der gegenwärtig diskutierten Optimierungsmodelle der operativen Produktionsplanung für den praktischen Einsatz nicht uneingeschränkt geeignet sein, weshalb die vorliegende Arbeit Vorschläge zur Gestaltung an reale Planungssituationen besser angepasster Optimierungsmodelle unterbreitet.[4]

---

1 Kilger, W.: Flexible Plankostenrechnung und Deckungsbeitragsrechnung, 1993, S. 11
2 vgl. Haberstock, L.: Kostenrechnung, 1987, S. 35 f.
3 vgl. auch Kap. 2.1.3.3
4 vgl. auch Kap. 3

2.1.3.2 *Relevante Aspekte der Investitionsrechnung*

In der in Theorie und Praxis bereits seit langem diskutierten bzw. angewendeten Investitionstheorie existieren statische Methoden, die hier nicht weiter betrachtet werden sollen, und dynamische Ansätze, die sich in zwei Klassen unterteilen lassen, welche Antworten auf unterschiedliche Fragestellungen liefern.[1] Methoden, welche die Frage nach der Höhe des Vermögens beantworten, das ein Investor durch die Realisierung der Investition erhält, und zwar entweder bezogen auf das Ende oder bezogen auf den Beginn des Planungszeitraums, sollen hier als *Barwertmethoden* bezeichnet werden. *Zinssatzmethoden* hingegen beantworten die Frage nach demjenigen Zinssatz für aufgenommene Kredite (Soll-Zinssatz), der noch akzeptiert werden kann, damit im Planungszeitraum ein bestimmtes Vermögen erreicht wird. Grundsätzlich unterscheiden sich die beiden Klassen also darin, welche Variablen als Parameter vorgegeben und welche zu bestimmen sind.

	gegebene Parameter	**gesuchte Variablen**
Barwert-	- Zahlungsreihe	
methoden	- Zinssätze für Zahlungen	
		- Vermögenswert
Zinssatz-	- Zahlungsreihe	
methoden		- Zinssätze für Zahlungen
	- Vermögenswert	

Tab. 2-1: Unterschiede zwischen Barwert- und Zinssatzmethoden[2]

Beide Klassen lassen sich in Abhängigkeit der getroffenen Modellannahmen in die unten aufgeführten drei Varianten unterteilen. Wird angenommen, dass der Investor das Ziel der Vermögensmaximierung verfolgt und eine Entscheidung über ein einzelnes Projekt oder über eine Möglichkeit unter mehreren zu treffen ist, so führen die Barwertmethoden immer zu einem eindeutigen Ergebnis.[3]

---

[1] vgl. Kruschwitz, L.: Finanzmathematische Endwert- und Zinsfußmodelle, in: ZfB, 1976, S. 245 ff.;
vgl. Hax, H.: Investitionstheorie, 1985, S. 33 ff.;
vgl. Spremann, K.: Investition und Finanzierung, 1991, S. 345 ff.;
vgl. Kruschwitz, L.: Investitionsrechnung, 2000;
vgl. Altrogge, G.: Investition und Finanzierung, 1996, S. 353 ff.;
vgl. Schmidt, R. / Terberger, E.: Investitions- und Finanzierungstheorie, 1996, S. 126 ff.

[2] vgl. Kruschwitz, L.: Finanzmathematische Endwert- und Zinsfußmodelle, in: ZfB, 1976, S. 251

[3] vgl. ebenda, S. 251

Da diese zudem ein anschauliches und praktikables Mittel zur Beurteilung der Vorteilhaftigkeit eines Investitionsprojekts darstellen, sollen im Folgenden nur sie berücksichtigt werden. Die Formulierungen der Barwertmethoden als Anfangswert- oder als Endwertmethode sind äquivalent, weil sie sich leicht in einander überführen lassen.

Von Bedeutung sind die Annahmen eines vollkommenen und unbeschränkten Kapitalmarktes. Ein unvollkommener Kapitalmarkt liegt vor, wenn die Zinssätze für Aufnahme (Sollzinssatz) und Anlage (Habenzinssatz) von Kapital ungleich sind. Ein beschränkter Kapitalmarkt ist gegeben, wenn diesem nur Kapital in begrenzter Höhe entnommen bzw. zugeführt werden kann. Zu beachten ist ferner, dass häufig die Zahlungsfristen für Ein- und Auszahlungen vernachlässigt, d. h. diese durch ihre Einnahmen und Ausgaben angenähert werden.[1] Sind die Zahlungsfristen aber lang im Verhältnis zum Planungszeitraum, so sind sie nur dann vernachlässigbar, wenn sie für alle Ein- und Auszahlungen gleich sind und ausgeschöpft werden. Die Verwendung getrennter Zinssätze für die Kapitalaufnahme (Sollzinssatz i_s) und die Kapitalanlage (Habenzinssatz i_h) im Sinne eines unvollkommenen Kapitalmarktes empfiehlt sich, wenn im Planungszeitraum Ausgaben - genauer: ein Zahlungsmittelfehlbetrag - tatsächlich (kurzfristig) fremdfinanziert und Einnahmen - genauer: ein Zahlungsmitteüberschuss - tatsächlich (kurzfristig) angelegt werden. Hierbei wird einerseits für den Sollzinssatz vorausgesetzt, dass dieser unabhängig vom bereits bestehenden Umfang der Fremdkapitalaufnahme ist (unbeschränkter Kapitalmarkt), was nicht immer der Fall sein wird. Andererseits zeigt sich die Notwendigkeit, zwischen Ausgaben und Zahlungsmittelfehlbetrag bzw. Einnahmen und Zahlungsmittelüberschuss zu unterscheiden, d. h. die Möglichkeit der Saldierung von Einnahmen und Ausgaben zu berücksichtigen. Denn die Unterlassung der Saldierung führt zu vermeidbarem Aufwand und ist damit unrational, wenn der Sollzinssatz über dem Habenzinssatz liegt, was die Regel sein dürfte.

[1] vgl. Blohm, H. / Lüder, K.: Investition, 1991, S. 56

Die Verwendung nur eines Kalkulationszinssatzes i_v für Ausgaben und Einnahmen kann angemessen sein, wenn das für Ausgaben benötigte bzw. das aus Einnahmen zurückfließende Kapital dem Unternehmensvermögen entnommen bzw. zugeführt wird. Die Bemessung des Kalkulationszinssatzes kann sich hierbei z. B. am Kapitalmarktzins für langfristiges Fremdkapital (dem Anleihezinssatz) orientieren. Es kann auch angemessen sein, trotz einer möglichen Unterscheidung in Soll- und Habenzinssatz nur einen Kalkulationszinssatz zu verwenden und hierfür den Durchsschnittszinssatz des im Unternehmen langfristig gebundenen Kapitals (die Kapitalkosten) einzusetzen. Weitere Möglichkeiten finden sich in der Literatur.[1]

Da bei Verwendung nur eines Zinssatzes die Formulierungen bei Durchführung und Unterlassung einer Saldierung natürlich identisch sind, entstehen so drei Varianten der Barwertmethode, die - abweichend von KRUSCHWITZ, jedoch semantisch originärer - mit den Begriffen „Monozinswert", „Einzelsummenwert" und „Saldosummenwert" bezeichnet werden sollen.

	Barwertmethoden		
	Monozinswert	**Einzelsummenwert**	**Saldosummenwert**
Saldierung	möglich	per def. unzulässig	notwendig
Kapitalaufnahme	Kalkulationszins i_v	Sollzins i_s	Sollzins i_s
Kapitalvergabe	Kalkulationszins i_v	Habenzins i_h	Habenzins i_h

Tab. 2-2: Drei Varianten der Barwertmethode und zugehörige Modellannahmen

Hinsichtlich der Berechnung der Barwerte ist anzumerken, dass der Monozinswert und der Einzelsummenwert eindeutig in geschlossener Form angegeben werden können. Der Saldosummenwert ist zwar auch eindeutig, jedoch nur durch fortlaufende Abarbeitung der Perioden bestimmbar, denn in Abhängigkeit des Vorzeichens des Periodensaldos ist bei diesem entweder der Soll- oder der Habenzinssatz anzuwenden.[2] Daher wird man aus reinen Praktikabilitätsgründen häufig auf die Verwendung zweier Zinssätze und damit auf die Berechnung des Saldosummenwertes verzichten und den Monozinswert verwenden, obwohl dies aus systematischer Sicht zu bemängeln ist.

---

1 vgl. Blohm, H. / Lüder, K.: Investition, 1991, S. 146 ff.

2 vgl. Kruschwitz, L.: Finanzmathematische Endwert- und Zinsfußmodelle, in: ZfB, 1976, S. 247 ff.

Zur Bewertung der ökonomischen Vorteilhaftigkeit einer Investition mittels der Barwertmethoden ist zu unterscheiden, ob die *absolute Vorteilhaftigkeit* einer einzelnen Investition oder die *relative Vorteilhaftigkeit* einer Investition unter mehreren festzustellen ist. Die absolute Vorteilhaftigkeit einer Investition ist - unabhängig von der Betrachtung des Anfangs- oder des Endwertes und unabhängig von der Variante der Barwertmethode - gegeben, wenn der Barwert größer ist als null. In diesem Fall ist der Barwert ein Maß für den Vorteil, den ein Investor bei Durchführung der Investition im Vergleich zu einer Finanzanlage gleichen Risikos erzielt, bei welcher die Kalkulationszinssätze verwendet werden. Zur Bewertung der relativen Vorteilhaftigkeit einer Investitionsmöglichkeit unter mehreren sind einige kurze Überlegungen anzustellen. Es ist einsichtig, dass zum Vergleich mehrerer Investitionsmöglichkeiten deren Barwerte auf denselben Zeitpunkt zu beziehen sind, zweckmäßigerweise auf den frühesten Anfang oder das späteste Ende aller Zahlungen. Da letztlich die Einzahlungsreihen der Investitionsmöglichkeiten für den Vergleich von Interesse sind, ist sicherzustellen, dass Investitionsmöglichkeiten mit gleichen Auszahlungsreihen verglichen werden. Die Auszahlungsreihen unterschiedlicher Investitionsmöglichkeiten dürften aber i. d. R. unterschiedlich sein, so dass zu deren Angleichung geeignete Ergänzungsinvestitionen vorzunehmen sind. Ergänzungsinvestitionen sind als Finanzinvestitionen bei nicht beschränktem Kapitalmarkt immer möglich. Nun ist zu differenzieren, ob für Ein- und Auszahlungen nur ein Zinssatz oder zwei Zinssätze zur Anwendung kommen sollen. Wird nur ein Zinssatz eingesetzt, so ist der Barwert einer beliebigen Finanzinvestition stets gleich null, so dass die entsprechende Ergänzungsinvestition unterlassen werden kann. Werden unterschiedliche Zinssätze eingesetzt, so darf davon ausgegangen werden, dass der Sollzinssatz über dem Habenzinssatz liegt. Damit führen beliebige Finanzinvestitionen stets zu einem negativen Beitrag zum Barwert, woraus folgt, dass derartige Ergänzungsinvestitionen die entsprechende Investitionsmöglichkeit verschlechtern würden und daher ebenfalls zu unterlassen sind.[1] Wenn als Ergänzungsin vestitionen nur reine Finanzinvestitionen vorgesehen sind, können also beliebige Investitionsalternativen über deren Barwerte verglichen werden, so lange sich diese auf denselben Zeitpunkt beziehen.

[1] vgl. Blohm, H. / Lüder, K.: Investition, 1991, S. 56, S. 87

2.1.3.3 Irrelevanz von Straf- bzw. Opportunitätskosten

Die Begriffe der „Straf-" sowie „Opportunitätskosten" bzw. der „pain" sowie „opportunity costs", die hier als Synonyme aufgefasst werden sollen, wurden bereits im Jahre 1894 von GREEN eingeführt und spielen seitdem in der anlgo-amerikanischen Literatur eine wichtige Rolle.[1] Opportunitätskosten werden pragmatisch als „the net cash inflow that is lost by the diversion of an input factor from one use to another"[2] beschrieben oder allgemeiner definiert als „Nutzenentgang durch Verzicht auf Alternativanlage",[3] genauer: als „wegfallende Deckungsbeiträge oder als Mehrkosten beim Verzicht auf Kosteneinsparungsmöglichkeiten".[4]

Im Zentrum der Frage, ob und wie Opportunitätskosten in betriebswirtschaftlichen Planungen als relevante Kosten zu berücksichtigen sind, die seit längerem, so KILGER, „als gelöst gelten" kann,[5] steht also ein Planungsproblem mit mehreren Handlungsoptionen, von denen nicht alle gleichzeitig realisiert werden können. Somit liegt ein Planungsproblem mit mindestens einem Engpass oder, anders formuliert, mit Kapazitätsrestriktionen vor. Der Ansatz der Opportunitätskosten stellt also offenbar einen Versuch dar, Kapazitätsrestriktionen in der Dimension der Kosten zu modellieren. Die in der Literatur herkömmlich vorherrschende Argumentation gegen die Verwendung von Opportunitätskosten in betriebswirtschaftlichen Planungen unterscheidet die beiden Fälle der Integration aller Handlungsoptionen und der Vernachlässigung einiger Handlungsoptionen im Planungsmodell. In beiden Fällen erscheint die Argumentation jedoch nicht vollständig.

Werden alle Handlungsoptionen in das Planungsmodell integriert, „so ist der Ansatz von Opportunitätskosten nicht erforderlich",[6] so die in der Literatur herrschende Ansicht.[7]

---

1 vgl. Green, D.: Pain Cost and Opportunity Cost, in: QJE, Vol. 8, 1894, zit. nach Kilger, W.: Flexible Plankostenrechnung und Deckungsbeitragsrechnung, 1993, S. 194
2 Shillinglaw, G.: Cost Accounting: Analysis and Control, 1961, S. 26, zit. nach Kilger, W.: Flexible Plankostenrechnung und Deckungsbeitragsrechnung, 1993, S. 195
3 Witthoff, H.: Kosten- und Leistungsrechnung, 2001
4 Hoitsch, H.: Opportunitätskosten, in: Horváth, P. / Reichling, Th. (Hrsg.): Controlling, 1993, S. 464
5 Kilger, W.: Flexible Plankostenrechnung und Deckungsbeitragsrechnung, 1993, S. 195
6 ebenda, S. 195
7 vgl. Adam, D.: Entscheidungsorientierte Kostenbewertung, 1970, S. 45; vgl. Heinen, E.: Betriebswirtschaftliche Kostenlehre, 1970, S. 314

Denn Opportunitätskostensätze lassen sich „immer nur dann exakt bestimmen ... , wenn man bereits die optimalen Lösungswerte eines Planungsproblems bestimmt hat“, da sie sich „simultan“ mit diesen ergeben,[1] so dass man sie hiernach nicht mehr benötigt.[2] Abgesehen davon, dass in diesem Fall außer dem mangelndem Bedarf an Opportunitätskostensätzen, der richtig konstatiert wird, auch ein planungstheoretischer Zirkel vorliegt, da Planungs*ergebnisse*, nämlich die Opportunitätskostensätze, als *Eingangs*parameter der Planung verwendet werden müssten, scheint diese Argumentation eine wichtige Eigenschaft der Planungssituation zu vernachlässigen. Denn ursächlich für die Definition des Begriffs der „Opportunitätskosten“ ist die Existenz eines Engpasses, wodurch per definitionem die gleichzeitige Realisierung aller Handlungsoptionen ausgeschlossen wird. Das Wesen der Planungssituation besteht also gerade darin, dass der Nutzen aller Handlungsoptionen nicht gleichzeitig in Anspruch genommen werden kann. Die Berücksichtigung von Opportunitätskosten im Planungsmodell aber impliziert das Gegenteil, nämlich dass „eigentlich“ auch die nicht realisierten Optionen Nutzen erbringen könnten. Dies widerspricht aber der Annahme der Existenz eines Engpasses, der die Definition des Begriffs der „Opportunitätskosten“ erst ermöglicht. Anders formuliert: Die Modellierung von Opportunitätskosten ist überflüssig, wenn Engpässe, etwa Kapazitätsrestriktionen, im Planungsmodell bereits berücksichtigt sind. Die in der Literatur herrschende Ansicht erscheint also richtig, die Begründung jedoch nicht vollständig.

1 Kilger, W.: Flexible Plankostenrechnung und Deckungsbeitragsrechnung, 1993, S. 195
2 vgl. Adam, D.: Entscheidungsorientierte Kostenbewertung, 1970, S. 53;
vgl. Kilger, W.: Flexible Plankostenrechnung und Deckungsbeitragsrechnung, 1993, S. 195

2.1.4 Verwandtschaft der Produktions- und der Projektplanung

Da sich die systematische Projektplanung, die in der Literatur breit diskutiert wird,[1] häufig auf dasselbe Objekt wie die Produktionsplanung bezieht, nämlich auf die Sachgüterproduktion, sollen nachfolgend die wesentlichen Eigenschaften der Projektplanung kurz charakterisiert werden. Ein Projekt stellt per definitionem eine einmalig durchzuführende Folge von Aktivitäten dar und ist damit jeweils einzigartig. Die Aktivitäten, die auch als unteilbare Vorgänge aufgefasst werden können,[2] deren i. d. R. vorgegebene Reihenfolge und die von den Aktivitäten bzw. Vorgängen benötigten Ressourcen bilden die „Elemente" eines Projekts. Natürlich nutzen häufig verschiedene Projekte dieselben Ressourcen.[3] Bei Projekten, bei denen die Ressourcen beschränkt sind, was der Regelfall sein dürfte, ist eine systematische Projektplanung zur Einhaltung der gegebenen Zeit- und Kostenziele unabdingbar. Diese besteht üblicherweise aus den iterativ zu durchlaufenden drei Phasen der Datenaufnahme, der Planerstellung mit Struktur-, Termin- und ggfs. Kostenplanung sowie der Umsetzung.[4]

Das Hauptinstrument der Struktur- und der Terminplanung ist die Netzplantechnik. Deren Ursprünge liegen im militärischen Bereich, nämlich bei der Entwicklung von US-amerikanischen Atomraketen, namentlich der Polaris-Rakete, für welche von der US-Marine in Zusammenarbeit mit den Firmen LOCKHEED sowie BOOZ, ALLEN AND HAMILTON die „Program Evaluation and Review Technique" (PERT, 1956) entwickelt wurde, die von stochastisch verteilten Dauern der einzelnen Vorgänge ausgeht.

---

1 vgl. Davis, E.: Resource Allocation in Project Network Models, in: JIE, Vol. 17, 1966, S. 177 ff.;
vgl. Herroelen, W.: Resource-Constrained Project Scheduling, in: ORQ, Vol. 23, 1972, S. 261 ff.;
vgl. Davis, E.: Project Scheduling under Resource Constraints, in: AIIET, Vol. 5, 1973, S. 297 ff.;
vgl. Doersch, R. / Patterson, J.: Scheduling a Project, in: MS, Vol. 23, 1977, S. 882 ff.;
vgl. Bey, R. / Doersch, R. / Patterson, J.: Net Present Value, in: PMQ, Vol. 12, 1981, S. 35 ff.;
vgl. Patterson, J.: Project scheduling, in: MS, Vol. 30, 1984,S. 854 ff.;
vgl. Domschke, W. / Drexl, A.: Kapazitätsplanung in Netzwerken, in: ORS, Vol. 13, 1991, S. 63 ff.;
vgl. Demeulemeester, E.: Optimal Algorithms, 1992;
vgl. Icmeli, O. / Erengüc, S. / Zappe, C.: Project Scheduling, in: IJOPM, Vol. 13, 1993, S. 80 ff.;
vgl. Icmeli, O. / Rom, W.: Analysis of the characteristics of projects in diverse industries, in: JOM, Vol. 16, 1998, S. 43 ff.
vgl. Sprecher, A.: Resource-Constrained Project Scheduling, 1994;
vgl. Kolisch, R.: Project Scheduling under Resource Constraints, 1995

2 vgl. auch Kap. 2.2.2.2

3 vgl. Kurtulus, I. / Davis, E.: Multi project scheduling, in: MS, Vol. 28, 1982, S. 161

4 vgl. Kolisch, R.: Project Scheduling under Resource Constraints, 1995, S. 1 f.

Eine einfachere Variante von PERT ist die „Critical Path Method“ (CPM, 1956), die deterministische Dauern verarbeitet und von DU PONT DE NEMOURS und der RAND CORP. zum Zwecke der Planung der Überholung großer Chemieanlagen entworfen wurde. In Frankreich wurde fast gleichzeitig von der Beratungsfirma SEMA zum Zwecke der Planung der Errichtung der ersten Atomkraftwerke die „Metra Potential Method“ (MPM, 1957) entwickelt, die ebenfalls auf deterministischen Daten basiert. Eine Weiterentwicklung von PERT führte zur „Graphical Evaluation and Review Technique“ (GERT), bei der zusätzlich stochastische Reihenfolgebeziehungen verarbeitet werden, d. h Vorgänge nur mit bestimmten Wahrscheinlichkeiten durchzuführen sind.[1]

	deterministische Daten	**stochastische Daten**
vorgangspfeilorientierte Darstellung	CPM (1956): - Vorgangsfolge deterministisch - Vorgangsdauern deterministisch	GERT (1966): - Vorgangsfolge stochastisch - Vorgangsdauern stochastisch
vorgangsknotenorientierte Darstellung	MPM (1957): - Vorgangsfolge deterministisch - Vorgangsdauern deterministisch	
ereignisknotenorientierte Darstellung		PERT (1956): - Vorgangsfolge deterministisch - Vorgangsdauern stochastisch
ereignispfeilorientierte Darstellung		

Tab. 2-3: Varianten der Netzplantechnik

Die Methoden unterscheiden sich auch hinsichtlich der graphischen Repräsentation, nämlich hinsichtlich der Darstellung der Vorgänge und Ereignisse. Bei PERT werden die Abschlüsse der Vorgänge, d. h. die Ereignisse, als die Knoten eines Netzes dargestellt (ereignisknotenorientierte Darstellung), bei CPM werden die Vorgänge als Pfeile (vorgangspfeilorientierte Darstellung), bei MPM werden die Vorgänge als Knoten (vorgangsknotenorientierte Darstellung) eines Netzes abgebildet.

[1] vgl. Domschke, W. / Drexl, A.: Operations Research, 1995, S. 82 ff.;
vgl. Ohse, D.: Quantitative Methoden in der Betriebswirtschaftslehre, 1998, S. 11

Zwar finden vorgangspfeilorientierte Netzpläne im überwiegenden Teil der Literatur sowie in Form der Critical Path Method (CPM) auch in der Praxis Verwendung, jedoch weist diese Form im Vergleich zur vorgangsknotenorientierten Darstellung einige Nachteile auf.[1] Denn in vorgangspfeilorientierten Netzplänen kann die Notwendigkeit entstehen, Scheinvorgänge zur eindeutigen Darstellung der Reihenfolgebeziehungen verwenden zu müssen. Dies ist aber problematisch, weil es kein eindeutiges Verfahren gibt, um für ein gegebenes Projekt die minimale Anzahl der Scheinvorgänge zu bestimmen. Tatsächlich ist das Problem der Bestimmung der minimalen Anzahl von Scheinvorgängen NP-schwer.[2] Vorgangsknotenorientierte Netzpläne werden in der neueren Literatur auch als MPM-Netzpläne bezeichnet, obwohl diese ursprünglich in den Knoten nur die Vorgangsanfänge festlegten.[3] Ereignispfeilorientierte Darstellungen finden sich - siehe Tabelle 2-3 - aus nachvollziehbaren Gründen nicht,[4] da sich die Darstellung eines zeitlich punktuellen Ereignisses durch einen räumlich ausgedehnten Pfeil intuitiv nicht erschließt.

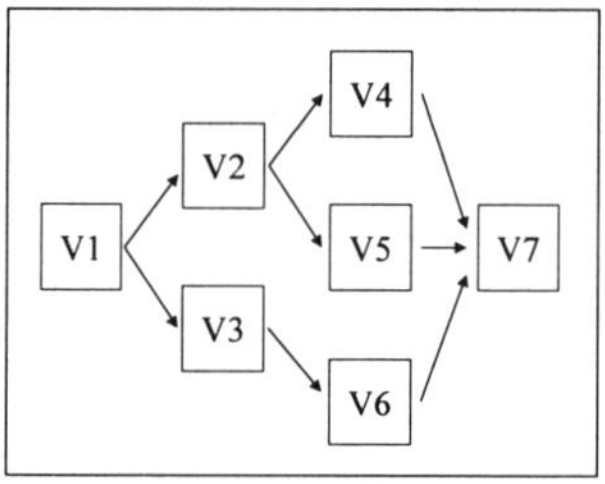

Abb. 2-2: Beispiel für einen Netzplan in vorgangsknotenorientierter Darstellung

Das in der Abbildung 2-2 dargestellte Beispiel eines Netzplans könnte auch einen Gozintographen darstellen und verdeutlicht die Ähnlichkeit der in der Projektplanung und der Produktionsplanung eingesetzten Visualisierungsinstrumente. Da die Produktions- und die Projektplanung auch auf dieselben formalen Methoden, namentlich die mathematische Planungsrechnung, zurückgreifen, wird im Folgenden ein vereinheitlichter Beschreibungsrahmen für „Vorgangsnetze" entwickelt.

---

1 vgl. Neumann, K. / Schwindt, Chr.: Activity-on-node networks, in: ORS, Vol. 19, 1997, S. 205

2 vgl. Garey, M. / Johnson, D.: Computers and Intractability, 1979;
vgl. auch Kap. 2.3.4.3

3 vgl. Altrogge, G.: Netzplantechnik, 1979

4 vgl. Neumann, K.: Operations Research Verfahren III, 1975, S. 191

2.2 Beschreibung mehrstufiger Planungsprobleme mit Vorgangsnetzen

2.2.1 Vorgangsnetze als Analyseinstrument für Produktionsaufgaben

Die Analyse komplexer Produktionsaufgaben mit Hilfe einer Modellierung in „Vorgangsnetzen“ wird sowohl in der Produktionsplanung durchgeführt, die per definitionem auf die Produktion von Sachgütern abzielt, als auch in der Projektplanung, die sich auf die „Produktion“ eines ggfs. auch immateriellen Projektergebnisses richtet. In der Produktionsplanung werden Vorgangsnetze, z. B. in Form von Gozintographen, zur Repräsentation von Produktionsvorgängen seit ca. einem halben Jahrhundert eingesetzt. Seit mindestens der gleichen Zeit wird in der Projektplanung die Modellierung von Vorgangsnetzen, nämlich mit der Netzplantechnik, angewendet und fortentwickelt.[1]

Vorgangsnetze		
Gozintograph	Logistiknetz	Netzplan
Produktionsplanung	**Logistiknetzplanung**	**Projektplanung**

Tab. 2-4: Typen von Vorgangsnetzen in verschiedenen Planungsbereichen

Da die Logistiknetzplanung bzw. -optimierung auf Methoden aus beiden Planungsbereichen zurückgreift, sind die möglichen Merkmale von Vorgangsnetzen als Instrument einer insofern verallgemeinerten Planung näher zu untersuchen. Eine Sichtung der Literatur ergibt, dass Vorgangsnetze - trotz großer Verwandtschaft der Planungsmethoden - bislang entweder aus produktionsplanerischer oder aus projektplanerischer Perspektive entwickelt werden. So beschränkt sich z. B. das von HERROELEN et al. in jüngerer Zeit dargestellte Klassifikationsschema für die Projektplanung auf ebensolche Probleme. Dieses Schema enthält drei Dimensionen mit einer Reihe von Ausprägungen in jeweils drei, neun und sieben Unterkategorien.[2] Da es sich um einen vor dem Hintergrund der Projektplanung entwickelten Ansatz handelt, ist er auf spezifische Projektoptimierungsmodelle ausgerichtet und ermöglicht daher z. B. weder die Differenzierung zwischen einstufigen und mehrstufigen Problemen noch die Klassifikation der parallelen Bearbeitung mehrerer Projekte bzw. Produktionsaufträge.

---

1 vgl. Thumb, N.: Grundlagen und Praxis der Netzplantechnik 1969
vgl. Altrogge, G.: Netzplantechnik, 1996

2 vgl. Herroelen, W. / Demeulemeester, E. / De Reyck, B.: Project Scheduling, in: Weglarz, J. (Hrsg.): Project Scheduling, 1998, S. 1 ff.

Ein umfassender Beschreibungsrahmen für Vorgangsnetze, wie er für die Analyse (weitgehend) beliebiger mehrstufiger Produktionsplanungsaufgaben und der hierfür verwendeten Modelle erforderlich ist, liegt offenbar gegenwärtig noch nicht vor und wird daher nachfolgend auf der Grundlage einer Literatursichtung zur Produktions- und Projekplanung sowie weiteren Überlegungen, z. B. zur Vollständigkeit und Konsistenz, vorgeschlagen. Letztlich stellt dieser Beschreibungsrahmen damit ein Ergebnis der Analyse vorhandener Modelle[1] und der Überlegungen zu geeigneten Modellformulierungen[2] dar, wird aber aus didaktischen Gründen vor beiden Themenbereichen erläutert. Der Beschreibungsrahmen weist Merkmale in vier nachfolgend in getrennten Abschnitten erläuterten Kategorien auf, nämlich zunächst für die „Bedarfe", für die „Vorgänge" und für die „Ressourcen", womit im wesentlichen die reale Planungssituation abgebildet wird. Ferner erfasst die Kategorie „Formulierung" spezifische Eigenschaften der aufgestellten Optimierungsmodelle. Aufgrund ihrer Bedeutung werden die möglichen Zuordnungen der Vorgänge zu den Ressourcen in einem weiteren eigenen Abschnitt erfasst. Es sei vorweggenommen, dass nicht alle theoretisch möglichen Kombinationen der Ausprägungen über ein sinnvolles reales Pendant verfügen, vielmehr bestehen in realen Planungssituationen vielfache Interdependenzen zwischen verschiedenen Ausprägungen. Umgekehrt aber sollte der größte Teil realer Planungssituationen der mehrstufigen Produktions- und Projektplanung mit dem vorgeschlagenen Schema beschrieben werden können.

---

[1] vgl. auch Kap. 2.4
[2] vgl. auch Kap. 3

2.2.2 Entwicklung eines Beschreibungsrahmens für Vorgangsnetze

2.2.2.1 Mögliche Bedarfsmerkmale

B1) *Bedarfshorizont.* Das erste Merkmal des Bedarfs ist dessen Horizont, der einperiodisch oder mehrperiodisch sein kann, wobei die Unterscheidung zwischen diesen Ausprägungen natürlich von der Definition der Periodenlänge abhängt. Mehrere Bedarfe, die mit einer kurzen Periodenlänge, d. h. einer feinen Auflösung der Zeitachse, zu unterscheiden sind, können bei größerer Periodenlänge nur noch einer Periode zugerechnet werden. Bei der Modellbildung kommt einer angemessenen Auslegung der Periodenlänge daher große Bedeutung zu.[1]

B2), B3), B4), B5) *Anzahl der Endprodukttypen, der Endprodukte je Typ, der Zwischenprodukttypen und der Zwischenprodukte je Typ.* Festzustellen sind nun der Primärbedarf, d. h. die Anzahl der Endprodukttypen und die Anzahl der Endprodukte je Typ, sowie der Sekundärbedarf, d. h. die Anzahl der Zwischenprodukttypen und die Anzahl der Zwischenprodukte je Typ, welche klassische Unterscheidungsmerkmale in der Produktionsplanung darstellen. Natürlich ist eine Vernachlässigung der Zwischenprodukte in der Planung möglich (Zahl der Zwischenprodukttypen gleich null).

B6) *Produktionsmotivation.* Ferner ist zwischen den sehr ähnlichen Merkmalen der Produktionsmotivation und der Bedarfserfüllung zu differenzieren. Die Produktionsmotivation ist aus der Sicht der realen Planungssituation festzustellen und kann auf konkreten Kundenaufträgen oder auf Erwartungen für Kundenaufträge, die zum Planungszeitpunkt noch nicht genau bekannt sind und daher geschätzt werden müssen, bzw. auf Erwartungen für eine Nachfrage auf einem anonymen (Massen-) Markt beruhen. Sie ist daher entweder auftragsorientiert, erwartungsorientiert oder, bei Auftreten sowohl konkreter als auch erwarteter Aufträge, gemischt. Bei einer vollständig auftragsorientierten Produktionsmotivation werden nicht nur die (End-) Produkte, sondern auch alle Teile erst produziert, wenn ein konkreter Auftrag für ein Endprodukt und hieraus folgend auch konkrete Aufträge für Zwischenprodukte eingegangen sind. Ist die Produktionsmotivation vollständig erwartungsorientiert, so werden die (End-) Produkte und die hierfür erforderlichen Zwischenprodukte auf der Grundlage von Prognosen hergestellt und gelagert, bis tatsächliche Lieferaufträge eintreffen.

---

[1] vgl. auch Kap. 3.3.2.1

In der Praxis ist jedoch meist eine „gemischte“ Produktionsmotivation zu beobachten. Während die Herstellung der Endprodukte auftragsorientiert erfolgt, werden die hierfür erforderlichen Zwischenprodukte erwartungsorientiert vorproduziert und gelagert, um so die Lieferzeit zu verkürzen. Der Übergangspunkt zwischen auftrags- und erwartungsorientierter Produktion könnte als „(Produktions-) Motivationswechselpunkt“ bezeichnet werden.

B7) *Bedarfserfüllung*. Die Bedarfserfüllung ist aus Modellsicht festzustellen. Eine auftragsorientierte Produktionsmotivation führt meist zu einer unbedingten Bedarfserfüllung, bei der eine gültige Lösung der Produktionsplanungsaufgabe nur vorliegt, wenn alle Bedarfe nach Menge und Zeitpunkt exakt erfüllt werden. Eine erwartungsorientierte Produktionsmotivation hingegen führt i. d. R. zu einer aufwärtslimitierten Bedarfserfüllung. Bei dieser wird für die Bedarfe nur eine Obergrenze angegeben, so dass eine gültige Lösung der Produktionsplanungsaufgabe bereits dann vorliegt, wenn eine beliebige Menge der Bedarfe zum korrekten Zeitpunkt erfüllt werden kann. Ferner ist neben der Angabe einer Ober- auch die Angabe einer Untergrenze größer null, also eine Mindestliefermenge oder abwärtslimitierte Bedarfserfüllung, denkbar. Natürlich kann auch keine Angabe zur Bedarfserfüllung gemacht werden. In diesem Fall oder bei ausschließlicher Vorgabe der abwärtslimitierten Bedarfserfüllung und zusätzlich fehlenden Kapazitätsrestriktionen ist das Planungsproblem jedoch unbegrenzt und daher nicht lösbar.

B8), B9) *Vorlieferung, Nachlieferung*. In der Literatur wird bei der Präsentation vieler Modelle häufig ein Schritt übergangen, der im Lösungsprozess unvermeidlich erscheint, nämlich die Abschätzung, ob die während der Planungsperiode zur Verfügung stehende Kapazität überhaupt zur Deckung der unbedingt zu erfüllenden Bedarfe ausreicht. Eine Ausnahme stellt PATTLOCH dar, der in der Erläuterung eines von ihm vorgeschlagenen Modells die Bedingung erwähnt, dass „nur dann eine zulässige Lösung ... [existiert], wenn die kumulierte Produktionskapazität bis zu jeder ... [Bedarfsperiode] nicht geringer ist, als der gesamte Bedarf, der bis zu diesem Zeitpunkt gefertigt werden muss“.[1] Der formale Ansatz zur Überprüfung dieser Bedingung findet sich an dieser Stelle aber nicht.

1 Pattloch, M.: Planung auf parallelen Maschinen, 1999, S. 41

Reicht die Kapazität in der Bedarfsphase nicht aus, um die Bedarfe zu decken, so bestehen grundsätzlich die Möglichkeiten, eine Vorproduktion und Vorlieferung oder Lagerung oder eine Nachproduktion und Nachlieferung durchzuführen oder aber von der Annahme der unbedingten zur Annahme der aufwärtslimitierten Bedarfserfüllung überzugehen, d. h. nicht alle Bedarfe zu erfüllen. Die Planung einer Vorproduktion und Lagerung ist in den herkömmlichen Modellierungen bereits enthalten, weil sie dem „normalen" Vorgehen entspricht. Denn beim Standardfall der Existenz eines Lagers für (End-) Produkte ist eine Vorproduktion bis zur Kapazitätsgrenze dieses Lagers immer möglich. Die Planung einer Vorproduktion und Vorlieferung bedingt die Änderung des Bedarfsprofils, da der Abnehmer die Vorlieferung natürlich akzeptieren muss. Die Planung einer Nachproduktion und Nachlieferung schließlich erfordert Entscheidungen darüber, welche in der Bedarfsphase zunächst nicht erfüllten Bedarfe wann durch Nachlieferungen gedeckt werden sollen.[1] Die Annahme der nach Menge und Termin unbedingten Bedarfserfüllung wird damit natürlich außer Kraft gesetzt, denn sie ist in diesem Fall nur noch hinsichtlich der Menge unbedingt. Da bei aufwärtslimitierter Bedarfserfüllung konkrete Aufträge i. d. R. nicht bekannt sind, ist hier eine Vor- oder Nachlieferung meist nicht sinnvoll definierbar.

B10) *Bedarfsdatenqualität.* Von entscheidender Wichtigkeit ist die Bedarfsdatenqualität. Obwohl die Daten deterministisch, stochastisch oder ggfs. unscharf modelliert werden können, wird man im Allgemeinen in der Planung von deterministischen Daten für den Bedarf ausgehen. Planungsmodelle, welche stochastische Daten verarbeiten, können für bestimmte Entscheidungssituationen durchaus sinnvoll sein, werden aber in der Literatur bislang erst relativ selten diskutiert.[2] Die Verarbeitung „nur" deterministischer Daten erscheint insofern gerechtfertigt, als die mit der Modellbildung vorgenommene Abstraktion stets zu einer „Ungenauigkeit" der Lösung führt, deren Ausmaß es z. B. durch Sensitivitätsanalysen abzuschätzen gilt.

B11) *Bedarfsskalierung.* Von der Qualität der Daten zu unterscheiden ist deren Skalierung, die entweder kontinuierlich oder diskret sein kann. Da in realen Situationen alle Bedarfe ganzzahlig oder als endlicher Dezimalbruch einer physikalischen Einheit angegeben werden, treten letztlich nur diskret skalierte Bedarfe auf, auch wenn diese auf Modellebene als kontinuierliche Variablen abgebildet werden.

---

[1] vgl. auch Kap. 3.3.2.3

[2] vgl. Buss, A. / Rosenblatt, M.: Activity Delay in Stochastic Project Networks, 1993; vgl. dieselben: Scheduling in Stochastic Project Networks, 1995

Es ergibt sich die folgende Übersicht für die Vorgangsmerkmale des Beschreibungsrahmens für Vorgangsnetze:

Bedarfsmerkmale		**Ausprägungen**		
B1	Bedarfshorizont	**a** einperiodisch	**b** mehrperiodisch	
B2	Anzahl Endprodukttypen	**a** eins	**b** mehrere	
B3	Anzahl Endprodukte je Typ	**a** eins	**b** mehrere	
B4	Anzahl Zwischenprodukttypen	**a** null	**b** eins	**c** mehrere
B5	Anz. Zwischenprodukte je Typ	**a** k. A.	**b** eins	**c** mehrere
B6	Produktionsmotivation	**a** k. A.	**b** auftragsorientiert	**c** erwartgsorientiert
		d gemischt		
B7	Bedarfserfüllung	**a** unbedingt	**b** aufwärtslimitiert	**c** abwärtslimitiert
		d auf- u. abw.-lim.	**e** keine	
B8	Vorlieferung	**a** unzulässig	**b** zulässig	
B9	Nachlieferung	**a** unzulässig	**b** zulässig	
B10	Bedarfsdatenqualität	**a** deterministisch	**b** stochastisch	**c** unscharf
B11	Bedarfsskalierung	**a** kontinuierlich	**b** diskret	

Tab. 2-5: Bedarfsmerkmale des Beschreibungsrahmens für Vorgangsnetze

Zwar sind die Ausprägungstypen der hier genannten Bedarfsmerkmale aufgelistet, jedoch lässt sich die Anzahl der Ausprägungskombinationen natürlich nicht durch die einfache Kombinatorik bestimmen, da bei den Merkmalen, bei denen eine Ausprägung eine Vervielfachung darstellt, z. B. „B1 mehrperiodisch“ oder „B3 mehrere Endprodukte“, natürlich eine genauere Spezifizierung erforderlich ist. Außerdem ist einsichtig, dass sich einige der Merkmale bedingen. So ist z. B. ein mehrperiodischer Bedarf nur möglich, wenn entweder mehrere Endprodukttypen oder wenn von einem Endprodukttyp mehrere Stücke herzustellen sind.

2.2.2.2 Mögliche Vorgangsmerkmale

„Aktivitäten" sind nach Normblatt DIN 69900 „zeiterfordernde Geschehen mit definiertem Anfang und Ende" und dienen im produktionswirtschaftlichen Kontext der Herstellung von einzelnen (End-) Produkten oder Teilen. Da diese bei Einhaltung der Qualitätsanforderungen mit Abschluss der Aktivität zur Verfügung stehen, können in der Planung Aktivitäten und deren Ergebnisse gleichgesetzt werden. Eine Anzahl von Aktivitäten oder (Teilarbeits-) Schritten, z. B. die Produktion eines Loses von Teilen, bildet einen *Vorgang*, der insofern identisch ist mit der in der Literatur häufig angeführten Definition des Begriffs „Prozess" als „Bündel von Aktivitäten".[1] Vorgänge werden in der Literatur häufig mit aus dem Englischen übernommenen Termini belegt, im Kontext der Projektplanung z. B. mit „activities" (!),[2] im Kontext der Produktionsplanung mit „jobs" oder „operations"[3] sowie im Kontext der Informatik (Prozessorauslastung) mit „tasks".[4]

V1) *Anzahl der Vorgänge*. Bei der Analyse eines Planungsproblems ist zunächst die Anzahl der möglichen Vorgänge festzustellen. Die Frage nach der Anzahl der Vorgangstypen stellt sich nicht, da jeder Vorgang als individuell betrachtet wird und insofern einen eigenen Vorgangstyp bildet. Zu beachten ist hier allerdings das Merkmal der Teilbarkeit eines Vorgangs (s. u.), welches beschreibt, ob Vorgänge in mehrere Subvorgänge, im Extremfall bis auf die Ebene einzelner Aktivitäten, untergliedert bzw. ob Vorgänge zu Supervorgängen aggregiert werden können. Zwar sind typische Planungsprobleme meist durch mehrere Vorgänge gekennzeichnet, jedoch kann auch aus einem Planungsproblem mit nur einem Vorgang ein nicht-triviales Problem entstehen, z. B. wenn (s. u.) der Vorgang teilbar, in mehreren Modi durchführbar und auf vielen stark restringierten Resourcen einzuplanen ist.

V2) *Mögliche Vorgangsstruktur*. Liegen mehrere zu planende Vorgänge vor, so ist festzustellen, welche Vorgangsstruktur gegeben ist. Die möglichen Strukturen werden im Allgemeinen als seriell, konvergierend, divergierend oder generell klassifiziert.

---

[1] Eversheim, W. / Schuh, G. (Hrsg.): Betriebshütte, Teil 1, 1996, S. 5-44

[2] vgl. Moder, J. / Phillips, C. / Davis, E.: Project management, 1983;
vgl. Elmaghraby, S.: Activity networks, 1977;
vgl. derselbe: Activity nets, in: EJOR, Vol. 82, 1995, S. 383 ff.

[3] vgl. Baker, K.: Introduction to sequencing and scheduling, 1974;
vgl. French, S.: Sequencing and scheduling, 1982

[4] vgl. Blazewicz, J. / Cellary, W. / Slowinski, R. et al.: Scheduling, 1986, S. 229

Bei einer seriellen Struktur hat jeder Vorgang außer dem Start- und dem Endvorgang genau einen Vorläufer und einen Nachfolger, Start- bzw. Endvorgang haben keinen Vorläufer bzw. keinen Nachfolger. Bei einer konvergierenden (divergierenden) Struktur hat jeder Vorgang außer den Start- und den Endvorgängen, die jeweils keinen Vorläufer bzw. Nachfolger aufweisen, mindestens einen Vorläufer (Nachfolger) und maximal einen Nachfolger (Vorläufer), und mindestens ein Vorgang hat mehr als einen Vorläufer (Nachfolger). Die generelle Struktur entsteht durch Addition von konvergierender und divergierender Struktur.

V3) *Vorgangsgabelpunkte.* Falls bei einer divergierenden oder generellen Struktur mehrere Endvorgänge vorliegen, ist außerdem von Bedeutung, wo Vorgangsgabelpunkte liegen, die auch als „Kundenentkopplungspunkte“ bezeichnet werden könnten.[1] Ein Vorgangsgabelpunkt wird durch den letzten Vorgang gebildet, welcher für mehrere Endvorgänge gemeinsam durchzuführen ist und kann hinsichtlich möglicher Modularisierungen Bedeutung erlangen. Zu beachten ist hier, dass manchmal ein einziger Hilfsvorgang hinter mehrere Endvorgänge geschaltet wird, um die Planung zu vereinfachen.[2] Dies ist aber für die Problematik der Vorgangsgabelpunkte ohne Bedeutung. Ein Gabelpunkt ist nicht zu verwechseln mit dem o. g. Motivationswechselpunkt zwischen erwartungsorientierter und auftragsorientierter Produktion.

V4) *Abstände mehrerer Vorgänge.* Obwohl in der Literatur herkömmlich davon ausgegangen wird, dass die zeitlichen Abstände zwischen mehreren Vorgängen beliebig sein können und daher hierüber keine Angaben gemacht werden,[3] ist zu prüfen, ob Minimal- und/oder Maximalabstände einzuhalten sind.[4] Die Erfassung minimaler Abstände, die formal auch als Hilfsvorgänge abgebildet werden können, erübrigt sich dann, wenn diese unabhängig von den vorausgehenden oder nachfolgenden Vorgängen, also reihenfolge- oder sequenzunabhängig, sind, weil sie dann den Vorgangsdauern zugerechnet werden können. Allerdings entsteht im alternativen Fall, d. h. bei sequenzabhängigen Abständen, eine erhebliche Komplexität des Planungsproblems. Die Erfassung maximaler Abstände, welche z. B. in der chemischen Industrie eine große Rolle spielen, wird in der Literatur kaum behandelt.[5]

---

1 vgl. Roth, Chr. / Seebauer, P.: Fabrikplanung und Architektur, in: LH, 12/2001, S. 27
2 vgl. auch Kap. 3.2.1.7
3 vgl. Knolmayer, G. / Rückle, D.: Projektkostenminimierung, in: ZfbF, 28. Jg., 1976, S. 434
4 vgl. Neumann, K. / Schwindt, Chr.: Activity-on-node networks, in: ORS, Vol. 19, 1997, S. 209
5 vgl. ebenda, S. 205 ff.

V5) *Vorgangsdauer*. Ein Hauptmerkmal eines einzelnen Vorgangs ist die Vorgangsdauer, die (aus meist technischen Gründen) vorgegeben oder veränderlich sein kann.

V6) *Stationszeiten*. Hiervon zu unterscheiden sind die Stationszeiten,[1] die vor allem auf (herkömmlich innerbetriebliche) Transportzeiten abzielen, welche in einem mehrstufigen Produktionsnetz erforderlich sind, um einen Teiletyp von der ihn herstellenden Ressource zu seinem (Zwischen-) Lager zu befördern, aus dem er verzögerungsfrei zur Weiterverarbeitung in nachfolgenden Teilen entnommen werden kann. Außer durch den Transport können die Stationszeiten auch durch andere Gegebenheiten, etwa die Notwendigkeit der Abkühlung nach einer Bearbeitung, bedingt sein. Sie sind damit technisch determiniert und nicht zu verwechseln mit den Durchlaufzeiten eines Produktionsauftrags, welche sich ex post aus dem Produktionsplan als Ergebnis der Planung ergeben.

V7) *Vorgangsteilbarkeit*. Mit dem Merkmal der Vorgangsdauer ist das Merkmal der Vorgangsteilbarkeit verbunden. Teilbare (präemptive) Vorgänge sind per definitionem die Regel in der Produktionsplanung, in der u. a. gerade die Größen von Losen und damit deren Produktions-, d. h.: Vorgangsdauern, zu planen sind. Unteilbare (nichtpräemptive) Vorgänge hingegen treten regelmäßig in der Projektplanung auf.[2]

V8) *Vorgangsdatenqualität*. In diesem Zusammenhang ist ferner die Vorgangsdatenqualität festzustellen, da die Dauerdaten wiederum deterministisch, stochastisch oder ggfs. unscharf sein können. In der Literatur liegen wenige Beispiele für stochastische Ansätze vor.[3]

V9) *Vorgangsdauerskalierung*. Obwohl eine kontinuierliche Vorgangsdauerskalierung möglich ist, wird die Vorgangsdauer meist in ganzen oder endlich gebrochenen Zeiteinheiten angegeben.

---

1 vgl. auch Kap. 3.3.2.5

2 vgl. Kurtulus, I. / Davis, E.: Multi project scheduling, in: MS, Vol. 28, 1982, S. 161;
vgl. Kolisch, R.: Project Scheduling under Resource Constraints, 1995, S. 15;
vgl. Neumann, K. / Schwindt, Chr.: Activity-on-node networks, in: ORS, Vol. 19, 1997, S. 206

3 vgl. Buss, A. / Rosenblatt, M.: Activity Delay in Stochastic Project Networks, 1993;
vgl. dieselben: Scheduling in Stochastic Project Networks, 1995

V10) *Anzahl Modi.* Ist die Dauer eines Vorgangs veränderlich, so ist dies meist mit unterschiedlicher Ressourcenbelastung verbunden, woraus sich ergibt, dass der Vorgang in unterschiedlichen Modi durchgeführt werden kann. In der Praxis ist dabei häufig der Fall des Zeit-Ressourcen-Tauschs von Interesse, bei dem die Vorgangsdauer zu Lasten der Ressourcenbelastung verkürzt wird. Die Möglichkeit, die Ressourcen unter Beibehaltung der Vorgangsdauer auszutauschen, wird als Ressourcen-Ressourcen-Tausch angesprochen.[1] Jeder Modus weist eine spezifische Vorgangsdauer sowie, hinsichtlich der erneuerbaren Ressourcen, einen spezifischen Ressourcengebrauch bzw., hinsichtlich der nicht-erneuerbaren Ressourcen, einen spezifischen Ressourcenverbrauch auf.[2]

V11) *Ressourcenbelastungstyp.* In Abhängigkeit des Modus ergibt sich entweder eine lineare oder nicht-lineare Ressourcenbelastung, welche mit dem Ressourcenbelastungstyp erfasst wird.

V12) *Kalkulatorische Kosten.* Zu vermerken ist außerdem, ob mit den Vorgängen kalkulatorische Kosten verbunden werden, die vom „Prozess", also Vorgangsverlauf, oder vom „Ereignis", also Vorgangsbeginn oder -ende, abhängig gemacht werden können und deren Entscheidungsrelevanz kritisch zu beurteilen ist.[3]

V13) *Vermögensänderungen.* In ähnlicher Weise ist festzustellen, ob (Geld-) Vermögensänderungen, d. h. Einnahmen oder Ausgaben, abgebildet und wodurch diese bewirkt werden. Häufig sind prozessabhängige Vermögensänderungen in Verbindung mit der Vorgangsdurchführung (z. B. ausgabenwirksame Produktionsstückkosten), ereignisabhängige Vermögensänderungen in Verbindung mit dem Vorgangsende (z. B. Einnahmen durch Umsatzerlöse bei Verkauf eines Produkts) oder beide Typen anzutreffen. Im Gegensatz zu den prozess- oder ereignisabhängigen kalkulatorischen Kosten oder Vermögensänderungen der Vorgänge sind schalt- oder zeitabhängige kalkulatorische Kosten oder Vermögensänderungen den Ressourcen zuzuordnen.

V14) *Vermögensänderungszeitpunkt.* Zu berücksichtigen ist hier auch der Vermögensänderungszeitpunkt, d. h. wann die Vermögensänderungen unter Berücksichtigung von Zahlungsfristen in Bezug zu den Vorgängen realisiert werden.

---

[1] vgl. Drexl, A. / Kolisch, R.: Produktionsplanung und -steuerung, in: WiSt, 1993, S. 60 ff.
[2] vgl. Kolisch, R.: Project Scheduling under Resource Constraints, 1995, S. 10
[3] vgl. Kap. 2.1.3

Es ergibt sich die folgende Übersicht für die Vorgangsmerkmale des Beschreibungsrahmens für Vorgangsnetze:

Vorgangsmerkmale		**Ausprägungen**		
V1	Anzahl Vorgänge	**a** eins	**b** mehrere	
V2	Mögliche Vorgangsstruktur	**a** k. A.	**b** seriell	**c** konvergierend
		d divergierend	**e** generell	
V3	Vorgangsgabelpunkte	**a** nicht möglich	**b** möglich	
V4	Abstände mehrerer Vorgänge	**a** k. A.	**b** minimal	**c** maximal
		d min. u max.		
V5	Vorgangsdauer	**a** vorgegeben	**b** veränderlich	
V6	Stationszeiten	**a** k. A.	**b** null	**c** subperiodisch
		d mehrperiodisch		
V7	Vorgangsteilbarkeit	**a** unteilbar	**b** teilbar	
V8	Vorgangsdatenqualität	**a** deterministisch	**b** stochastisch	**c** unscharf
V9	Vorgangsdauerskalierung	**a** kontinuierlich	**b** diskret	
V10	Anzahl Modi	**a** eins	**b** mehrere	
V11	Ressourcenbelastungstyp	**a** k. A.	**b** linear	**c** nicht-linear
V12	Kalkulatorische Kosten	**a** k. A.	**b** prozessabhängig	**c** ereignisabhängig
V13	Vermögensänderungen	**a** k. A.	**b** prozessabhängig	**c** ereignisabhängig
V14	Vermögensänderungszeitpunkt	**a** k. A.	**b** sofort	**c** verschoben

Tab. 2-6: Vorgangsmerkmale des Beschreibungsrahmen für Vorgangsnetze

Auch bei den Merkmalen der Vorgänge sind Ausprägungen gegeben, die in einigen Fällen weiter spezifiziert werden müssen, z. B. bei den Merkmalen der Ausführungsmodi oder der nicht-linearen Ressourcenbelastung. Ferner liegen auch hier Interdependenzen zwischen den Merkmalen vor. So wird etwa der Wechsel des Modus mit hoher Wahrscheinlichkeit zu einem nicht-linearen Verlauf der Ressourcenbelastung führen.

2.2.2.3 *Mögliche Ressourcenmerkmale*

R1), R2) *Anzahl der Ressourcentypen und der Ressourcen je Typ.* Zur Durchführung von Vorgängen sind Ressourcen erforderlich. Auch hier ist zunächst festzustellen, welche Ressourcen nach Anzahl und Typ benötigt werden.

R3), R4) *Ressourcenmobilität, Ressourcenlokalisierung.* Ein im Allgemeinen wenig beachtetes Merkmal liegt mit der Ressourcenmobilität vor. Sind die Ressourcen immobil, so ist mit dem Merkmal der Ressourcenlokalisierung zu beschreiben, ob sie an einem Ort zentral angeordnet oder in der Fläche dezentral verteilt sind. Dass das Merkmal der Ressourcenmobilität in der Literatur fast nie explizit angesprochen wird, könnte damit zu erklären sein, dass die Produktionsplanung i. d. R. von immobilen Ressourcen - nämlich Produktionsanlagen - ausgeht, in der Projektplanung hingegen die Ressourcen in selbstverständlicher Weise den Vorgängen zugeführt und damit - wie Personal und Kapital oder Baumaschinen in der Bauwirtschaft - i. d. R. als mobil betrachtet werden. Weder in dem einen noch in dem anderen Bereich ergab sich daher bislang die Notwendigkeit, dieses Merkmal bewusst zu benennen.

R5) *Ressourcenkapazitäten.* Von großer Bedeutung, da wesentlicher Ausgangspunkt der Planung, sind die Ressourcenkapazitäten, einem Merkmal, das so entscheidend ist, dass nach ihm in der Literatur manchmal eine Kategorisierung der Ressourcen erfolgt.[1] Offensichtlich entsteht, abgesehen von einzuhaltenden Reihenfolgebeziehungen der Vorgänge, die Planungsaufgabe erst durch die Eliminierung der i. d. R. praxisfernen Annahme unbegrenzter Kapazitäten. Bei begrenzten Kapazitäten lassen sich - in der Terminologie der Projektplanung - die Fälle der erneuerbaren, nicht-erneuerbaren, doppelt restringierten und kumulativen Ressourcenkapazitäten unterschieden. Erneuerbare Kapazitäten sind zwar in jeder Periode beschränkt, stehen aber in jeder neuen Periode wieder in voller Höhe zur Verfügung. Nicht-erneuerbare Kapazitäten sind lediglich im gesamten Planungszeitraum beschränkt, stehen aber - im Rahmen dieser Schranke - in jeder einzelnen Periode unbegrenzt zur Verfügung. In betriebswirtschaftlicher Terminologie entsprechen Ressourcen mit erneuerbarer Kapazität somit den Potentialfaktoren, Ressourcen mit nicht-erneuerbarer Kapazität den Repetierfaktoren.

---

[1] vgl. Blazewicz, J. / Cellary, W. / Slowinski, R. et al.: Scheduling, 1986, S. 1

Doppelt restringierte Kapazitäten sind sowohl erneuerbar als auch nicht-erneuerbar. Wie TALBOT zeigt, können doppelt restringierte Kapazitäten formal als eine erneuerbare und eine nicht-erneuerbare Kapazität dargestellt werden,[1] so dass eine eigene modelltheoretische Behandlung i. d. R. nicht erforderlich ist.
Bei den kumulativen Ressourcen ist die Kapazität zwar begrenzt und über mehrere Perioden „verbrauchbar", jedoch kann sie auch bis zur gegebenen Grenze wieder regeneriert werden.[2] Die in einer Periode verfügbare Kapazität ist damit direkt von deren Nutzung in den Vorperioden abhängig. Ein klassisches Beispiel für kumulative Ressourcenkapazität aus der Produktionsplanung ist mit Zwischenprodukten gegeben. In der Projektplanung hingegen wird dem Kapital häufig eine kumulative Kapazität zugeschrieben, nämlich wenn Vorgänge nicht nur Ausgaben verursachen, d. h. Kapital benötigen, sondern auch Einnahmen generieren, d. h. neues Kapital zur Verfügung stellen. Es ist einsichtig, dass weder erneuerbare Kapazitäten, die per definitionem in jeder Periode erneut vollständig zur Verfügung stehen, noch nicht-erneuerbare Kapazitäten, welche während des Planungshorizonts nicht wieder auffüllbar sind, gleichzeitig kumulativ sein können.

R6) *Kapazitätsverlauf.* Eine bislang in der Literatur manchmal angesprochene, aber nur sehr selten verarbeitete Variante besteht in der Annahme eines zeitlich variierenden Kapazitätsverlaufs.[3]

R7), R8) *Kapazitätsteilbarkeit, Kapazitätsskalierung.* Ressourcen bzw. deren Kapazitäten sind zudem durch ihre Teilbarkeit gekennzeichnet, d. h. durch die Möglichkeit, sie innerhalb einer Periode nur teilweise für einen Vorgang einzusetzen. Sind sie teilbar, so ist die Kapazitätsskalierung zu spezifizieren, die auch hier aufgrund der o. g. Gründe diskret sein dürfte.

R9), R10) *Initialwert und Finalwert der Kapazitätsbelastung.* Daten, welche entscheidenden Einfluss auf die Planung haben, bestehen ferner im Initialwert und im Finalwert der Kapazitätsbelastung. Hierunter sind die Maße der Ressourcen- bzw. Kapazitätsbelastung zu verstehen, welche am Beginn bzw. am Ende des Planungszeitraums gegeben sind oder sein sollen.

---

1 vgl. Talbot, B.: Resource-constrained project scheduling, in: MS, Vol. 28, 1982, S. 1197 ff.
2 vgl. Neumann, K. / Schwindt, Chr.: Project Scheduling, 1999, S. 3
3 vgl. Bartusch, M. / Möhring, R. / Radermacher F.: Scheduling, in: AOR, Vol. 16, 1988, S. 201 ff.

Insbesondere bei der Planung mehrfacher Projekte, z. B. bei der sukzessiven Einlastung von Vorgängen auf Ressourcen, kann nicht vom Fehlen einer anfänglichen Ressourcenbelastung, d. h. einem Initialwert von null, ausgegangen werden. Finalwerte der Belastung von Endproduktlägern werden in der Literatur z. B. von HOFMANN berücksichtigt.[1]

R11) *Schalthergangszeiten.* Planungsbestimmend ist regelmäßig auch, welche Schalthergangszeiten zur Schaltung einer Ressource erforderlich sind. Die Schalthergangszeiten können gleich null oder ungleich null sein. Sind sie ungleich null, so werden herkömmlich nur subperiodische Schalthergangszeiten verwendet. Mehrperiodische Schalthergangszeiten, die bei kurzen Periodenlängen auftreten können, werden bislang nicht modelliert. In der vorliegenden Arbeit wird an Stelle des Begriffs „Rüsten" häufig der Begriff „Schalten" verwendet, da sich „Rüsten" herkömmlich auf (Fertigungs-) Maschinen bezieht, in der vorliegenden Arbeit jedoch unterschiedliche Ressourcen betrachtet werden, für die ein abstrakter Begriff geeigneter erscheint. Der Begriff „Schalten" wird also eingesetzt, wenn Ressourcen allgemein betrachtet werden, der Begriff „Rüsten" wird hingegen verwendet, wenn, wie bei den meisten herkömmlichen Modellen und als Spezialfall des Schaltens von Ressourcen,[2] das Schalten von Maschinen angesprochen ist.

R12) *Schaltzustandserhaltung.* Im Zusammenhang mit dem Schalten der Ressourcen ist ferner das Merkmal der Schaltzustandserhaltung von Bedeutung, d. h. die Möglichkeit, einen in einer gegebenen Periode hergestellten Schaltzustands in den nachfolgenden Perioden bis zur Durchführung eines neuen Schalthergangs zu konservieren.

R13) *Schaltzustandsdauervorgabe.* Schließlich ist bei der Schaltung der Ressourcen von Interesse, ob ein Modell die Vorgabe einer Obergrenze, einer Untergrenze oder eine Fixierung für die Schaltzustandsdauer ermöglicht, was etwa bei Mietverträgen bedeutsam sein kann.

R14) *Zuordnung der Vorgänge zu den Ressourcen.* Die Planungssituation wird von der Zuordnung der Vorgänge zu den Ressourcen entscheidend geprägt, so dass diese unten gesondert untersucht werden soll.

---

[1] vgl. Hofmann, C.: Abstimmung von Losgrößen, in: ORS, 16. Jg., 1994, S. 11
[2] vgl. auch Kap. 2.4

R15) *Ressourcenparallelitäten.* Bei Durchführung von Vorgängen auf mehreren Ressourcen sind mögliche Ressourcenparallelitäten zu definieren. Es ist zu unterscheiden, ob parallele Ressourcen wahlfrei parallel (alternativ oder gleichzeitig) eingesetzt werden können bzw. zwingend parallel (ausschließlich gleichzeitig) eingesetzt werden müssen.

R16) *Kalkulatorische Kosten.* Wie schon bei den Vorgängen, ist auch hier festzustellen, ob kalkulatorische Kosten mit der Ressourcennutzung verbunden werden, die hier vom Schalthergang oder von der Arbeitsbereitschaft der Ressourcen abhängig gemacht, also als schalt- oder zeitabhängig definiert sein können. Auch hier gilt die Kritik an der Entscheidungsrelevanz kalkulatorischer Kosten.[1]

R17) *(Geld-) Vermögensänderungen.* Erneut ist ferner festzustellen, ob mit der Ressourcennutzung (Geld-) Vermögensänderungen, d. h. ausgabenwirksame (Grund-) Kosten, oder Einnahmen, verbunden sind und wodurch diese bewirkt werden. Denkbar sind schaltabhängige Vermögensänderungen anläßlich der (An-, Um-, Ab-) Schaltung einer Ressource (An-, Um-, Abschaltkosten bzw. Stillegungskosten) oder zeitabhängige Vermögensänderungen während der Ressourcennutzung (Arbeitsbereitschaftskosten, z. B. Miete). Im Gegensatz zu den schalt- oder zeitabhängigen kalkulatorischen Kosten oder Vermögensänderungen der Ressourcennutzung sind prozess- oder ereignisabhängige kalkulatorische Kosten oder Vermögensänderungen den Aktivitäten bzw. Vorgängen zuzuordnen.

R18) *Vermögensänderungszeitpunkt.* Zu berücksichtigen ist hier wiederum der Vermögensänderungszeitpunkt, d. h. wann die Vermögensänderungen unter Berücksichtigung von Zahlungsfristen in Bezug zur Ressourcennutzung realisiert werden.

---

[1] vgl. Kap. 2.1.3

Es ergibt sich die folgende Übersicht für die Ressourcenmerkmale, zwischen denen sich wiederum Interdependenzen feststellen lassen:

Ressourcenmerkmale		**Ausprägungen**		
R1	Anzahl Ressourcentypen	**a** k. A.	**b** eins	**c** mehrere
R2	Anzahl Ressourcen je Typ	**a** k. A.	**b** eins	**c** mehrere
R3	Ressourcenmobilität	**a** k. A.	**b** immobil	**c** mobil
R4	Ressourcenlokalisierung	**a** k. A.	**b** zentral	**c** dezentral
R5	Ressourcenkapazitäten	**a** k. A.	**b** unbegrenzt	**c** erneuerbar
		d nicht-erneuerbar	**e** doppelt restring.	**f** kumulativ
R6	Kapazitätsverlauf	**a** k. A.	**b** zeitunabhängig	**c** zeitabhängig
R7	Kapazitätsteilbarkeit	**a** k. A.	**b** unteilbar	**c** teilbar
R8	Kapazitätsskalierung	**a** k. A.	**b** kontinuierlich	**c** diskret
R9	Initialwert Kapazitätsbelastung	**a** k. A.	**b** vorgegeben	**c** zu bestimmen
R10	Finalwert Kapazitätsbelastung	**a** k. A.	**b** vorgegeben	**c** zu bestimmen
R11	Schalthergangszeiten	**a** k. A.	**b** null	**c** subperiodisch
		d mehrperiodisch		
R12	Schaltzustandserhaltung	**a** k. A.	**b** nicht möglich	**c** möglich
R13	Schaltzustandsdauervorgabe	**a** k. A.	**b** Obergrenze	**c** Untergrenze
		d Fixierung		
R14	Zuordnung Vorg./Ress.	**a** k. A.	**b** direkt	**c** unvollst. vernetzt
		d vollst. vernetzt		
R15	Ressourcenparallelitäten	**a** k. A.	**b** keine	**c** wahlfrei
		d zwingend	**e** wahlfr. u. zwing.	
R16	Kalkulatorische Kosten	**a** k. A.	**b** schaltabhängig	**c** zeitabhängig
R17	Vermögensänderungen	**a** k. A.	**b** schaltabhängig	**c** zeitabhängig
R18	Vermögensänderungszeitpunkt	**a** k. A.	**b** sofort	**c** verschoben

Tab. 2-7: Ressourcenmerkmale des Beschreibungsrahmens für Vorgangsnetze

2.2.2.4 Mögliche Formulierungsmerkmale

Die Analyse ausgewählter formaler Optimierungsmodelle und die Ergründung der Schwächen der Modellformulierungen geben Anlass zur Einführung einiger weiterer (Modell-) Formulierungsmerkmale, deren Funktion sich möglicherweise nicht in allen Fällen sofort intuitiv erschließt, deren Bedeutung aber später bei der Gestaltung von Optimierungsmodellen für Logistiknetze deutlich werden wird:[1]

F1) *Kinematik.* Grundsätzlich ist mit dem Merkmal der Kinematik zu unterscheiden, ob ein Modell statisch oder dynamisch angelegt ist. Bei einem statischen Modell, etwa dem Losgrößenmodell von HARRIS,[2] verlaufen die Materialbestandsveränderungen in allen Perioden gleich, weshalb in der Planung die Betrachtung einer einzigen Periode ausreicht. Bei einem dynamischen Modell hingegen müssen mehrere Perioden, nämlich der Planungshorizont, betrachtet werden, weil die Materialbestandsveränderungen in unterschiedlichen Perioden verschieden verlaufen. Ein dynamisches Modell erlaubt daher eine differenziertere Planung. Modelle mit mehrperiodischem Bedarfshorizont müssen daher, von dem Trivialfall identischer Bedarfe in allen Perioden abgesehen, stets eine dynamische Kinematik aufweisen.

F2) *Anzahl der Optimierungsziele.* Der Kern formaler Optimierungsmodelle besteht aus der zu optimierenden Zielfunktion. Grundsätzlich ist es bei jeder Optimierung denkbar, statt nur eines Optimierungsziels mehrere Ziele zu optimieren, wofür in der Literatur seit langem verschiedene Methoden behandelt werden,[3] unter denen sich auch auf Vorgangsnetze zurückgehende Ansätze finden.[4] Um das Untersuchungsfeld nicht zu sehr auszudehnen, konzentriert sich die vorliegende Arbeit auf die Optimierung nur einer Zielgröße.

---

1 vgl. auch Kap. 3

2 vgl. auch Kap. 2.4.1.1

3 vgl. Isermann, H.: Mehrfache Zielsetzung, in: ORS, Vol. 1, 1979, S. 3 ff.;
vgl. Dinkelbach, W.: Entscheidungsmodell, 1982;
vgl. Steuer, R.: Multiple criteria optimization, 1986;
vgl. Bamberg, G. / Coenenberg, A.: Betriebswirtschaftliche Entscheidungslehre, 1989;
vgl. Domschke, W. / Drexl, A.: Operations Research, 1995, S. 48 ff.

4 vgl. Slowinski, R.: Multiobjective project scheduling,
in: Slowinski, R. / Weglarz, J. (Hrsg.): Advances in project scheduling, 1989, S. 151 ff.

F3) *Optimierungszieldimension.* Die überwiegende Mehrzahl aller in der Literatur dokumentierten formalen Modelle zur operativen Produktionsplanung beinhaltet als Optimierungszieldimension in der Zielfunktion die Minimierung der Summe aus Rüst- und Lagerkosten, wie entsprechende Literatursichtungen zeigen.[1] Die überwiegende Mehrzahl aller in der Literatur dokumentierten formalen Modelle zur Projektoptimierung hingegen beinhaltet als Zielfunktion die Minimierung der Projektdauer, wie andere Literatursichtungen verdeutlichen.[2] Sofern bei der Projektplanung finanzwirtschaftliche Aspekte berücksichtigt werden, geschieht dies meist in Form einer Zielfunktion, welche den Barwert des Projekts maximieren will.[3] Zielfunktionen, welche die frühe Projektfertigstellung anstreben, werden in der Projektplanungsliteratur als „reguläres Bewertungsmaß" bezeichnet. Dazu gehören Zielfunktionen zur Maximierung des Projektbarwertes, zur Minimierung der Projektdauer oder zur Minimierung der „Verspätung" der Projektfertigstellung. Andere Zielfunktionen werden als „nicht reguläres Bewertungsmaß" angesprochen.[4] In den Beschreibungsrahmen für Vorgangsnetze sollen für das Merkmal der Optimierungszieldimension die Ausprägungen Kosten, Gewinn, Rendite, Barwert, Dauer und sonstige aufgenommen werden.

F4) *Anzahl der Schalthergänge pro Ressource und Periode.* Die Vorgabe der möglichen Anzahl unterschiedlicher Schalthergänge pro Periode und Ressource definiert den Periodentyp. Erlaubt das Modell die Durchführung nur eines Schalthergangs und damit i. d. R. nur eines Vorgangs, z. B. die Herstellung nur eines Loses pro Periode und Ressource, so liegt ein *Mikroperiodenmodell* vor. Wenn ein Schalthergang nicht am Periodenanfang, sondern während der Periode erfolgt und daher auf einer Ressource zwei verschiedene Vorgänge durchgeführt, z. B. Lose hergestellt, werden können, so soll dies ebenfalls als Mikroperiodenmodell gewertet werden. Erlaubt das Modell hingegen die Durchführung mehrerer Schalthergänge bzw. Vorgänge pro Periode, so ist ein *Makroperiodenmodell* gegeben.

---

1 vgl. stellvertretend Kimms, A.: Multi-Level Lot Sizing and Scheduling, 1997, S. 13 ff.

2 vgl. Icmeli, O. / Erengüc, S. / Zappe, C.: Project Scheduling, in: IJOPM, Vol. 13, 1993, S. 80 ff.; vgl. Elmaghraby, S.: Activity nets, in: EJOR, Vol. 82, 1995, S. 383 ff.; vgl. Özdamar, L. / Ulusoy, G.: Project scheduling, in: IIET, Vol. 27, 1995, S. 574 ff.; vgl. Herroelen, W. / Dommelen, P. van / Demeulemeester, E.: Project Network Models, in: EJOR, Vol. 100, 1997, S. 97 ff.;

3 vgl. Herroelen, W. / Dommelen, P. van / Demeulemeester, E.: Project Network Models, in: EJOR, Vol. 100, 1997, S. 97; vgl. Kap. 2.1.3.2

4 vgl. Herroelen, W. / Demeulemeester, E. / De Reyck, B.: Project Scheduling, in: Weglarz, J. (Hrsg.): Project Scheduling, 1998, S. 14

F5) *Vorgangssequenzoptimierung*. Das Merkmal der Fähigkeit zur Los- bzw. Vorgangssequenzoptimierung entsteht als Ergebnis anderer Modellmerkmale und soll aufgrund seiner Bedeutung eigens aufgeführt werden.

F6) *Schaltsteuerung*. Ferner ist festzustellen, ob die Schaltsteuerung, d. h. die korrekte Setzung der Schalthergangs- und der Schaltzustandsvariablen, zielfunktions- (zf-) abhängig oder zf-unabhängig ist. Zielfunktionsabhängig ist sie dann, wenn die Zielfunktion aufgrund der in ihr enthaltenen Komponenten und des Optimierungsprozesses zur Abstimmung der Schalthergangs- und Schaltzustandsvariablen erforderlich ist.

F7) *Zirkelbildung*. Aus systematischer Sicht sind schließlich die häufig anzutreffenden Zirkel zu bemängeln, welche durch die Verwendung von Ergebnisgrößen der Planung als deren Eingangsgrößen gekennzeichnet sind. Einzelheiten werden unten beim Vergleich der Optimierungsmodelle diskutiert.

F8) *Komplexität*. Hinsichtlich der Lösung ist natürlich die Komplexität der Modelle von Interesse, sofern systematische Untersuchungen hierzu vorliegen. Häufig steigt die Komplexität der Modelle mit einer nicht-polynomialen (NP-), häufig exponentiellen, Funktion zum Modellumfang, d. h. insbesondere der Anzahl der Variablen. Entsteht bei der Bestimmung der optimalen Lösung nicht (mehr) polynomialer Aufwand in Abhängigkeit zum Modellumfang, so liegt ein NP-schweres Problem vor. Entsteht nicht (mehr) polynomialer Aufwand bereits bei der Bestimmung einer möglichen Lösung, so ist ein NP-vollständiges Problem gegeben.[1]

[1] vgl. auch Kap. 2.3.4.3

Es ergibt sich die folgende Übersicht für die Formulierungsmerkmale des Beschreibungsrahmens für Vorgangsnetze:

Formulierungsmerkmale		**Ausprägungen**		
F1	Kinematik	**a** statisch	**b** dynamisch	
F2	Anzahl Optimierungsziele	**a** eins	**b** mehrere	
F3	Optimierungszieldimension	**a** Kosten	**b** Gewinn	**c** Rendite
		d Barwert	**e** Dauer	**f** sonstige
F4	Anz. Schalthergänge p. R. u. P.	**a** k. A.	**b** eins (Mikrop.)	**c** zwei (Mikrop.)
		d mehr. (Makrop.)		
F5	Vorgangssequenzoptimierung	**a** k. A.	**b** nicht möglich	**c** teilweise möglich
		d möglich		
F6	Schaltsteuerung	**a** k. A.	**b** zf-abhängig	**c** zf-unabhängig
F7	Zirkelbildung	**a** k. A.	**b** möglich	**c** nicht möglich
F8	Komplexität	**a** k. A.	**b** NP-schwer	**c** NP-vollständig

Tab. 2-8: Formulierungsmerkmale des Beschreibungsrahmens für Vorgangsnetze

2.2.3 Kombinatorik für die Zuordnung der Vorgänge zu den Ressourcen

Die möglichen Zuordnungen der Vorgänge zu den Ressourcen gewinnen - insbesondere beim Einsatz paralleler Ressourcen[1] - in verteilten Produktionssystemen erhebliche Bedeutung und sollen deshalb nachfolgend eigens behandelt werden. Angenommen, die drei Vorgänge V1 bis V3 seien mittels der drei Ressourcen R1 bis R3 durchzuführen. Die vorgegebene Struktur der Vorgänge - in einer Produktionsplanung als Erzeugnisstruktur herkömmlich durch einen Gozintographen, in einer Projektplanung herkömmlich durch einen Netzplan dargestellt - bildet hier das *„Produktnetz"*. Die räumliche Anordnung der Ressourcen zueinander - in der Produktionsplanung ist diese Teil des „Organisationstyps der Produktion"[1] - bildet das *„Produktionsnetz"*.

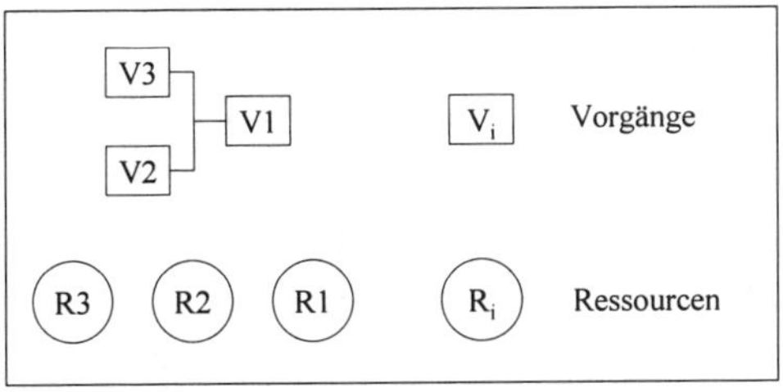

Abb. 2-3: Beispiel für ein Zuordnungsproblem

Falls keine weiteren Restriktionen - auch keine Abhängigkeiten zwischen den Vorgängen - bestehen, sind die drei Vorgänge während der Periode, an deren Ende ihr Abschluss benötigt wird, in einer beliebigen Reihenfolge auf einer beliebigen Ressource, z. B. R1, durchführbar (vgl. Abbildung 2-4, Fall (1)). Die Beschreibung einer Reihenfolge ist hierbei natürlich nur dann erforderlich, wenn die eingesetzte Ressource nicht alle Vorgänge gleichzeitig ausführen kann. Da jedoch i. d. R. die einzelnen Vorgänge von einander abhängen, bestehen sequentielle Restriktionen, wobei ggfs. zusätzlich Minimal- oder Maximalabstände zwischen den Vorgängen zu berücksichtigen sind. Der Abschluss der Vorgänge V2 und V3 könnte etwa die Voraussetzung für den Beginn des Vorgangs V1 darstellen. Zusätzlich könnte ein Mindestabstand von einer Periode zwischen V2 und V1 einzuhalten sein, so dass *sequenzbestimmte* Restriktionen vorliegen (Fall (2)).

[1] vgl. auch Kap. 3.3.2.6

Mehrere Ressourcen werden i. d. R. deshalb unterschieden, weil sie für die Ausführung unterschiedlicher Vorgänge (oder gleichzeitig für die Ausführung eines Vorgangs) erforderlich sind. Es bestehen deshalb häufig *eignungsbestimmte* Restriktionen. So könnten die Ressource R1 zur Ausführung des Vorgangs V1 und die Ressourcen R2 und R3 zur Ausführung der Vorgänge V2 und V3 geeignet sein (Fall (3)).

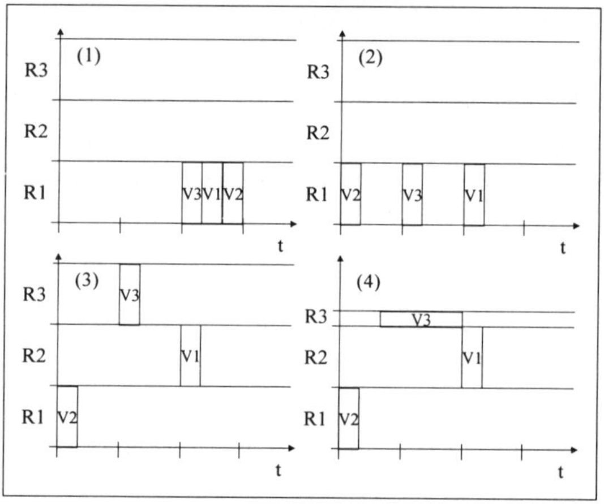

Abb. 2-4: Visualisierung verschiedener Zuordnungen im Gantt-Diagramm

Schließlich sind die Kapazitäten aller realen Ressourcen beschränkt, so dass *kapazitive* Restriktionen auftreten. Die Kapazität der Ressource R3 etwa könnte so gering sein, dass die Durchführung des Vorgangs V3 über zwei Perioden erfolgen muss (Fall (4)). Sequenz-, eignungs- oder kapazitätsbestimmte Restriktionen sind also die Ursache für die Notwendigkeit einer Zuordnung von Vorgängen zu Ressourcen. Nachfolgend soll kurz untersucht werden, welche Fälle der Zuordnung ex ante unterschieden werden können. Wird nämlich die minimale Zahl 1 sowohl für die Vorgänge als auch für die Ressourcen, die maximale Zahl V aller Vorgänge bzw. die maximale Zahl R aller Ressourcen und eine mittlere Zahl v, $1 \leq v \leq V$, für die Vorgänge bzw. r, $1 \leq r \leq R$, für die Ressourcen angenommen, so lassen sich neun exponierte Sonderfälle identifizieren, die kurz dargestellt werden sollen.

[1] vgl. Reichwald, R. / Dietel, B.: Produktionswirtschaft, in: Heinen, E. (Hrsg.): Industriebetriebslehre, 1991, S. 432

		Vorgänge		
		1	**v**	**V**
Ressourcen	**1**	singulär-singuläre Zuordnung: 1 : 1	variabel-singuläre Zuordnung: v : 1	komplett-singuläre Zuordnung: V : 1
	r	singulär-variable Zuordnung: 1 : r	variabel-variable Zuordnung: v : r	komplett-variable Zuordnung: V : r
	R	singulär-komplette Zuordnung: 1 : R	variabel-komplette Zuordnung: v : R	komplett-komplette Zuordnung: V : R

Tab. 2-9: Exponierte Fälle der Zuordnung von Vorgängen zu Ressourcen

Die „Eckfälle" mit jeweils einem Vorgang bzw. einer Ressource oder allen Vorgängen bzw. allen Ressourcen lassen sich leicht visualisieren:

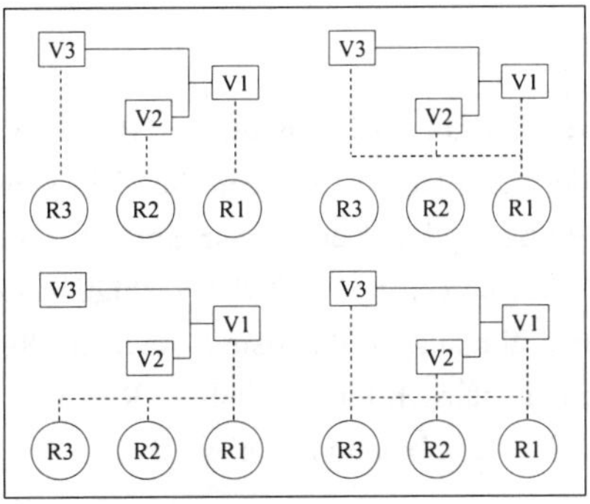

Abb. 2-5: Zuordnungsverhältnisse 1 : 1, 1 : R, V : 1 und V : R

Obwohl die Durchführung nur eines Vorgangs pro Ressource, von dem Sonderfall der Teilbarkeit des Vorgangs abgesehen, kein mehrstufiges Problem darstellt, soll dieser elementare Fall behandelt werden, weil er durchaus als Spezialproblem in der Literatur verarbeitet wird:

- Zuordnungsverhältnis 1 : 1

  Bei der „singulär-singulären" oder „direkten" Zuordnung wird jeder Vorgang genau einer Ressource zugeordnet, und jede Ressource führt genau einen Vorgang aus. Voraussetzung ist hier die Gleichheit der Zahl der Vorgänge V mit der Zahl der Ressourcen R. Das Zuordnungsverhältnis 1 : 1 wird in der Literatur vielfach in Form von Spezialproblemen diskutiert, etwa von KIMMS, der es als „problem with dedicated machines" bezeichnet.[1] Ist jede Ressource nur zur Durchführung genau eines Vorgangs geeignet, so ergibt sich nur eine einzige Zuordnungsvariante. Sind aber grundsätzlich alle Vorgänge von allen Ressourcen ausführbar und das Zuordnungsverhältnis 1 : 1 beruht z. B. auf kapazitätsbestimmten Restriktionen, so ergeben sich V! = R! verschiedene Zuordnungsvarianten.

- Zuordnungsverhältnis 1 : R

  Bei der „singulär-kompletten" Zuordnung wird ein einziger Vorgang allen Ressourcen R zugeordnet. Hieraus ergibt sich natürlich nur eine einzige Zuordnungsvariante.

- Zuordnungsverhältnis 1 : r

  Die „singulär-variable" Zuordnung ist als Sonderfall der „singulär-kompletten" Zuordnung zu werten, der nur sinnvoll ist, wenn die nicht genutzten Ressourcen, etwa zur Kapazitätserweiterung, optional einsetzbar sind. Wenn zur Durchführung eines einzigen Vorgangs R Ressourcen optional zur Verfügung stehen, aus denen mindestens eine und maximal alle auszuwählen sind - mehrere Ressourcen, die unbedingt benötigt werden, können natürlich formal zu einer Ressource zusammengefasst werden - , so ergeben sich K_r^R Kombinationen mit:[2]

$$K_r^R = \sum_{r=1}^{R} \frac{R!}{r!(R-r)!} = \sum_{r=1}^{R} \binom{R}{r}$$

Glg. 2-1: Anzahl der Kombinationen beim Zuordnungsverhältnis 1 : r

---

1 vgl. stellvertretend Kimms, A.: Multi-Level Lot Sizing and Scheduling, 1997, S. 31

2 vgl. stellvertretend Bronstein, I. / Semendjajew, K.: Taschenbuch der Mathematik, 1989, S. 111

Die Annahme einer „mittleren Zahl“ von optional auszuführenden Vorgängen v, $1 \leq v \leq V$, könnte z. B. bei GERT-Netzplänen bedeutsam sein,[1] mit denen stochastische Reihenfolgebeziehungen verarbeitet werden, d. h. Vorgänge nur mit bestimmten Wahrscheinlichkeiten auszuführen sind.[2] Ferner könnte die Betrachtung von v Vorgängen von Bedeutung sein, wenn die Menge aller Vorgänge V in Teilmengen $v_1, v_2, \dots, v_N$ aufzuteilen ist, welche jeweils getrennt zu behandeln, z. B. getrennten Ressourcen zuzuordnen sind. Unter Vernachlässigung heuristisch gefundener Zuordnungen ergeben sich die folgenden Zuordnungsverhältnisse und theoretisch möglichen Kombinationen:

- Zuordnungsverhältnis v : 1

  Bei der „variabel-singulären“ Zuordnung wird eine Zahl v von Vorgängen, $1 \leq v \leq V$, genau einer Ressource zugeordnet. Analog zum Zuordnungsverhältnis 1 : r ergeben sich - unbedingt durchzuführende Vorgänge können natürlich formal zu einem Vorgang zusammengefasst werden - K_v^V Kombinationen mit:[3]

$$K_v^V = \sum_{v=1}^{V} \frac{V!}{v!(V-v)!} = \sum_{v=1}^{V} \binom{V}{v}$$

Glg. 2-2:
Anzahl der Kombinationen beim Zuordnungsverhältnis v : 1

- Zuordnungsverhältnis v : R

  Bei der „variabel-kompletten“ Zuordnung wird eine Zahl v von Vorgängen, $1 \leq v \leq V$, allen Ressourcen R zugeordnet. Die Herleitung der Anzahl der Kombinationen entspricht derjenigen beim Zuordnungsverhältnis v : 1 .

- Zuordnungsverhältnis v : r

  Bei der „variabel-variablen“ Zuordnung oder „unvollständigen Vernetzung mit variablen Teilmengen“ wird eine Zahl v von Vorgängen, $1 \leq v \leq V$, einer Zahl r von Ressourcen, $1 \leq r \leq R$, zugeordnet. Man beachte, dass also tatsächlich *optional* $1 \leq v \leq V$ Vorgänge auf *optional* $1 \leq r \leq R$ Ressourcen durchzuführen sind. Es ergeben sich hier $K_v^V * K_r^R$ Kombinationen mit:

1 vgl. Kap. 2.1.4
2 vgl. Domschke, W. / Drexl, A.: Operations Research, 1995, S. 82 ff.
3 vgl. stellvertretend Bronstein, I. / Semendjajew, K.: Taschenbuch der Mathematik, 1989, S. 111

$$K_v^V * K_r^R = \left(\sum_{v=1}^{V} \frac{V!}{v!(V-v)!} \right) * \left(\sum_{r=1}^{R} \frac{R!}{r!(R-r)!} \right) = \left(\sum_{v=1}^{V} \binom{V}{v} \right) * \left(\sum_{r=1}^{R} \binom{R}{r} \right)$$

Glg. 2-3: Anzahl der Kombinationen beim Zuordnungsverhältnis v : r

Häufig wird davon auszugehen sein, dass sowohl in einer Projekt- als auch in einer Produktionsplanung alle Vorgänge V vorgegeben und tatsächlich durchzuführen sind, so dass sich die folgenden Zuordnungsverhältnisse ergeben:

- Zuordnungsverhältnis V : 1
  Bei der „komplett-singulären“ Zuordnung werden alle Vorgänge V einer einzigen Ressource zugeordnet, und diese Ressource führt alle Vorgänge aus. Das Zuordnungsverhältnis V : 1, bei dem nur eine einzige Zuordnungsvariante möglich ist, wird in der Literatur zur Produktionsplanung vielfach als Sonderfall diskutiert.[1]

- Zuordnungsverhältnis V : R
  Bei der „komplett-kompletten“ Zuordnung oder „vollständigen Vernetzung“ werden alle Vorgänge V allen Ressourcen R zugeordnet. Auch hier besteht nur eine Zuordnungsvariante.

- Zuordnungsverhältnis V : r
  Die „komplett-variable“ Zuordnung, bei der alle Vorgänge V einer Zahl r von Ressourcen, $1 \le r \le R$, zugeordnet werden, ist analog dem Zuordnungsfall 1 : r zu behandeln. Sie ist als Sonderfall der „komplett-kompletten“ Zuordnung zu werten, der nur sinnvoll ist, wenn die nicht genutzten Ressourcen, etwa im Falle paralleler Ressourcen, z. B. zur Kapazitätserweiterung optional einsetzbar sind. Wenn zur Durchführung aller Vorgänge V eine mittlere Zahl von r Ressourcen, $1 \le r \le R$, optional zur Verfügung steht, aus denen mindestens eine und maximal alle auszuwählen sind - mehrere Ressourcen, die unbedingt benötigt werden, können natürlich formal zu einer Ressource zusammengefasst werden - , so ergeben sich (s. o.) K_r^R Kombinationen mit:[2]

---

1 vgl. stellvertretend Maes, J. / Wassenhove, L. van: Heuristics, in: JORS, Vol. 39, 1988, S. 991 ff.
2 vgl. stellvertretend Bronstein, I. / Semendjajew, K.: Taschenbuch der Mathematik, 1989, S. 111

$$K_r^R = \sum_{r=1}^{R} \frac{R!}{r!(R-r)!} = \sum_{r=1}^{R} \binom{R}{r}$$

Glg. 2-4:
Anzahl der Kombinationen beim Zuordnungsverhältnis V : r

Es sei darauf hingewiesen, dass sowohl in der Projekt- als auch in der Produktionsplanung in der Praxis herkömmlich häufig keine Wahlmöglichkeiten bei der Durchführung von Vorgängen oder der Nutzung von Ressourcen bestehen. Da aber in verteilten Produktionssystemen parallele Ressourcen zunehmend an Bedeutung zu gewinnen scheinen, lassen sich mittels der oben dargestellten Kombinatorik die sich hieraus ergebenden Komplexitätswirkungen leicht abschätzen.[1]

[1] vgl. auch Kap. 3.3.2.6

2.3 Mögliche Lösungsstrategien für mehrstufige Planungsprobleme

2.3.1 Übersicht über mögliche Lösungsstrategien

Planungs- bzw. Optimierungsprobleme können mit unterschiedlichen Ansätzen gelöst werden, welche nachfolgend in einer kurzen Übersicht nur dargestellt, aber nicht weiter vertieft werden sollen. Die Literatur konzentriert sich auf vier Lösungsansätze, die zwar der Losoptimierung entstammen, grundsätzlich aber auch in der Projektplanung eingesetzt werden können.[1] Obwohl zwei dieser Ansätze zur systematischen Bestimmung optimaler Lösungen nicht geeignet sind, werden auch sie aufgrund ihrer großen praktischen Bedeutung unten kurz erläutert:

(1) Materialorientierte Heuristiken
(2) Simulationen
(3) Modellbasierte Algorithmen
(4) Metaheuristiken

Materialorientierte Heuristiken stellen den wahrscheinlich ältesten Ansatz in der Produktionsplanung dar. Sie finden eine Lösung des Planungsproblems meist iterativ, wobei allerdings, wie bei allen Heuristiken, die optimale Lösung systematisch nicht gefunden werden kann. Auch der sehr verbreitete Planungsansatz des Manufacturing Resource Planning (MRP II) lässt sich als materialorientierte Heuristik interpretieren. Er wird daher unten näher erläutert. Materialorientierte Heuristiken mit spezieller Zielsetzung wurden in der Literatur vielfach entwickelt. So will z. B. der von JOHNSON entworfene und nach ihm benannte Algorithmus für ein zweistufiges Produktionssystem die Zykluszeit, also die für die Bearbeitung einer gegebenen Anzahl von Produktionsaufträgen erforderliche Zeit, minimieren. Dies könnte etwa dann sinnvoll sein, wenn viele Produktionsaufträge zum Zwecke der Umsatzmaximierung möglichst schnell zu bearbeiten sind.

[1] zu (1), (3) und (4) vgl. stellvertretend Grünert, T.: Lotsizing and Scheduling, 1998, S. 68 ff.

Der JOHNSON-Algorithmus setzt dabei reihenfolgeunabhängige Umrüstkosten, die gleiche Bearbeitungsreihenfolge auf dem zweistufigen Produktionssystem sowie ein Überholverbot für die Produktionsaufträge voraus.[1] Dieses Beispiel verdeutlicht, dass, abgesehen von der Unmöglichkeit, die optimale Lösung systematisch zu finden, bei den speziellen materialorientierten Heuristiken häufig eine Reihe von Annahmen die Allgemeinheit des Planungsansatzes einengen.

Simulationen stellen nichts anderes dar als Experimente an einem Modell, und zwar meist einem „elektronischen". Sie haben daher große Bedeutung erlangt, seit kostengünstige elektronische Rechner zur Verfügung stehen. Obwohl auch Simulationen nicht dazu geeignet sind, Optimierungsprobleme zu lösen, werden auch sie aufgrund ihrer großen praktischen Bedeutung in einem nachfolgenden Kapitel kurz näher erläutert.

Modellbasierte Algorithmen können zur Bestimmung des optimalen Wertes einer Zielgröße eingesetzt werden. Sie verwenden „Standardverfahren" der mathematischen Planungsrechnung (Simplex-Verfahren bei linearer Planungsrechnung, ferner „Branch-and-Bound" und/oder „Cutting Planes" bei gemischt-ganzzahliger Planungsrechnung) und werden wie Simulationen praktisch immer auf elektronischen Rechnern ausgeführt. Es sei angemerkt, dass der Begriff „modellbasierte Algorithmen" natürlich redundant ist, da ein Algorithmus stets ein (mathematisches) Modell erfordert. Da zur Bestimmung der optimalen Lösung bei umfangreichen Probleminstanzen beträchtliche Rechenzeit erforderlich sein kann, wird die Rechnung häufig z. B. an einer Zeitschranke abgebrochen. Modellbasierte Algorithmen werden nachfolgend näher behandelt, weil sie mit der zunehmenden Leistungsfähigkeit von elektronischen Rechnern und Programmen sehr an Bedeutung zu gewinnen scheinen.

Metaheuristiken können grundsätzlich in der Lage sein, optimale Lösungen zu finden. Sie verwenden bestimmte Lösungsstrategien, die häufig anderen Fachgebieten, etwa der Physik oder der Biologie, entlehnt sind, um so z. B. lokalen Optima wieder zu „entkommen". Mit Metaheuristiken verbindet sich häufig die Annahme, Probleme einer Komplexität lösen zu können, welche die Anwendung von „Standardverfahren", insbesondere modellbasierter Algorithmen, ausschließt.

---

[1] vgl. Johnson, S.: Two- and Three-Stage Production, in: NRL, 1. Jg., 1954, S. 61 ff.

Beispiele für Metaheuristiken sind die Verfahren Tabu Search (TS)[1], Simulated Annealing (SA), Genetische Algorithmen (GA), Ameisensysteme (AS), Threshold Accepting (TA), Evolutionsstrategien (ES) oder Stabilisierungs-Destabilisierungs-Verfahren (SD).

SALOMON[2], SALOMON et al.[3] sowie KUIK et al.[4] verwendeten als erste Autoren Metaheuristiken zur Lösung von Problemen der operativen Produktionsplanung, nämlich der Losgrößenoptimierung. Sie konzentrierten sich auf die Rüstreihenfolge, die sie dynamisch veränderten. Zur Anwendung kamen die Methode des „Simulated Annealing“ und eine einfache Form des „Tabu Search“. Die Ergebnisse dieser innovativen Ansätze erscheinen jedoch noch nicht revolutionär, insbesondere sind die Verfahren nur unter Inkaufnahme langer Rechenzeiten durchführbar, wie sie auch bei der Lösung komplexer Probleme mit „Standardverfahren“ auftreten. Auch HELBER entwickelte Lösungsverfahren für die Losgrößenoptimierung auf der Basis von Metaheuristiken. Zur Anwendung kamen „Simulated Annealing“, „Tabu Search“, „Evolutionary Strategies“ und „Genetische Algorithmen“. Zwar sind leichte Unterschiede der Leistungsfähigkeit zwischen den Methoden feststellbar, jedoch ist keine Methode in der Lage, in vertretbarer Zeit akzeptable Ergebnisse zu erzielen. Die Leistung (Geschwindigkeit) aller Verfahren nimmt, wie bei den „Standardverfahren“ der modellbasierten Algorithmen auch, drastisch mit der Größe der Probleminstanz ab.[5] Die Untersuchung von Metaheuristiken wird in dieser Arbeit daher nicht weiter vertieft.

Eine allgemeingültige Aussage zur Überlegenheit bestimmter Lösungsmethoden für Probleme der Produktionsplanung ist natürlich nicht möglich. Unter den vier genannten Ansätzen sind allerdings nur die modellbasierten Algorithmen und die Metaheuristiken grundsätzlich dazu geeignet, Optimierungsprobleme zu lösen.

---

1 vgl. Kimms, A.: Tabu Search and Randomized Regrets, 1994;
vgl. derselbe: Methods for multi-level lot sizing, in: IJPR, Vol. 34, 1996, S. 2279

2 vgl. Salomon, M.: Deterministic Lotsizing Models for Production Planning, 1991

3 vgl. Salomon, M. / Kuik, R. / Wassenhove, L. van: Lotsizing, in: AOR, Vol. 41, 1993, S. 453 ff.

4 vgl. Kuik, R. / Salomon, M. / Wassenhove, L. van et al.: Heuristics for lotsizing, in: IIET, Vol. 25, 1993, S. 62 ff.

5 vgl. Helber, St.: Kapazitätsorientierte Losgrößenplanung in PPS-Systemen, 1994

2.3.2 Manufacturing Resource Planning (MRP II)

Als Beispiel für eine materialorientierte Heuristik in der Produktionsplanung soll im Folgenden die wahrscheinlich bekannteste und am weitesten verbreitete Methode zur operativen Produktionsplanung, das Manufacturing Resource Planning (MRP II), näher erläutert werden. Die Planungsmethode der im deutschsprachigen Raum als Produktionsplanungs- und -steuerungssysteme (PPS) bezeichneten Rechnerprogramme[1] stimmt weitestgehend mit dem Ansatz des MRP II überein.[2] MRP II wird in der Industrie eingesetzt, um ausgehend von gegebenen Bedarfen die Termine für Produktionsaufträge sowie notwendige Lagerbestände und Bestellmengen für Kaufteile zu bestimmen. Dabei sind üblicherweise vier Planungsphasen zu unterscheiden, an die sich die Produktionssteuerung anschließt.

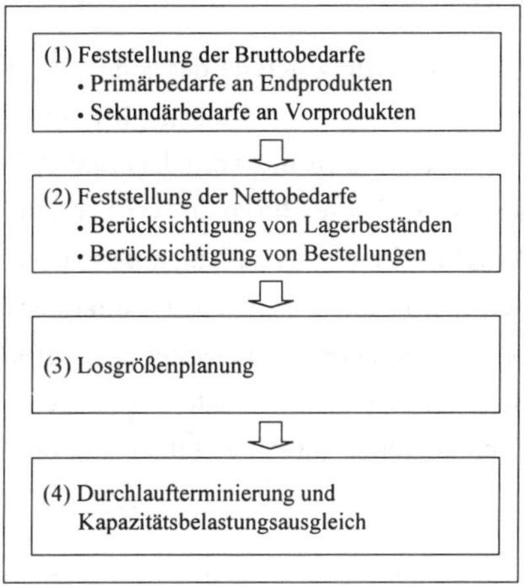

Abb. 2-6: Planungsphasen nach MRP II

---

1 vgl. Roos, E. / Förster, H.-U. / Loeffelholz, F. Frhr. von: PPS-Systeme, 1988

2 vgl. Orlicky, J.: Material Requirements Planning, 1975;
vgl. Zäpfel, G.: Produktionswirtschaft: Operatives Produktions-Management, 1982, S. 304 ff.;
vgl. Zimmermann, G.: PPS-Methoden auf dem Prüfstand, 1987;
vgl. Scheer, A.-W.: Informationssysteme im Industriebetrieb, 1988, S. 78 ff.;
vgl. Schröder, H.: Entwicklungsstand und -tendenzen bei PPS-Systemen, 1989;
vgl. Evans, J. / Anderson, D. / Sweeny, D. et al.: Operations Management, 1990;
vgl. Chase, R. / Aquilano, N.: Production and Operations Management, 1992;
vgl. Glaser, H. / Geiger, W. / Rohde, V.: PPS, Produktionsplanung und -steuerung, 1992, S. 425 ff.;
vgl. Heizer, J. / Render, B.: Production and Operations Management, 1993;
vgl. Helfrich, Chr.: Ist das beste PPS kein PPS?, in: PPS Management, 4/1999

Die hier als „Losgrößenplanung" bezeichnete dritte Phase beinhaltet die Auswahl bzw. Erstellung von Arbeitsplänen und die Zuordnung von zur Erzeugung der Nettobedarfe notwendigen Produktionsaufträgen zu den Maschinen bzw. Arbeitsstationen - allerdings ohne deren Kapazitäten zu berücksichtigen. Die eigentliche Produktionsplanung beginnt daher erst in der vierten Phase, in der festgestellt wird, in welchen Perioden der durch die Produktionsaufträge erzeugte Kapazitätsbedarf die zur Verfügung stehende Kapazität überschreitet, so dass die Produktionsaufträge verschoben werden müssen. Um dies zu leisten, wird die Kapazitätsbelastung i. d. R. in einem Kapazitätsbelastungsdiagramm oder an einer Plantafel visualisiert. Bei der eigentlichen Produktionsplanung in MRP II handelt es sich insofern um die Visualisierung der Planungssituation und das Auffinden einer Planungslösung durch mehr oder weniger systematisches Probieren, wobei dieser Vorgang an einem Rechner interaktiv oder von einem Rechnerprogramm automatisiert durchgeführt werden kann.

Da die „Vorproduktion" und Lagerung gerade der Sinn dieses Verfahrens ist, entstehen so Auftragsbestände vor den Arbeitsstationen, die mit Material- bzw. (Puffer-) Lagerbeständen verbunden sind, sofern die vorgelagerten Arbeitsstationen ihre Aufträge bereits abgearbeitet haben. Diese Bestände werden häufig als zu groß und die entstehenden mittleren Durchlaufzeiten als zu lang angesehen. Als „Gegenmaßnahme" tendieren die Disponenten häufig dazu, geplante Produktionsaufträge frühzeitig freizugeben. In Kombination mit Eil- oder Nachbearbeitungsaufträgen bilden sich so vor den Ressourcen zusätzliche Auftrags- bzw. Materialbestände, was wiederum zur Erhöhung der mittleren Durchlaufzeiten führt - es bildet sich das sogenannte Durchlaufzeitsyndrom.

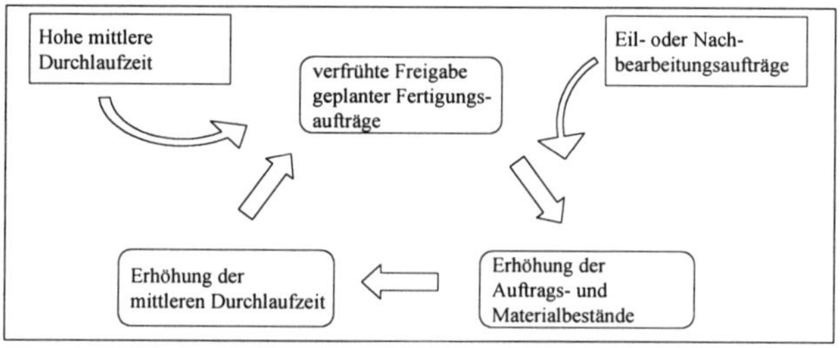

Abb. 2-7: Durchlaufzeitsyndrom[1]

[1] in Anlehnung an Zäpfel, G. / Missbauer, H.: Durchlaufzeiten, in: INFM, Vol. 1, 1987, S. 66 ff.

Obwohl diese negativen Effekte meist dem MRP II-Verfahren selbst zugeschrieben werden, entstehen sie offenbar aus einem Mangel an Disziplin in der Umsetzung der Planung, der wiederum durch einen Mangel an Transparenz bedingt sein kann. Seit kurzem versuchen daher kommerzielle Anbieter, mittels ihrer Rechnerprogramme die Logistikkette transparent zu gestalten und so die Planungssicherheit bei Anwendung des MRP II-Verfahrens zu erhöhen.[1] Zwecks Eliminierung von Eilaufträgen ist das erste Ziel dabei die Erreichung von vollständiger Termintreue, d. h. vollständiger Übereinstimmung von Plan- und Ist-Zustand. Ferner bieten diese Rechnerprogramme bessere Möglichkeiten zur Simulation (s. u.) als herkömmliche Hilfsmittel. Auf konzeptioneller Ebene haben erst im Jahre 1994 DREXL, FLEISCHMANN, GÜNTHER, STADTLER und TEMPELMEIER einen hierarchischen Planungsansatz vorgeschlagen, mit dem die Nachteile des „klassischen MRP II" überwunden werden sollen.[2] Vorschläge für die konkrete Modellierung einer Planung erfolgen mit diesem Beitrag aber noch nicht.

Auch in der Projektplanung wird das Planungsziel, herkömmlich die Einhaltung eines gegebenen Termins für das Projektende, durch „heuristisches Probieren", z. B. Verkürzung der Vorgangsdauern durch Mehreinsatz von Ressourcen etc., erreicht. Zunächst dürfte die Projektstruktur in aller Regel mittels der zuvor bereits erwähnten Netzplantechnik visualisiert werden. Unter der realistischen Annahme knapper Ressourcen ist die eigentliche Planung ferner nur unter Verwendung eines Hilfsmittels zur Abbildung der Kapazitätsbelastung wie einem Kapazitätsbelastungsdiagramm, also einer Visualisierung der Planungssituation, möglich.

Festzustellen bleibt somit, dass sowohl das MRP II-Verfahren in der operativen Produktionsplanung als auch die Netzplantechnik in der Projektplanung zwar Planungsverfahren darstellen, mit deren Hilfe eine Lösung für das gegebene Planungsproblem gefunden werden kann, jedoch keine Optimierungsverfahren, die zur Optimierung einer gegebenen Zielgröße geeignet wären.[3]

1 vgl. Wassermann, O.: Das intelligente Unternehmen, 2001
2 vgl. Drexl, A. / Fleischmann, B. / Günther, H. / Stadtler, H. / Tempelmeier, H.: Konzeptionelle Grundlagen kapazitätsorientierter PPS-Systeme, in: ZfbF, 46. Jg., 1994, S. 1022 ff.
3 vgl. stellvertretend Drexl, A. / Kimms, A. (Hrsg.): Beyond manufacturing resource planning, 1998; vgl. Weglarz, J. (Hrsg.): Project Scheduling, 1998

2.3.3 Simulation

In der vierten Phase des MRP II-Ansatzes, der Durchlaufterminierung und dem Kapazitätsausgleich, wird mittels Probieren in einem Planungsmodell versucht, eine für die reale Situation mögliche und „gute“ Lösung zu finden. Ein solches Modellexperiment stellt nichts anderes dar als eine Simulation.[1] Allerdings wird in Ansätzen, die explizit als Simulation bezeichnet werden, das „Probieren“ meist erleichtert, indem das Modellexperiment mittels eines Rechnerprogramms durchgeführt wird. Seitdem elektronische Rechner zu vertretbaren Kosten zur Verfügung stehen, ist deshalb ein extensiver Einsatz der Simulation für Forschungszwecke,[2] z. B. auch zur „Modellierung großer Netze in der Logistik“,[3] und in der Praxis festzustellen.

Die Simulation kommt i. d. R. dann zur Anwendung, wenn das zu untersuchende Objekt oder „System“ sehr komplex ist und wenn damit reale Experimente nicht möglich sind, weil sie zu teuer (z. B. Verhalten von Unternehmen oder Volkswirtschaften), zu langwierig (z. B. Alterung von Werkstoffen) oder zu gefährlich (z. B. Atomexplosionen) wären. Sie sind jedoch auch eine sinnvolle Alternative zur analytischen Lösung, d. h. zur Aufstellung und Umformung mathematischer Gleichungssysteme mit dem Ziel der Explizierung der abhängigen Variablen,[4] wenn diese nicht möglich ist, weil entweder die Aufstellung oder - vor allem - die Lösung einer analytischen Problemformulierung zu aufwändig wäre. Die vier wesentlichen Anwendungsgebiete der (System-) Simulation sind dabei das Systemstudium zu Lehr- und Erkenntniszwecken, der Systementwurf, die Systemoptimierung und die Schulung der Systembeherrschung.[5] Als wesentlicher Unterschied zu anderen Methoden der Unternehmensforschung ist auch bei der Simulation eine Optimierung nicht systematisch möglich ist, weil „es keinen Algorithmus gibt, der mit einer vernünftigen Zahl von Schritten ein optimales Simulationsmodell erzeugen könnte“.[6]

---

[1] vgl. Niemeyer, G.: Systemsimulation, 1973
[2] vgl. stellvertretend Bellmann, K.: Deckung des Elektrizitätsbedarfs, 1975, S. 98 ff.
[3] Arns, M. et al.: Gestaltung von Beschaffungsnetzwerken, in: IM, 3/2000, S. 35 f.
[4] vgl. Niemeyer, G.: Systemsimulation, 1973, S. 39
[5] vgl. derselbe, S. 45
[6] derselbe, S. 53

Denn eine „vollständige Erfassung aller möglichen Modellvarianten, die mit Sicherheit zum Optimum führen würde, ist wegen der Fülle der möglichen Komponentenkombinationen, Anordnungspermutationen und Parametervariationen meistens ausgeschlossen. ... An die Stelle des objektiven mathematischen Optimums tritt also ein subjektives Optimum, welches im allgemeinen auch als zufriedenstellende Lösung bezeichnet wird".[1] Ein Ansatz, wenigstens eine „gute" Einstellung der Entscheidungsvariablen des (Simulations-) Modells zu erhalten, ist mit der „Monte Carlo-Simulation" gegeben, bei der möglichst viele verschiedene Kombinationen der Entscheidungsvariablen zufällig eingestellt und der jeweilige Wert der Zielfunktion aufgenommen werden,[2] so dass hiernach die Kombination mit dem besten Zielfunktionswert identifiziert werden kann. Adaptationen dieses Verfahrens an die operative Produktionsplanung dürften bisher aber sehr selten sein. Auch die speziellen Rechnerprogramme zur operativen Produktionsplanung, welche in jüngerer Zeit verstärkt von kommerzieller Seite angeboten und als *Advanced Planning and Scheduling (APS)* Systeme bezeichnet werden,[3] bieten meist nur eine Simulation, auch wenn sie eine „Optimierung" versprechen. Denn der „manuelle Eingriff des Planers [ist] ... stets möglich und explizit erwünscht".[4]

Die Vor- und Nachteile der Simulation ergeben sich somit aus den dargestellten Eigenschaften: Einerseits erscheinen Modellexperimente dann erfolgversprechend, wenn reale Experimente nicht durchführbar sind oder eine analytische Problemlösung zu aufwändig wäre. Andererseits kann der Aufwand zur Erstellung eines geeigneten Simulationsmodells erheblich sein. Zudem ist mit der Simulation keine „Optimierung" im eigentlichen Sinne möglich, weil keine Möglichkeit gegeben ist, festzustellen, ob eine gefundene Lösung tatsächlich optimal ist.

---

1 Niemeyer, G.: Systemsimulation, 1973, S. 53
2 vgl. Mooney, Chr.: Monte Carlo simulation, 1997
3 vgl. Seidl, K.: Supply Chain Management Software, in: Pfohl, H.-Chr. (Hrsg.): Supply Chain Management: Logistik plus?, 2000, S. 161 ff.
4 Seidl, K.: Supply Chain Management Software, in: Pfohl, H.-Chr. (Hrsg.): Supply Chain Management: Logistik plus?, 2000, S. 179

2.3.4 Mathematische Planungsrechnung

2.3.4.1 Grundaufbau und Merkmale

Im Rahmen von Verfahren modellbasierter Algorithmen wie der mathematischen Planungsrechnung wird die reale Planungssituation in einem Modell abgebildet, dieses mittels eines Lösungsalgorithmus optimal gelöst und die Lösung in die Realität zurückübertragen. Dies bedingt, dass das aufgestellte Modell für die Anwendung eines Lösungsalgorithmus geeignet ist. Die Gestaltung des Modells und damit dessen Eignung zur Abbildung der als wesentlich erachteten Aspekte der realen Planungssituation[1] werden sich daher nicht nur nach der realen Planungssituation richten, sondern auch nach den Anforderungen der zur Verfügung stehenden Lösungsalgorithmen. Zur Lösung produktionswirtschaftlicher Optimierungsprobleme existieren tatsächlich nicht viele grundsätzlich verschiedene Möglichkeiten. Von historisch großer Bedeutung ist die Differentialrechnung, an der sich bereits elementare Merkmale der Optimierung erkennen lassen. Zu minimieren oder zu maximieren ist der Wert einer Zielfunktion, die aus verschiedenen Variablen gebildet wird. Die zu verändernden Variablen werden als „Entscheidungsvariable", von KILGER auch als „Aktionsparameter"[2], bezeichnet. Ihre Werte sind so einzustellen, dass der Zielfunktionswert optimiert wird. Die exogen vorgegebenen Variablen werden als „Parameter" angesprochen. Da die Differentialrechnung einen unbeschränkten Lösungsraum und eine differenzierbare und damit stetige Zielfunktion voraussetzt, ist sie nur in Spezialfällen der Produktionsplanung anwendbar. Gleichwohl hat sie seit den ersten Anwendungen durch HARRIS (1913),[3] TAFT (1918),[4] VON DOBBLER (1920),[5] STEFANIC-ALLMAYER (1927)[6] und ANDLER (1929)[7] in der Produktionsplanung große Popularität erlangt.[8]

---

1 vgl. Kap. 2.1.1

2 vgl. Kilger, W.: Optimale Produktions- und Absatzplanung, 1973, S. 16

3 vgl. Harris, F.: How many parts to make at once,
in: OR, Vol. 38, 1990, S. 947 ff., Nachdruck aus Factory, Vol. 10, 1913;
vgl. derselbe: Operations and Costs, in: Factory Management Series, 1915, S. 48 ff.,
zit. nach Hadley, G. / Whitin, T. M.: Analysis of Inventory Systems, 1963, S. 2;
zit. nach Kilger, W.: Optimale Produktions- und Absatzplanung, 1973, S. 392

4 vgl. Taft, E.: The Most Economical Production Lot, in: The Iron Age, 1918, S. 1410 ff.;
zit. nach Kilger, W.: Optimale Produktions- und Absatzplanung, 1973, S. 392

5 vgl. Dobbeler, C. von: Berechnung der Fertigungseinheit, in: Der Betrieb, 1920, S. 213 f.,
zit. nach Kilger, W.: Optimale Produktions- und Absatzplanung, 1973, S. 392

6 vgl. Stefanic-Allmayer, K.: Bestellmenge beim Einkauf, in: Sparwirtschaft, 1927, S. 504 ff.,
zit. nach Kilger, W.: Optimale Produktions- und Absatzplanung, 1973, S. 392

7 vgl. Andler, K.: Rationalisierung der Fabrikation und Optimale Losgrösse, 1929

8 vgl. Winkler, D.: Abstimmung zwischen Produktion und Lagerung, 1964, S. 38 ff.

Die Aufgabe der Annahme eines unbeschränkten Lösungsraums für die zu optimierende Zielfunktion war erstmals durch Verwendung der linearen Planungsrechnung (engl. linear programming, LP) möglich, die sich schnell verbreitete, seit KANTAROWITSCH 1939 und DANTZIG 1949 wahrscheinlich unabhängig von einander zu ihrer Lösung die Simplex-Methode entwickelten.[1] Modelle der linearen Planungsrechnung verfügen also über zwei Sektionen, nämlich neben der Zielfunktion auch über meist als Ungleichungen formulierte Beschränkungen bzw. Restriktionen. Entscheidungsvariable und Parameter können sowohl in der Zielfunktion als auch in den Restriktionen enthalten sein. Wie der Name schon andeutet, liegt der Nachteil der linearen Planungsrechnung darin, dass sowohl die Zielfunktion als auch die Restriktionen lineare Funktionen darstellen müssen, d. h. dass keine diskreten (ganzzahligen bzw. binären) Variablen verarbeitet werden können.

Formen der Planungsrechnung, welche von der Voraussetzung linearer Funktionen abrücken, liegen mit der quadratischen, ganzzahligen oder gemischt-ganzzahligen Planungsrechnung (engl. Mixed Integer Programming, MIP) vor. Letztere enthält neben kontinuierlichen auch ganzzahlige bzw. binäre Entscheidungsvariable. Binärvariable werden i. d. R. als logische „Schaltvariable" eingesetzt, um anzuzeigen, ob ein bestimmter Vorgang, z. B. ein Rüst- bzw. Schalthergang, in einer bestimmten Periode stattfinden soll oder nicht. Kontinuierliche Variablen hingegen können jeden Wert in einem gegebenen meist positiven Definitionsbereich annehmen und werden i. d. R. verwendet, um die Größe von Losen etc. anzuzeigen. Es sei darauf hingewiesen, dass es im Kontext der operativen Produktionsplanung in praktischen Problemen meist das Ziel ist, Losgrößen und Lagermengen etc. für Teile bzw. Produkte zu bestimmen. Derartige Sachgüter sind aber nur diskret abzählbar, so dass ganzzahlige Entscheidungsvariablen verwendet werden müssten. Da kontinuierliche Variablen zur Erreichung diskreter Werte gerundet werden müssen, ist dieses Vorgehen aus systematischer Sicht nicht einwandfrei und kann nur eingesetzt werden, wenn die Differenz zwischen der „kontinuierlichen" und der „diskreten" Lösung vernachlässigbar klein ist. Allerdings werden ein entsprechender Beweis oder eine Untermauerung einer entsprechenden Vermutung durch Sensitivitätsanalysen nur selten durchgeführt.[2]

---

1 vgl. Dantzig, G.: Lineare Programmierung und Erweiterungen, 1966;
vgl. Krekó, B.: Lehrbuch der Linearen Optimierung, 1973;
vgl. Domschke, W. / Drexl, A.: Operations Research, 1995, S. 20 ff.;
vgl. Stadtler, H.: Linear and Mixed Integer Programming,
in: Stadtler, H. / Kilger, Chr. (Hrsg.): Supply Chain Management, 2000, S. 335

2 vgl. Domschke, W. / Drexl, A.: Operations Research, 1995, S. 44 ff.

Lösungsmöglichkeiten für Modelle der mathematischen Planungsrechnung, wie die im Falle der linearen Planungsrechnung anwendbare Simplex-Methode und die im Falle der (gemischt-) ganzzahligen Planungsrechnung anwendbare Verzweigungs- bzw. die Schnittebenen-Methode oder eine Kombination aus beiden, werden in der Literatur breit abgehandelt und sollen hier nicht erläutert werden,[1] da sich die vorliegende Arbeit nicht mit Details der Problemlösung, sondern mit der Problemformulierung auseinander setzt.

Ergänzend sei erwähnt, dass als Oberbegriff der „linearen" und der „gemischt-ganzzahligen Planungsrechnung" hier der gängige Begriff der „mathematischen Planungsrechnung" verwendet wird, auch wenn er zweifellos redundant und unpräzise ist. Denn erstens erfolgt eine „Rechnung" stets „mathematisch", und zweitens ist die durchgeführte „Planungsrechnung" auf die „Optimierung" einer Zielfunktion gerichtet. Insofern würde sich aus semantischer Sicht direkt der Begriff der „Optimierung" als Oberbegriff anbieten. Dieser jedoch erscheint zu weit, und eine Verwandtschaft zu den beiden erwähnten Unterbegriffen erschließt sich daher nicht unmittelbar. Ferner sei angemerkt, dass zwischen den verschiedenen Wissenschaftsdisziplinen offenbar keine vollständige Übereinstimmung hinsichtlich des Inhalts des Begriffs der „Simulation" besteht. Denn während man aus mathematischer Sicht einerseits unter einem analytischen Verfahren die Umformung von Gleichungen mit dem Ziel versteht, die abhängigen Variablen zu explizieren, hat man andererseits „in Bezug auf die mathematischen Modelle den Begriff der Simulation für solche Fälle reserviert, in denen Zeitfunktionen ... , die die abhängige Variable implizit enthalten, numerisch gelöst werden".[2] Dabei existiert eine große Anzahl numerischer Verfahren zur Bestimmung implizit gegebener Variablen, z. B. die Regula Falsi, die Newtonsche Iteration oder auch die Simplexmethode.[3] Aus mathematischer Sicht ist die Simplexmethode also ein Simulationsverfahren, weil sie einem numerischen Ansatz folgt. Aus betriebswirtschaftlicher Sicht hingegen steht die Simplexmethode im Gegensatz zu Heuristiken oder Simulationen im betriebswirtschaftlichen Sinne, da diese, im Gegensatz zu jenen, die optimale Lösung eines Planungsproblems erlaubt.[4]

---

[1] vgl. Nemhauser, G. / Wolsey, L.: Integer and Combinatorial Optimization, 1988;
vgl. Wolsey, L.: Integer Programming, 1998;
vgl. Martin, R.: Large scale linear and integer optimization: A unified approach, 1999;
vgl. Winston, W.: Operations Research: Applications and algorithms, 2000

[2] Niemeyer, G.: Systemsimulation, 1973, S. 39 f.

[3] vgl. derselbe, S. 41

[4] vgl. Kap. 2.3.3

2.3.4.2 Losgröße als Entscheidungsvariable

Da die operative Produktionsplanung im Allgemeinen und die mathematische Planungsrechnung im Besonderen sehr häufig die Bestimmung optimaler Losgrößen zum Ziel hat, soll nachfolgend kurz erläutert werden, wann eine Losbildung überhaupt erforderlich ist. Auf der Basis des oben entwickelten Beschreibungsrahmens für Vorgangsnetze könnten Ausgangspunkte für die Notwendigkeit der Losbildung vor allem die Merkmale der Bedarfe, nämlich die Anzahl der herzustellenden Produkttypen und der Bedarfsverlauf, sowie die Kapazitätsbeschränkungen der Produktionsanlagen sein.[1] Nachfolgend sollen die Konsequenzen der Optionen „kontinuierlich oder diskret skalierter Bedarf", welche den Ansätzen der statischen bzw. dynamischen Modelle entsprechen, „ein Produkttyp oder mehrere Produkttypen" und „unbeschränkte oder beschränkte Produktionskapazität" für die Notwendigkeit der Losbildung untersucht werden.

Bei kontinuierlich skaliertem Bedarf an einem Produkttyp, welcher auf einer Produktionsanlage herzustellen ist, besteht im „Idealfall" der Gleichheit von Produktions- und Bedarfsrate keine Notwendigkeit zur Bildung einer Losgröße. Übersteigt die Bedarfsrate die Produktionsrate, so kann sie natürlich nicht vollständig gedeckt werden. Übersteigt die Produktionsrate die Bedarfsrate und bestehen für die Produktionsanlage nur die beiden Zustände „Produktion" mit vorgegebener Produktionsrate oder „Stillstand", so erzwingt dies, sofern der Bedarf exakt gedeckt werden soll, eine phasenweise Produktion, d. h. eine Losbildung. Während der Produktionsphasen deckt der eine Teil der Produktionsmenge den Bedarf, der andere ist einem Lager zuzuführen, dessen Existenz hier erforderlich wird. Zwischen den Produktionsphasen wird der Bedarf vollständig aus dem in den Produktionsphasen angesammelten Materialbestand gedeckt. In dieser Konstellation stellt sich somit die Frage der „optimalen" Losgröße.

Bei kontinuierlich skaliertem Bedarf an mehreren Produkttypen, welche auf einer Produktionsanlage herzustellen sind, besteht ein Zwang zur Losbildung schon dann, wenn die verschiedenen Produkttypen nicht parallel produziert werden können, sondern in Wechselfertigung herzustellen sind. In den Phasen der Herstellung jeweils eines Produkttyps gilt jeweils das oben Gesagte.

---

[1] vgl. Kap. 2.2

Bei diskret skaliertem Bedarf an einem Produkttyp, welcher auf einer Produktionsanlage herzustellen ist, besteht im „Idealfall“ der Gleichheit von Produktions- und Bedarfsmenge in allen Perioden des Planungszeitraums ebenfalls keine Notwendigkeit zur Bildung von Losen. Übersteigt die Bedarfsmenge die Produktionsmenge in allen Perioden des Planungszeitraums, so kann sie natürlich nicht vollständig gedeckt werden. Kann die Produktionsmenge in jeder Periode bis zu einem maximalen Wert eingestellt werden und liegt die Bedarfsmenge in manchen Perioden über und in manchen Perioden unter diesem Wert,[1] so erzwingt dies eine Losbildung. Während der Perioden, in welchen die maximal einstellbare Produktionsmenge die Bedarfsmenge übersteigt, deckt der eine Teil der Produktionsmenge den Bedarf, der andere ist einem Lager zuzuführen, dessen Existenz hier erforderlich wird. Während der Perioden, in welchen die maximal einstellbare Produktionsmenge hinter der Bedarfsmenge zurückbleibt, wird ein Teil der Bedarfsmenge aus der Produktionsmenge und der andere Teil aus dem Lager gedeckt. In dieser Konstellation stellt sich somit wiederum die Frage der „optimalen“ Losgröße.

Auch bei diskret skaliertem Bedarf an mehreren Produkttypen, welche auf einer Produktionsanlage herzustellen sind, besteht ein Zwang zur Losbildung schon dann, wenn die verschiedenen Produkttypen nicht parallel produziert werden können, sondern in Wechselfertigung herzustellen sind. Auch hier gilt in den Phasen der Herstellung jeweils eines Produkttyps das oben für den Fall des Bedarfs an einem Produkttyp Gesagte.

Sowohl bei kontinuierlich als auch bei diskret skaliertem Bedarf wird zur Bestimmung der „optimalen“ Losgröße herkömmlich eine Zielfunktion mit der Dimension „Kosten“ untersucht.[2] Die üblichen Annahmen bestehen in Rüstkosten, die in gegebener Höhe durch jeden Rüsthergang entstehen, und Lagerkosten, die pro Stück und Periode anfallen.[3] Fallen weder Rüst- noch Lagerkosten an, so ist die Losgröße irrelevant, solange der Bedarf gedeckt wird. Fallen ausschließlich Rüstkosten der genannten Art an, so ist die Losgröße unter Beachtung der verfügbaren Lagerkapazität zu maximieren, um die Rüstkosten zu minimieren. Fallen ausschließlich Lagerkosten der genannten Art an, so ist die Losgröße zu minimieren. Treten sowohl Rüst- als auch Lagerkosten auf, so ist für die Losgröße ein Optimum zu bestimmen.

---

[1] vgl. auch Kap. 3.3.2.3
[2] vgl. auch Kap. 2.4
[3] vgl. auch Kap. 2.4.4.2

Im Falle kontinuierlich skalierten Bedarfs wurde dies von HARRIS unter Verwendung der genannten und weiterer Annahmen schon 1913 modelliert.[1] Im Falle diskret skalierten Bedarfs wurde dies von WAGNER und WHITIN unter Verwendung der genannten und weiterer Annahmen sowie ohne Kapazitätsbeschränkungen 1958 abgebildet.[2] Mit der Variation der herkömmlichen Annahmen für die Zielfunktion, die auch Auswirkungen auf andere Modelleigenschaften haben können, setzen sich nachfolgende Kapitel auseinander.[3]

Bei der Losbildung sind die beiden Begriffe der „offenen" Produktion, bei der bereits hergestellte Teile eines Loses noch vor Fertigstellung des gesamten Loses an die nächste Produktionsstufe weitergegeben werden können, und der „geschlossenen" Produktion, welche nur die Weitergabe kompletter Lose an die nächste Produktionsstufe ermöglicht, von Bedeutung. Nach KILGER wurden die hierzu sehr ähnlichen Bezeichnungen „offene Erstellungsweise" und „abgeschlossene Erstellungsweise" zuerst von DÜRR im Jahre 1952 verwendet.[4] Eine geschlossene Produktion wird i. d. R. technisch, kann jedoch auch ökonomisch (z. B. Auslastung eines Transportmediums) oder vertragsrechtlich bedingt sein. Grundsätzlich kann bei der Losoptimierung mittels der mathematischen Planungsrechnung von einer offenen Produktion ausgegangen werden, da es die Materialbilanzen der üblichen Modelle gestatten, Teilmengen eines Loses auf nachgelagerten Stufen zu verarbeiten, auch wenn die Herstellung des Loses auf vorgelagerten Stufen noch nicht abgeschlossen ist.[5] Die Modellierung einer geschlossenen Produktion mittels entsprechender Restriktionen ist zwar nicht ausgeschlossen, wird in der vorliegenden Arbeit aber nicht vorgenommen.

---

1 vgl. Harris, F.: How many parts to make at once,
in: OR, Vol. 38, 1990, S. 947 ff., Nachdruck aus Factory, Vol. 10, 1913

2 vgl. Wagner, H. / Whitin, T.: Dynamic version, in: MS, Vol. 5, 1958, S. 89 ff.

3 vgl. auch Kap. 3, insbesondere Kap. 3.2

4 vgl. Dürr, K.: Die Bemessung der Auflage in der Serienfabrikation, 1952, S. 11 f.;
zit. nach Kilger, W.: Optimale Produktions- und Absatzplanung, 1973, S. 385

5 vgl. auch Kap. 2.4 und Kap. 3.3.2

2.3.4.3 Zur Komplexität in der mathematischen Planungsrechnung

Das Optimum von Modellen der mathematischen Planungsrechnung ist mit den o. g. Methoden, die auch in Standardprogramme integriert sind,[1] in vielen Fällen bestimmbar. Allerdings ist die benötigte Lösungszeit stark von der Modellkomplexität abhängig, die wiederum von der Anzahl aller Entscheidungsvariablen, der Anzahl der ganzzahligen - meist binären - Entscheidungsvariablen, der Anzahl der Restriktionen, der Probleminstanz, d. h. den konkreten Werten der Parameter,[2] und der „Form" des Lösungsraums beeinflusst wird. Bei linearen Problemen wächst die Lösungszeit näherungsweise proportional mit der Anzahl der Variablen und mit dem Quadrat der Anzahl der Restriktionen. Bei (gemischt-) ganzzahligen Problemen kann die Lösungszeit tatsächlich mit der Anzahl der Restriktionen abnehmen. Jedoch steigt sie mit der Anzahl der ganzzahligen Variablen extrem an,[3] so dass ein Problem mit einigen Dutzend oder wenigen Hundert ganzzahligen Variablen praktisch nicht mehr lösbar sein kann.[4] Gemischt-ganzzahlige Probleme sind daher nach gegenwärtigem Kenntnisstand mindestens nicht-polynomial schwer (NP-schwer), d. h. der Lösungaufwand wächst im *ungünstigsten* Fall so stark, dass er nicht mehr als polynomiale, sondern nur noch als exponentielle Funktion des Problemumfangs darstellbar ist.

Von besonderer Wichtigkeit für die Lösbarkeit eines Problems ist die durch die Restriktionen bestimmte Form des Lösungsraums. Auch nicht-lineare Probleme sind mit Standardprogrammen i. d. R. lösbar, sofern der Lösungsraum konvex ist. Bei konkavem Lösungsraum hingegen kann auch ein „kleines" Problem mit einer nur geringen Zahl an Entscheidungsvariablen für Standardverfahren häufig nicht gelöst werden. Weitere Einzelheiten zur Komplexitätstheorie, die hier nicht näher behandelt werden soll, finden sich in der Literatur.[5]

---

1 vgl. www.dash.co.uk, Dez. 2001;
vgl. www.ilog.com/products/cplex, Dez. 2001

2 vgl. Kimms, A.: Optimal Multi-Level Lot Sizing and Scheduling, 1994, S. 6 ff.

3 vgl. Schrage, L.: Optimization Modeling with Lingo, 2000, S. 262

4 vgl. Stadtler, H.: Linear and Mixed Integer Programming,
in: Stadtler, H. / Kilger, Chr. (Hrsg.): Supply Chain Management, 2000, S. 344

5 vgl. Garey, M. / Johnson, D.: Theory of NP-completeness, 1979;
vgl. Bachem, A.: Komplexitätstheorie, in: ZfB, 50. Jg., 1980, S. 812 ff.;
vgl. Papadimitriou, C. / Steiglitz, K.: Combinatorial optimization, 1982;
vgl. Maes, J. / McClain, J. / Wassenhove, L. van: Complexity, in: EJOR, Vol. 53, 1991;
vgl. Müller-Merbach, H.: Operations Research, 1992, S. 179 ff.
vgl. Domschke, W. / Drexl, A.: Operations Research, 1995, S. 116 ff.;
vgl. Jahnke, H. / Biskup, D.: Planung und Steuerung der Produktion, 1999, S. 37 ff.

Hinsichtlich des Einsatzes der mathematischen Planungsrechnung ist anzumerken, dass für praktische Zwecke nicht der jeweils ungünstigste, sondern der durchschnittliche Fall der Modellkomplexität für die Lösbarkeit eines Modells ausschlaggebend ist, so dass auch vermeintlich schwere Probleme häufig mit Standardprogrammen in vertretbarer Zeit lösbar sind. Dabei ist einerseits eine geschickte Formulierung der Modelle förderlich. So wird im Allgemeinen empfohlen, die verwendeten Parameter in geeigneter Weise zu skalieren, so dass sich Koeffizienten mit Werten zwischen z. B. 0,0001 und 100.000 ergeben.[1] Andererseits hat natürlich auch die Leistung des eingesetzten Rechners, namentlich des Prozessors, einen entscheidenden Einfluss auf die Lösungsgeschwindigkeit. So hat KIMMS zwanzig Instanzen eines gegebenen Problems der mathematischen Planungsrechnung von vier verschiedenen Prozessoren ausführen lassen und die Laufzeiten verglichen. Bei den Prozessoren handelte es sich um einen PC 486DX mit einer Taktung von 25 MHz, einen PC Pentium mit 75 MHz, einen Power PC 601 mit 80 MHz und einen PC Pentium mit 120 MHz. Die Laufzeiten für *dieselbe* Probleminstanz variierten zwischen dem leistungsschwächsten Prozessor (PC 486DX, 25 MHz) und dem leistungsstärksten Prozessor (PC Pentium, 120 MHz) um Faktoren zwischen 22 bis 33. Im Mittel über alle 20 Instanzen war der leistungsstärkste Prozessor um den Faktor 25 schneller als der leistungsschwächste Prozessor.[2] Ferner ist zu beobachten, dass auch die in Standardprogramme implementierten Algorithmen laufend verbessert werden. So verwendet z. B. der Hersteller Lindo in der Version 6.0 seines Produkts „Lingo“ einen „Barrier Solver“ (auch Interior Point Solver genannt), der im Gegensatz zum Simplex-Verfahren nicht den „Rand“ bzw. die „Oberfläche“ eines Lösungsraums absucht, sondern auch „Wege durch das Innere“ des Lösungsraums nehmen kann. Durch dieses Verfahren wird die Lösungsgeschwindigkeit bei linearen Problemen in Abhängigkeit des Umfangs der Probleminstanz um Faktoren zwischen 6 und 148 erhöht.[3]

---

1 vgl. Schrage, L.: Optimization Modeling with Lingo, 2000, S. 30
2 vgl. Kimms, A.: Multi-Level Lot Sizing and Scheduling, 1997, S. 93 f.
3 vgl. www.lindo.com/lingowbf.htm, Feb. 2001

Die Fortschritte in der Leistungsfähigkeit verfügbarer Rechner und der in Standardprogramme implementierten Algorithmen, die es erlauben, auch Probleme mit praxisnahem Umfang auf einem Personalrechner zu lösen,[1] lassen vermuten, dass in Zukunft die Bedeutung von speziell entwickelten Lösungsheuristiken in der auf die mathematische Planungsrechnung gestützten Forschung abnehmen wird. So liegen in der Literatur Beispiele vor, in denen die mit Standardprogramme gefundenen optimalen Lösungen für bestimmte NP-schwere Probleme als Vergleich für die mit speziell entwickelten Heuristiken gefundenen Lösungen verwendet werden.[2] Auch in der Literatur zum Einsatz von Standardprogammen wird eine „natürliche“ Entwicklung der für die Optimierung erforderlichen Fähigkeiten gesehen, und zwar von der Fähigkeit, Optimierungsmodelle zu lösen (1950er Jahre), über die Fähigkeit, Optimierungsmodelle zu formulieren (1970er Jahre), bis hin zu der Fähigkeit, „schlüsselfertige“ oder „Muster“-Modelle zu verwenden (1990er Jahre), wobei letztere den Einsatz von Standardprogrammen erfordert.[3] Es scheint, dass sich die Forschung zum Einsatz der mathematischen Planungsrechnung in der Produktionsplanung daher stärker auf die Modellbildung statt auf die Modellösung konzentrieren kann, d. h. auf die Modellierung der Sachverhalte, die aus betriebswirtschaftlicher Sicht interessant erscheinen.

---

1 vgl. Helber, St.: Kapazitätsorientierte Losgrößenplanung in PPS-Systemen, 1994;
vgl. Derstroff, M.: Mehrstufige Losgrößenplanung, 1995;
vgl. Haase, K.: Capacitated lot-sizing, in: ORS, Vol. 18, 1996, S. 51-59;
vgl. Fleischmann, B. / Meyr, H.: General lotsizing problem, in: ORS, Vol. 19, 1997, S. 11 ff.

2 vgl. Kolisch, R.: Project Scheduling under Resource Constraints, 1995, S. 36

3 vgl. Schrage, L.: Optimization Modeling with Lingo, 2000, S. xi

2.4 Analyse herkömmlicher Optimierungsmodelle

2.4.1 Klassifikation und historische Entwicklung

Zur Einordnung der jüngeren Forschungsansätze auf dem Gebiet der Losoptimierung sowie der Vorschläge, welche mit der vorliegenden Arbeit unterbreitet werden, erscheint es hilfreich, zu versuchen, die bisher vorliegenden Losoptimierungsmodelle zu klassifizieren und deren historische Entwicklung nachzuzeichnen. Zunächst ist festzuhalten, welche Autoren überhaupt Literatursichtungen angestellt haben:

- JACOBS und KHUMAWALA geben eine kurze Übersicht mit sieben Referenzen.[1]
- COLLIER diskutiert mehrstufige Forschungsansätze.[2]
- DE BOTH et al. geben einen Überblick über dynamische Modelle.[3]
- BAHL et al. liefern die wahrscheinlich am häufigsten zitierte Übersicht.[4]
- FLEISCHMANN erläutert, wie Methoden der Unternehmensforschung in der Produktionsplanung und in der Losoptimierung eingesetzt werden.[5]
- GOYAL und GUNASEKARAN dokumentieren in einer Aufstellung Literatur über mehrstufige Produktionssysteme.[6]
- GUPTA und KEUNG stellen eine weitere Übersicht bereit.[7]
- KUIK et al. behandeln verschiedene Annahmen der Losoptimierungsmodelle, darunter auch mehrstufige Ansätze.[8]
- SIMPSON und ERENGÜC sichten Literatur zu mehrstufiger Produktionsplanung.[9]
- DOMSCHKE et al. geben eine graphische Übersicht für eine Klassifikation von Losgrößen- (und Bestellmengen-) Modellen an, die aber einige zwischenzeitlich veröffentlichte Ansätze noch nicht enhält.[10]

---

1 vgl. Jacobs, F. / Khumawala, B.: Multi-Level Lot Sizing: An Experimental Analysis, in: PAIDS, 1980, S. 288
2 vgl. Collier, D.: Research Issues for MRP Systems, in: JOM, Vol. 2, 1982, S. 113 ff.
3 vgl. De Both, M. / Gelders, L. / Wassenhove, L. van: Lot Sizing, in: ECPE, Vol. 8, 1984, S. 165 ff.
4 vgl. Bahl, H. / Ritzmann, L. et al.: Determining lot sizes, in: OR, Vol. 35, 1987, S. 329 ff.
5 vgl. Fleischmann, B.: Operations-Research-Modelle, in: ZfbF, Vol. 58, 1988, S. 347 ff.
6 vgl. Goyal, S. / Gunasekaran, A.: Production-Inventory Systems, in: EJOR, Vol. 46, 1990, S. 1 ff.
7 vgl. Gupta, Y. / Keung, Y.: Multi-Stage Lot-Sizing Models, in: IJPM, Vol. 10, 1990, S. 57 ff.
8 vgl. Kuik, R. / Salomon, M. et al.: Batching, in: EJOR, Vol. 75, 1994, S. 243 ff.
9 vgl. Simpson, N. / Erengüc, S.: Multiple Stage Production Planning Research, 1994
10 vgl. Domschke, W. / Scholl, A. / Voß, St.: Produktionsplanung, 1997, S. 74

- DREXL und KIMMS nehmen eine Diskussion einiger Modelle der simultanen Losgrößen- und Lossequenzplanung vor.[1]
- KIMMS stellt eine weite Sichtung der Literatur zu mehrstufigen Modellen bereit.[2]
- Auch TEMPELMEIER setzt sich mit Problemen der mehrstufigen Produktionsplanung auseinander.[3]
- GRÜNERT gibt eine graphische Übersicht über Produktionsplanungsmodelle. Jedoch will er nicht die wichtigsten Modelle klassifizieren, sondern Ähnlichkeiten und Unterschiede zwischen einigen bekannten Modellen und einem von ihm entwickelten Modell aufzeigen.[4]
- MEYR stellt in einer umfassenden Tabelle Literatur zu einigen der Modelle der simultanen Produktionsplanung inkl. einer Beschreibung der wesentlichen Modelleigenschaften zusammen.[5]

Eine über die Literatursichtung hinausgehende Klassifikation mit breiterer Anwendungsmöglichkeit ist jedoch in keiner der Quellen vorhanden, weshalb oben bereits der Beschreibungsrahmen für Vorgangsnetze bereitgestellt wurde. Zur Einordnung der aktuellen Forschungsansätze sowie der mit dieser Arbeit unterbreiteten Vorschläge werden nachfolgend die typischen Merkmalsausprägungen der in der Literatur diskutierten Losoptimierungsmodelle zusammengefasst und deren Entwicklung in einer kurzen historischen Rückschau umrissen.

Von den Autoren wird häufig angeführt, bei der Losoptimierung handele es sich um eine Entscheidung auf operativer Ebene, so dass keine Entscheidungen über Umsätze oder das gebundene Kapital zu treffen seien. GRÜNERT argumentiert, dass „profit maximization" und „cost minimization" aus mathematischer Sicht äquivalent seien, was bei seinen Annahmen sicher der Fall ist.[6] Ein seltenes Beispiel für eine andere Zielgröße liegt mit einer Arbeit von KANG et al. vor, deren Planungsziel in der Maximierung des Deckungsbeitrags besteht.[7]

---

[1] vgl. Drexl, A. / Kimms, A.: Lot sizing and scheduling, in: EJOR, Vol. 99, 1997, S. 221 ff.
[2] vgl. Kimms, A.: Multi-Level Lot Sizing and Scheduling, 1997, S. 13 ff.
[3] vgl. Tempelmeier, H.: Material-Logistik, 1999
[4] vgl. Grünert, T.: Lotsizing and Scheduling, 1998, S. 67
[5] vgl. Meyr, H.: Simultane Losgrößen- und Reihenfolgeplanung, 1999, S. 212 ff.
[6] vgl. Grünert, T.: Lotsizing and Scheduling, 1998, S. 34
[7] vgl. Kang, S. / Malik, K. / Thomas, L.: Parallel machines, 1994

Der überwiegende Anteil der Literatur verarbeitet sichere, d. h. deterministische Daten. Für die Notwendigkeit zur Berücksichtigung der Datenunsicherheit spricht jedoch, dass (wenigstens die dynamischen) Losoptimierungsmodelle, wie alle Planungsinstrumente, stets auf unsicheren, weil für die Zukunft prognostizierten Plandaten basieren.[1] Da eine zu hohe Datenunsicherheit zur Unbrauchbarkeit der Planungsergebnisse führt, ist zu prüfen, ob ein Planungsansatz unter Verwendung stochastischer Daten oder unscharfer Daten mit vertretbarem Aufwand möglich ist. Eine Reihe von Autoren beschäftigt sich mit der Verarbeitung stochastischer Daten,[2] unscharfe Daten werden jedoch bislang noch relativ selten behandelt.[3] Bei Verarbeitung deterministischer Daten erlaubt eine Sensitivitätsanalyse, wie sie GREENBERG für die mathematische Planungsrechnung diskutiert,[4] die Abschätzung der Auswirkungen der Unsicherheit.

Die übrigen Merkmalsausprägungen lassen sich am besten in Verbindung mit einer historischen Rückschau darstellen. Die Entwicklung quantitativer Modelle zur Produktionsplanung begann im Jahr 1913 mit dem Modell zum Problem der optimalen Bestellmenge OBM (engl. Economic Order Quantity Modell, EOQ)[5] von HARRIS,[6] das im deutschsprachigen Raum nach einer Dissertation von ANDLER als das Andlersche Losgrößenmodell rezipiert wurde.[7] Das OBM geht von der Annahme einer einstufigen Produktion aus.

---

1 vgl. stellvertretend: Adam, D.: Produktions-Management, 1997, S. 627 f.

2 vgl. Clark, A. / Scarf, H.: Optimal Policies, in: MS, Vol. 6, 1960, S. 476 ff.;
vgl. Silver, E. / Peterson, R.: Decision Systems, 1985;
vgl. Graves, S. / Meal, H. / Dasu, S. et al.: Two-Stage Production Planning, in: Axsäter, S. / Schneeweiss, C. / Silver, E. (Hrsg.): Production Planning, 1986, S. 9 ff.;
vgl. Federgruen, A.: Centralized Planning Models, in: Graves, S. / Kan, A. / Zipkin, P. (Hrsg.): Operations Research, Vol. 4, 1993, S. 135 ff.;
vgl. Pyke, D. / Cohen, M.: Performance characteristics, in: EJOR, Vol. 68, 1993, S. 27 ff.;
vgl. Axsäter, S. / Rosling, K.: Production-Inventory Control, in: EJOR, Vol. 75, 1994, S. 405 ff.;
vgl. Chen, F. / Zheng, Y.: Lower Bounds, in: MS, Vol. 40, 1994, S. 1426 ff.;
vgl. Goncalves, J. / Leachman, R. et al. et al.: Scheduling Policy, in: MS, Vol. 40, 1994, S. 1455 ff.;
vgl. Pyke, D. / Cohen, M.: Production-distribution systems, in: EJOR, Vol. 74, 1994, S. 20 ff.;
vgl. Jahnke, H.: Produktion bei Unsicherheit, 1995;
vgl. Yano, C. / Lee, H.: Lot Sizing with Random Yields, in: OR, Vol. 43, 1995, S. 311 ff.;
vgl. Houtum, G. van / Inderfurth, K. / Zijm, W.: Coordination, in: EJOR, Vol. 95, 1996, S. 5 ff.;
vgl. Domschke, W. / Scholl, A. / Voß, St.: Produktionsplanung, 1997, S. 166 ff.;
vgl. Weng, Z.: Pricing and ordering strategies, in: IIE Transactions, Vol. 28, 1997, S. 681 ff.

3 vgl. Zimmermann, H.-J.: Fuzzy Set Theory and its Applications, 1996;
vgl. Schwenke, F.: Fuzzy Set Theorie im Produktionsmanagement, 1995

4 vgl. Greenberg, H.: Post-solution Analysis, in: Woodruff, D. (Hrsg.): Optimization, 1998, S. 97 ff.

5 vgl. Erlenkotter, D.: Ford Whitman Harris, in: OR, Vol. 38, 1990, S. 937 ff.

6 vgl. Harris, F. W.: How many parts to make at once, in: OR, Vol. 38, 1990, S. 947 ff., Nachdruck aus Factory, Vol. 10, 1913, S. 135 ff.

7 vgl. Andler, K.: Rationalisierung der Fabrikation und Optimale Losgrösse, 1929

Da Kapazitätsrestriktionen nicht berücksichtigt werden, bildet es eine Optimierung für ein Produkt ab, denn mehrere Produkte können aufgrund der unendlichen Kapazität auf der betrachteten Produktionsstufe nebeneinander hergestellt werden. Möglicherweise im industriehistorischen Kontext ungesättigter Märkte wird der Bedarf als kontinuierlich angesehen. Da nur eine Periode betrachtet wird, was mit der Annahme gleichgesetzt werden könnte, dass alle Perioden identisch sind, ist das Modell statisch. Hierbei ist zu spezifizieren, ob der Planungszeitraum als „offen“ oder als „geschlossen“ zu betrachten ist. Bei einem „offenen“ Planungszeitraum wird angenommen, dass die gleichen Produktarten auch in Zukunft zu gleichen oder nur geringfügig veränderten Kosten produziert werden können. Unter dieser Voraussetzung sind auch Losgrößen zulässig, die zu nicht ganzzahligen Auflegungshäufigkeiten führen. Bei einem „geschlossenen“ Planungszeitraum sind dagegen nur Losgrößen zulässig, denen ganzzahlige Auflegungshäufigkeiten entsprechen.[1] Die Bestimmung der optimalen Lösung für die in dem Modell enthaltene kostenorientierte Zielfunktion mit gegenläufigen Lager- und Rüstkosten kann im Allgemeinen mit einfacher Differentialrechnung erfolgen.

Die erste Modifikation dieser heute nicht mehr sehr realitätsnahen Annahmen erfolgte mit dem Problem der ökonomischen Lossequenz ÖLSM (engl. Economic Lot Scheduling Problem, ELSP),[2] in dem erstmals eine Kapazitätsrestriktion abgebildet wurde.[3] Die Aufnahme einer Kapazitätsrestriktion in die Modellformulierung führt dazu, dass bei Einplanung mehrerer Produkte eine Konkurrenz um die knappe Kapazität entsteht. Das ÖLSM ist daher ein Mehrprodukt-Modell. Unverändert bleiben die Annahmen einer einstufigen Produktion zur Deckung kontinuierlichen Bedarfs innerhalb identischer Perioden bei unendlichem Planungszeitraum. Die Bestimmung der optimalen Lösung des ÖLSM ist NP-schwer,[4] so dass in der Literatur eine Reihe von Heuristiken entwickelt wurde.[5]

1 vgl. Kilger, W.: Optimale Produktions- und Absatzplanung, 1973, S. 87
2 vgl. Rogers, J.: Economic lot scheduling problem, in: MS, Vol. 4, 1958, S. 264 f.
3 vgl. Elmaghraby, S.: Economic lot scheduling problem (ELSP), in: MS, Vol. 24, 1978, S. 587 f.
4 vgl. Hsu, W.: Scheduling lot sizes, in: MS, Vol. 29, 1983, S. 93 ff.
5 vgl. Dobson, G.: The economic lot scheduling problem, in: OR, Vol. 35, 1987, S. 764 ff.;
vgl. Zipkin, P.: Computing optimal lot sizes, in: OR, Vol. 39, 1991, S. 56 ff.;
vgl. Gallego, G. / Joneja, D.: Economic lot scheduling problem, in: OR, Vol. 42, 1994, S. 92 ff.

Ein erster Schritt zur Ablösung der starken Restriktion kontinuierlichen Bedarfs wurde mit der Einführung zyklischen - und damit zwar nicht mehr statischen, aber immer noch stationären - Bedarfs vollzogen. Zu den entsprechenden Modellen gibt MAYR einen umfassenden Überblick.[1] Die logische Entwicklung in der Modellbildung erfolgte mit der Änderung der Annahme eines statischen Bedarfs in identischen Perioden in die Annahme eines dynamischen - weil in den Perioden des Planungszeitraums variierenden - Bedarfs. Als Konsequenz hieraus war der bei den statischen Modellen unendliche Planungszeitraum auf eine endliche Zahl von Perioden zu begrenzen. Aus industriehistorischer Sicht kann dieser Wandel möglicherweise als Reaktion auf den schwankenden Bedarf teilweise gesättigter Märkte interpretiert werden. Den ersten derartigen Ansatz veröffentlichten WAGNER und WHITIN.[2] Allerdings beinhaltet dieses unverändert einstufige „Wagner-Whitin- (WW-) Problem", das auch als einstufiges Losoptimierungsmodell ELM (engl. Single Level Lot Sizing Problem, SLLSP) bezeichnet wird, keine Kapazitätsrestriktion, so dass es sich wieder um ein Einprodukt-Modell handelt. Die Lösung dieses Modells ist mit polynomialem Aufwand möglich, wie die Ansätze von AGGARWAL und PARK,[3] FEDERGRUEN und TZUR[4] oder WAGELMANS et al.[5] zeigen. Heuristiken zur Lösung des zum ELM äquivalenten, jedoch auf ein mehrstufiges Produktnetz ausgedehnten mehrstufigen Losoptimierungsmodells MLM (engl. Multi Level Lot Sizing Problem, MLLSP) wurden von AFENTAKIS[6] sowei von SIMPSON und ERENGÜC[7] vorgeschlagen.

Als konsequente Fortsetzung wurden hiernach Modelle entwickelt, die sowohl den dynamischen Aspekt unterschiedlicher Bedarfe in den Perioden des Planungszeitraums als auch Kapazitätsrestriktionen verarbeiten, allerdings zunächst für Systeme mit einstufigem Produktnetz.[8] Die Literatur bietet zu solchen Modellen eine Reihe von Übersichten.[9]

---

1 vgl. Mayr, M.: Hierarchische Produktionsplanung mit zyklischen Auflagemustern, 1996

2 vgl. Wagner, H. / Whitin, T.: Dynamic version, in: MS, Vol. 5, 1958, S. 89 ff.

3 vgl. Aggarwal, A. / Park, J.: Improved algorithms, in OR, Vol. 41, 1993, S. 549 ff.

4 vgl. Federgruen, A. / Tzur, M.: A simple forward algorithm, in: MS, Vol. 37, 1991, S. 909 ff.

5 vgl. Wagelmans, A. / Hoesel, S. van / Kolen, A.: Economic lot sizing: an O(n log n) algorithm, in: OR, Vol. 40, 1992, S. 145 ff.

6 vgl. Afentakis, P.: Parallel heuristic algorithm, in: IIET, Vol. 19, 1987, S. 34 ff.

7 vgl. Simpson, N. / Erengüc, S.: Improved heuristic methods, in: C&OR, Vol. 25, 1998, S. 611 ff.

8 vgl. auch Kap. 3.1.2

9 vgl. De Both, M. / Gelders, L. / Wassenhove, L. van: Lot Sizing, in: ECPE, Vol. 8, 1984, S. 165 ff.; vgl. Bahl, H. / Ritzman, L. / Gupta, J.: Determining lot sizes, in: OR, Vol. 35, 1987, S. 329 ff.; vgl. Kuik, R. / Salomon, M. / Wassenhove, L. van: Batching, in: EJOR, Vol. 75, 1994, S. 243 ff.

Aufgrund seiner zentralen Bedeutung herauszuheben ist das Kapazitierte Losgrößenmodell KLM (engl. Capacitated Lot Sizing Problem, CLSP),[1] das als Grundvariante jedoch einerseits keine periodenübergreifenden Lose zulässt, d. h. einen Rüsthergang am Beginn jeder Periode verlangt, auch wenn in aufeinanderfolgenden Perioden dasselbe Teil herzustellen ist. Andererseits erlaubt es keine Sequenzoptimierung der Lose, weil es mit sogenannten Makroperioden arbeitet, in denen mehrere Lose aufgelegt werden können, deren Sequenz vom KLM nicht determiniert wird.

Nach KILGER war es in erster Linie das Verdienst von DINKELBACH und ADAM,[2] die ersten Ansätze zur simultanen Optimierung von Losgröße und Lossequenz entwickelt zu haben.[3] Als ein frühes dynamisches „Simultanmodell" mit Kapazitätsrestriktionen ist das Kapazitierte Losgrößenmodell mit verbundenen Losen KLMVL (Capacitated Lot Sizing Problem with Linked lot sizes, CLSPL) zu nennen,[4] welches das erste und das letzte Los einer Makroperiode festlegt, so dass einerseits periodenübergreifende Lose und andererseits eine - möglicherweise nur teilweise - Lossequenzentscheidung möglich werden. Erst mit der Entwicklung der „Mikroperioden-Modelle" wurde jedoch eine echte simultane Losgrößen- und Lossequenzoptimierung erreicht. Die entsprechenden Modelle - das Diskrete Losgrößen- und Lossequenzoptimierungsmodell DLSM (engl. Discrete Lotsizing and Scheduling Problem, DLSP),[5] das Diskrete Losgrößen- und Lossequenzoptimierungsmodell mit Rüstzustandserhaltung DLSMRE (engl. Continuous Setup Lotsizing Problem, CSLP)[6] und das Proportionallosgrößen- und Lossequenzoptimierungsmodell PLSM (engl. Proportional Lotsizing and Scheduling Problem, PLSP)[7] - sind dadurch gekennzeichnet, dass sie in jeder Periode nur die Herstellung höchstens eines Loses (beim PLSM maximal zweier Lose) ermöglichen, womit gleichzeitig die Lossequenz bestimmt ist. Dies wird dadurch erreicht, dass je Periode nur maximal ein Rüsthergang möglich ist. Natürlich sind Lose für denselben Teiletyp in aufeinanderfolgenden Perioden herstellbar. In der Literatur scheint sich eine schlüssige Systematisierung derartiger einstufiger Modelle abzuzeichnen.[8]

---

1 vgl. Dixon, P. / Silver, E.: A heuristic solution procedure, in: JOM, Vol. 2, 1981, S. 23 ff.
2 vgl. Dinkelbach, W.: Produktionsplanung in Ein- und Mehrproduktunternehmen, 1964; vgl. Adam, D.: Produktionsplanung bei Sortenfertigung, 1969
3 vgl. Kilger, W.: Optimale Produktions- und Absatzplanung, 1973, S. 392
4 vgl. Dillenberger, C. / Escudero, L. F. / Wollensak, A. et al.: Resource allocation, in: EJOR, Vol. 75, 1994, S. 275 ff.
5 vgl. Fleischmann, B.: The Discrete Lot-Sizing Problem, in: EJOR, Vol. 44, 1990, S. 337 ff.
6 vgl. Karmarkar, U. / Schrage, L.: The Deterministic Dynamic Product Cycling Problem, in: OR, Vol. 33, 1985, S. 326 ff.
7 vgl. Haase, K.: Lotsizing and Scheduling for Production Planning, 1994, S. 26 ff.
8 vgl. stellvertretend Meyr, H.: Simultane Losgrößen- und Reihenfolgeplanung, 1999, S. 45 ff.

Die Verwendung von Mikroperioden kann aber gewisse Nachteile aufweisen. Denn zur Darstellung eines Produktionsplans muss die Rasterung der Zeitachse so fein gehalten werden, dass die Periodenlänge kürzer als die Produktionsdauer des kleinsten Loses oder die Dauer der kürzesten Stillstandszeit ist. Da jedoch untere Schranken für die Losgrößen oder Stillstandszeiten der Optimallösung i. A. nur schwer abschätzbar sind, müssen Mikroperioden-Modelle zur Abbildung des Planungszeitraums eine hohe Anzahl von Perioden aufweisen, was bei Verwendung von binären Entscheidungsvariablen die Komplexität der Modelle stark erhöhen kann. Lösungsmethoden für gemischt-ganzzahlige Modelle stehen aber herkömmlich nur für Probleme mit einer begrenzten Anzahl an Binärvariablen zur Verfügung.[1] Daher sind die jüngeren Bemühungen darauf gerichtet, Modelle wie das Kapazitierte Losgrößenmodell mit lossequenzabhängigen Rüstkosten KLMSRK (engl. Capacitated Lot sizing problem with Sequence Dependant setup costs, CLSD) zu entwickeln,[2] die trotz Verwendung von Makroperioden eine Sequenzoptimierung ermöglichen. Das Generelle Losgrößen- und Lossequenzoptimierungsmodell GLSM (engl. General Lot sizing and Scheduling Problem, GLSM) stellt eine systematische Verallgemeinerung der zuvor genannten Modelle dar.[3]

Vor dem Hintergrund der gegenwärtigen Entwicklung einer gemeinsamen Abstimmung ganzer Logistiknetze über mehrere Produktionsstufen und Unternehmen hinweg rücken mehrstufige Modelle in den Fokus des Interesses.[4] Allerdings wurde die Problematik formaler mehrstufiger Produktionsplanung bereits früh erkannt.[5] Hinsichtlich des Begriffs „mehrstufig“ ist zwischen der Ebene der Dispositionsstufen bzw. dem „Produktnetz“ und der Ebene der Ressourcen bzw. des „Produktionsnetzes“ zu unterscheiden.[6] Ein mehrstufiges Produktnetz, das i. A. leicht in einem Gozintographen darstellbar ist, kann auch auf einer einzigen Maschine bzw. Ressource, d. h. mittels eines einstufigen Produktionsnetzes, hergestellt werden. Hingegen ist ein mehrstufiges Produktionsnetz immer auch mit einem mehrstufigen Produktnetz verbunden - andernfalls bestünde das Produktionsnetz nicht aus mehreren Stufen, sondern nur aus mehreren, nämlich parallelen, Maschinen.

1 vgl. Meyr, H.: Simultane Losgrößen- und Reihenfolgeplanung, 1999, S. 67
2 vgl. Haase, K.: Capacitated lot-sizing, in: ORS, Vol. 18, 1996, S. 51 ff.
3 vgl. Meyr, H.: Simultane Losgrößen- und Reihenfolgeplanung, 1999, S. 75
4 vgl. Fleischmann, B. / Meyr, H. / Wagner, M.: Advanced Planning, in: Stadtler, H. / Kilger, Chr. (Hrsg.): Supply Chain Management, 2000
5 vgl. Haehling von Lanzenauer, C.: Production Scheduling, in: NRL, Vol. 17, 1970, S. 193 ff.
6 vgl. auch Kap. 3.1.2

Mehrstufige Modelle werden erst in jüngerer Zeit intensiv behandelt, so etwa von DERSTROFF,[1] HELBER,[2] TEMPELMEIER und DERSTROFF[3] bzw. TEMPELMEIER und HELBER[4] sowie von KIMMS[5]. Bei deren Gestaltung konzentrieren sich einige Autoren zwecks Vermeidung einer zu großen Komplexität zunächst auf den unkapazitierten Fall, d. h. auf einen mehrstufigen „Wagner-Whitin"-Ansatz. Häufig werden dabei „verbesserte" Heuristiken des „Wagner-Whitin"-Modells verwendet, die aus einer schrittweisen Anwendung auf die einzelnen Stufen des mehrstufigen Produktionsnetzes bestehen.[6] Jedoch sind auch andere Ansätze veröffentlicht.[7] Sofern Kapazitätsrestriktionen berücksichtigt werden, schränken viele Autoren das Problem durch die Einführung weiterer Restriktionen ein. Häufig wird auch die Annahme der Existenz nur eines einzigen Engpasses getroffen,[8] d. h. de facto eine zwar mehrstufiges Produktnetz, aber ein nur einstufiges Produktionsnetz modelliert. BRÜGGEMANN und JAHNKE legen ein nur zweistufiges Produktionsnetz zu Grunde.[9]

---

1 vgl. Derstroff, M.: Mehrstufige Losgrößenplanung, 1995

2 vgl. Helber, St.: Kapazitätsorientierte Losgrößenplanung in PPS-Systemen, 1994;
vgl. derselbe: Lot sizing, in: ORS, Vol. 17, 1995, S. 5 ff.

3 vgl. Tempelmeier, H. / Derstroff, M.: Losgrößenplanung, in: ORS, Vol. 15, 1993, S. 63 ff.;
vgl. dieselben: Heuristic for lotsizing, in: MS, Vol. 42, 1996, S. 738-757

4 vgl. Tempelmeier, H. / Helber, St.: A heuristic for lotsizing, in: EJOR, Vol. 75, 1994, S. 296-311

5 vgl. Kimms, A.: Multi-Level Lot Sizing and Scheduling, 1997

6 vgl. Coleman, B. / McKnew, M.: An improved heuristic, in: DS, Vol. 22, 1991, S. 136 ff.;
vgl. Gupta, S. / Brennan, L.: Lot sizing and backordering, in: PIMJ, Vol. 33, 1992, S. 27 ff.;
vgl. Sum, C. / Png, D. / Yang, K.: Product structure complexity, in: DS, Vol. 24, 1993, S. 1135 ff.

7 vgl. Kuik, R. / Salomon, M.: Multi-level lot-sizing, in: EJOR, Vol. 45, 1990, S. 25 ff.;
vgl. Joneja, D.: Multi-echelon assembly systems, in: OR, Vol. 39, 1991, S. 512 ff.;
vgl. McKnew, M. / Saydam, C. / Coleman, B.: Multilevel lot-sizing problem, in: DS, Vol. 22, 1991, S. 280 ff.;
vgl. Pochet, Y. / Wolsey, L.: Lot-sizing problems, in: MS, Vol. 37, 1991, S. 53 ff.;
vgl. Salomon, M.: Deterministic Lotsizing Models for Production Planning, 1991;
vgl. Toklu, B. / Wilson, J.: Multi-level lotsizing, in: IJPR, Vol. 30, 1992, S. 787 ff.
vgl. Roundy, R.: Lot sizing for multistage production systems, in: OR, Vol. 41, 1993, S. 371 ff.;
vgl. Atkins, D.: Dynamic assembly problem, in: EJOR, Vol. 75, 1994, S. 462 ff.;
vgl. Simpson, N. / Erengüc, S.: Improved heuristic methods, in: C&OR, Vol. 25, 1998

8 vgl. Roll, Y. / Karni, R.: Multi-item, multi-level lot sizing, in: EJOR, Vol. 51, 1991, S. 73 ff.;
vgl. Salomon, M.: Deterministic Lotsizing Models for Production Planning, 1991;
vgl. Kuik, R. / Salomon, M. / Wassenhove, L. van et al.: Heuristics for lotsizing, in: IIET, Vol. 25, 1993, S. 62 ff.;
vgl. Salomon, M. / Kuik, R. / Wassenhove, L. van: Lotsizing, in: AOR, Vol. 41, 1993, S. 453 ff.;
vgl. Kimms, A.: Multi-level, single-machine lot sizing, in: EJOR, Vol. 89, 1996, S. 86 ff.;
vgl. derselbe: Methods for multi-level lot sizing, in: IJPR, Vol. 34, 1996, S. 2279 ff.

9 vgl. Brüggemann, W. / Jahnke, H.: DLSP for 2-stage production, in: IJPR, Vol. 32, 1994, S. 755 ff.

Auch sind Beschränkungen auf ein konvergentes[1] oder ein serielles[2] Produktnetz zu finden. Ein Reihe von Autoren beschäftigt sich auch mit kapazitierten Modellen der mehrstufigen Planung der Losgröße, jedoch nicht der Lossequenz - d. h. mit einem mehrstufigen Ansatz des Kapazitierten Losoptimierungsmodells (MKLM) - unter Verwendung eines allgemeinen Produktnetzes und mehrerer Maschinen bzw. Ressourcen.[3] Erste Schritte in Richtung einer simultanen Optimierung der Losgröße und der Lossequenz wurden mittels iterativer Prozeduren unternommen.[4]

Es bleibt festzustellen, dass Arbeiten zur mehrstufigen dynamischen kapazitierten simultanen Optimierung der Losgröße und Lossequenz für ein allgemeines Produktionsnetz in der Literatur bislang noch relativ selten sind. Zwar existieren Beispiele für hierarchische Ansätze der integrierten Losgrößen- und Lossequenzplanung.[5] Veröffentlichungen zu Problemen mit den genannten Eigenschaften, welche einen gewissen Grad an Allgemeinheit erreichen, liegen jedoch erst mit einigen Arbeiten von KIMMS vor, der auch mit dem MPLSM eine mehrstufige Variante des PLSM vorschlägt.[6]

---

1 vgl. Maes, J. / McClain, J. / Wassenhove, L. van: Complexity, in: EJOR, Vol. 53, 1991, S. 131 ff.;
vgl. Mathes, H.: Capacitated assembly line lotsizing problem,
in: Fandel, G. / Gulledge, Th. / Jones, A. (Hrsg.): Operations Research, 1993, S. 444 ff.

2 vgl. Maes, J. / Wassenhove, L. van: Serial systems, in: IJPR, Vol. 29, 1991, S. 1235 ff.

3 vgl. Helber, St.: Kapazitätsorientierte Losgrößenplanung in PPS-Systemen, 1994;
vgl. Tempelmeier, H. / Helber, St.: A heuristic for lotsizing, in: EJOR, Vol. 75, 1994, S. 296 ff.;
vgl. Helber, St.: Lot sizing, in: ORS, Vol. 17, 1995, S. 5 ff.;
vgl. Stadtler, H.: Shortest route model, 1995;
vgl. derselbe: Mixed integer programming, in: EJOR, Vol. 94, 1996, S. 561 ff.;
vgl. Tempelmeier, H. / Derstroff, M.: Heuristic for lotsizing, in: MS, Vol. 42, 1996, S. 738 ff.

4 vgl. Lasserre, J.: An integrated model, in: MS, Vol. 38, 1992, S. 1201 ff.;
vgl. Sum, C. / Hill, A.: A new framework, in: DS, Vol. 24, 1993, S. 739;
vgl. Dauzère-Péres, S. / Lasserre, J.: Integration of lotsizing, in: EJOR, Vol. 75, 1994, S. 413 ff.;
vgl. dieselben: An Integrated Approach, 1994

5 vgl. Lasserre, J.: An integrated model, in: MS, Vol. 38, 1992, S. 1201 ff.;
vgl. Sum, C. / Hill, A.: A new framework, in: DS, Vol. 24, 1993, S. 739 ff.;
vgl. Dauzère-Péres, S. / Lasserre, J.: Integration of lotsizing, in: EJOR, Vol. 75, 1994, S. 413 ff.;
vgl. dieselben: An Integrated Approach, 1994

6 vgl. Kimms, A.: Improved lower bounds, 1996;
vgl. derselbe: A genetic algorithm for lot sizing and scheduling, 1996;
vgl. Kimms, A. / Drexl, A.: Proportional lot sizing and scheduling, 1996;
vgl. dieselben: Proportional lot sizing and scheduling: extensions, 1996;
vgl. Kimms, A.: Multi-Level Lot Sizing and Scheduling, 1997

GRÜNERT formuliert mit dem mehrstufigen dynamischen Losoptimierungsmodell mit sequenzabhängigen Rüstkosten MKLMSRK (engl. Multi-Level Sequence-Dependent Dynamic Lotsizing and Scheduling model, MSLS) ein mehrstufiges Modell auf der Basis von Makroperioden, das auch die Lossequenzoptimierung zulässt und für die (wenigen) Makroperioden eine geringere Anzahl an Binärvariablen erfordert als vergleichbare Mikroperiodenmodelle.[1] Jedoch werden in diesem Modell zusätzliche Binärvariable für die subperiodische Lossequenzoptimierung benötigt, weshalb es in dieser Arbeit nicht tiefer analysiert wird. Häufig werden die erwähnten Modelle nach den skizzierten Hauptmerkmalen in einer hierarchischen Struktur angeordnet, um ihre Eigenschaften und ihre Beziehungen zu anderen Modellen zu verdeutlichen:

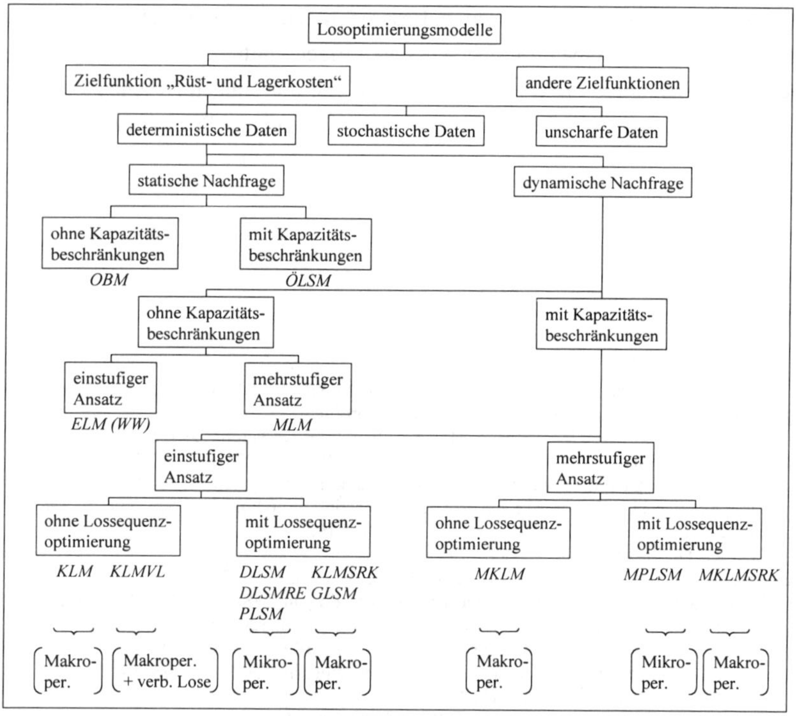

Abb. 2-8: Einfache Übersicht herkömmlicher Losoptimierungsmodelle

[1] vgl. Grünert, T.: Lotsizing and Scheduling, 1998

Allerdings muss betont werden, dass die möglicherweise suggerierten Interdependenzen zwischen den gezeigten Hauptmerkmalen in der dargestellten hierarchischen Weise nicht bestehen und zudem viele weitere wichtig erscheinende Merkmale hier nicht erfasst sind. An späterer Stelle werden daher die Grundformen der am bedeutsamsten erscheinenden Modelle mittels des oben entwickelten Beschreibungsrahmens für Vorgangsnetze verglichen. Zuvor sollen diese Modelle aber einzeln analysiert werden. Um einen einfachen Vergleich der verschiedenen Modelle zu ermöglichen, kommt dabei eine vereinheitlichte und somit von den Originalquellen abweichende Nomenklatur für die Entscheidungsvariablen und Parameter zur Anwendung. Die Entscheidungsvariablen und Parameter sämtlicher Modelle werden im Abkürzungsverzeichnis erläutert, zur Erleichterung der Übersicht sind darüber hinaus die Erläuterungen der Entscheidungsvariablen bei jedem Modell angegeben. Um die Erkennung ihrer Bedeutung zu erleichtern, werden die einzelnen Restriktionen explizit benannt. Unterschiedliche Typen an Zwischen- und Endprodukten werden einheitlich als „Teiletypen" bezeichnet.

2.4.2 Einstufige Modelle der Losoptimierung im Überblick

2.4.2.1 Formulierung der Grundform des KLM

Wegen seiner grundlegenden Bedeutung dürfte das Kapazitierte Losgrößenmodell KLM (engl. Capacitated Lot Sizing Problem, CLSP) unter den dynamischen kapazitierten Losoptimierungsmodellen das bekannteste sein.[1] Das Modell geht von der Annahme aus, dass dynamische deterministische Bedarfe an mehreren Produkten ohne Nachlieferungen durch Produktion mit einer kapazitierten Maschine zu decken sind. Da das KLM auf Makroperioden basiert, können mehrere Lose verschiedener Teiletypen pro Periode hergestellt werden.

Das Ziel des KLM besteht in der Minimierung der Summe aus Rüst- und Lagerkosten, wobei davon ausgegangen wird, dass mit jedem Rüsthergang teiletypspezifische, aber reihenfolgeunabhängige Rüstkosten ks_j anfallen. Zu beachten sind dabei die „Materialbilanzen", die für jeden Teiletyp j erzwingen, dass in jeder Periode t der Materialbestand am Ende der Vorperiode t-1 abzüglich des Materialbestands qm_{jt} am Ende der Periode t und zuzüglich der Produktionsmenge qp_{jt} dem Primärbedarf B_{jt} entsprechen. Mit den „Materialbilanzen" liegt somit keine Restriktion der Lagerkapazität vor, die ggfs. eigens formuliert werden müsste. Die „Kapazitätsbegrenzungen" garantieren für alle Perioden t, dass durch die Summe aller Produktionen der verschiedenen Teiletypen j die in t zur Verfügung stehende Kapazität C_t nicht überschritten wird. Die Kapazität C_t kann in jeder Periode variieren, was aber in den meisten Modellen in der Literatur ohne Bedeutung ist. Aufgrund der „Rüstzustandsvoraussetzungen" ist vor jeder Produktion eines Teiletyps j ein Rüsthergang durchzuführen, und zwar auch dann, wenn in der Vorperiode zuletzt bereits derselbe Teiletyp j hergestellt wurde. Lose können also keine (Makro-) Perioden überdauern. Zudem ist zu beachten, dass aufgrund der Ganzzahligkeit der binären Rüsthergangsvariablen x_{jt} für jeden Teiletyp j nur die Auflage eines einzigen Loses pro Periode t möglich ist.

---

1 vgl. Eppen, G. / Martin, R.: Solving Lot-Sizing Problems, in: OR, Vol. 35, 1987, S. 832 ff.;
vgl. Günther, H.: Planning Lot Sizes, in: EJOR, Vol. 31, 1987, S. 223 ff.;
vgl. Maes, J. / Wassenhove, L. van: Heuristics, in: JORS, Vol. 39, 1988, S. 991 ff.;
vgl. Lotfi, V. / Chen, W.: An Optimal Algorithm, in: EJOR, Vol. 52, 1991, S. 179 ff.;
vgl. Diaby, M. / Bahl, H. / Karwan, M. / Zionts, S.: A Lagrangean Relaxation, in: MS, Vol. 38, 1992, S. 1329 ff.;
vgl. Kirca, Ö. / Kökten, M.: A New Heuristic Approach, in: EJOR, Vol. 75, 1994, S. 332 ff.;
vgl. Hindi, K.: Solving the CLSP by a Tabu Search Heuristic, in: JORS, Vol. 47, 1996, S. 151 ff.

Schließlich sind neben der „Binärisierung der Rüsthergangsvariablen“ die „Nichtnegativitätsbedingungen“ für die übrigen Entscheidungsvariablen qm_{jt} und qp_{jt} zu beachten.

Der makroperiodische Charakter dieses Modells und damit die Unmöglichkeit der Lossequenzoptimierung werden an den Rüsthergangsvariablen x_{jt} deutlich, die im Extremfall in jeder Periode t für alle Teile J gesetzt, d. h. gleich eins, sein können. Damit sind in jeder Periode maximal J Lose herstellbar, nämlich für jeden Teiletyp j ein eigenes Los. Außerdem folgt aus den „Rüstzustandsvoraussetzungen“, dass die Periodenkapazität die maximale Losgröße begrenzt. Bei den Makroperioden handelt es sich i. d. R. um Zeiträume von z. B. einer Woche bei einem Planungszeitraum von meist ca. sechs Monaten. Wird das KLM zur Losgrößenoptimierung eingesetzt, so kann dessen Lösung als Basis für eine anschließende Lossequenzoptimierung innerhalb der (Makro-) Perioden dienen. Zur Lossequenzoptimierung bietet die Literatur einige Übersichten.[1] Das KLM ist NP-schwer,[2] bei Aufnahme von Rüstzeiten in die Formulierung sogar NP-vollständig.[3] Veröffentlichungen zu Versuchen, das Problem optimal zu lösen,[4] sind daher weitaus seltener als solche zu Heuristiken.[5]

---

1 vgl. Brucker, P.: Scheduling Algorithms, 1995;
vgl. Pinedo, M.: Scheduling - Theory, Algorithms, and Systems, 1995;
vgl. Blazewicz, J. / Domschke, W. / Pesch, E.: Job shop problem, in: EJOR, Vol. 93, 1996, S. 1 ff.

2 vgl. Bitran, G. / Yanasse, H.: Computational Complexity, in: MS, Vol. 28, 1982, S. 1174 ff.;
vgl. Florian, M. / Lenstra, J. K. / Rinnooy Kan, A.: Algorithms and complexity, in: MS, Vol. 26, 1980, S. 669 ff.

3 vgl. Maes, J. / McClain, J. / Wassenhove, L. van: Complexity, in: EJOR, Vol. 53, 1991, S. 131 ff.

4 vgl. Barany, I. / Roy, T. van / Wolsey, L.: Strong formulations, in: MS, Vol. 30, 1984, S. 1255 ff.;
vgl. Gelders, L. / Maes, J. / Wassenhove, L. van: A branch and bound algorithm, in: Axsäter, S. / Schneeweiss, C. / Silver, E. (Hrsg.): Production Planning, 1986, S. 92 ff.
vgl. Eppen, G. / Martin, R.: Solving Lot-Sizing Problems, in: OR, Vol. 35, 1987, S. 832;
vgl. Chen, W. / Thizy, J.: Analysis of relaxations, in: AOR, Vol. 26, 1990, S. 29 ff.

5 vgl. Maes, J. / Wassenhove, L. van: Heuristics, in: JORS, Vol. 39, 1988, S. 991 ff.;
vgl. Cattrysse, D. / Maes, J.: Set partitioning, in: EJOR, Vol. 46, 1990, S. 38 ff.;
vgl. Diaby, M. / Bahl, H. C. / Karwan, M. et al.: A Lagrangean Relaxation, in: MS, Vol. 38, 1992, S. 1329 ff.;
vgl. dieselben: Lot-sizing by Lagrangean relaxation, in: EJOR, Vol. 59, 1992, S. 444 ff.;
vgl. Kirca, Ö. / Kökten, M.: A New Heuristic Approach, in: EJOR, Vol. 75, 1994, S. 332 ff.;
vgl. Hindi, K. S.: Solving the CLSP by a Tabu Search Heuristic, in: JORS, Vol. 47, 1996, S. 151

Die Grundform des KLM hat die folgende Gestalt:[1]

Zielfunktion		
$\min \sum_{t=1}^{T} \sum_{j=1}^{J} \left(ks_j x_{jt} + km_j qm_{jt} \right)$		*Glg. 2-5: Zielfunktion KLM*
Restriktionen		
$qm_{j,t-1} - qm_{jt} + qp_{jt} = B_{jt}$	$j = 1,...,J$ $t = 1,...,T$	*Glg. 2-6: Materialbilanzen*
$\sum_{j=1}^{J} c_j qp_{jt} \leq C_t$	$t = 1,...,T$	*Glg. 2-7: Kapazitätsbegrenzungen*
$c_j qp_{jt} \leq C_t x_{jt}$	$j = 1,...,J$ $t = 1,...,T$	*Glg. 2-8: Rüstzustandsvoraussetzungen*
$x_{jt} \in \{0,1\}$	$j = 1,...,J$ $t = 1,...,T$	*Glg. 2-9: Binärisierung der Rüsthergangsvariablen*
$qm_{jt}, qp_{jt} \geq 0$	$j = 1,...,J$ $t = 1,...,T$	*Glg. 2-10: Nichtnegativitätsbedingungen*
Entscheidungsvariable		
qm_{jt}	Materialbestand an Teiletyp j am Ende von Periode t	
qp_{jt}	Produktionsmenge an Teiletyp j am Ende von Periode t	
x_{jt}	binäre Rüsthergangsvariable, die anzeigt, ob ein Rüsthergang für Teiletyp j in Periode t durchgeführt wird ($x_{jt} = 1$) oder nicht ($x_{jt} = 0$)	

Tab. 2-10: Formulierung der Grundform des KLM

Ausführliche Übersichten zu möglichen Erweiterungen und Lösungsverfahren dokumentieren DERSTROFF,[2] DREXL und KIMMS,[3] HELBER,[4] KUIK et al.[5] und MAES und VAN WASSENHOVE.[6]

[1] vgl. Drexl, A. / Kimms, A.: Lot sizing and scheduling, in: EJOR, Vol. 99, 1997, S. 224; vgl. Meyr, H.: Simultane Losgrößen- und Reihenfolgeplanung, 1999, S. 56 f.
[2] vgl. Derstroff, M.: Mehrstufige Losgrößenplanung, 1995, S. 37 ff.
[3] vgl. Drexl, A. / Kimms, A.: Lot sizing and scheduling, in: EJOR, Vol. 99, 1997, S. 221 ff.
[4] vgl. Helber, St.: Kapazitätsorientierte Losgrößenplanung in PPS-Systemen, 1994
[5] vgl. Kuik, R. / Salomon, M. / Wassenhove, L. van: Batching, in: EJOR, Vol. 75, 1994, S. 243
[6] vgl. Maes, J. / Wassenhove, L. van: Heuristics, in: JORS, Vol. 39, 1988, S. 991 ff.

Erweiterungen des KLM mit teilweiser Lossequenzoptimierung stellen HAASE bzw. GOPALAKRISHNAN, MILLER et al. dar.[1] Ein einstufiges Makroperiodenproblem der Losgrößen- und Lossequenzoptimierung wird ferner von HAASE und KIMMS behandelt.[2]

Eine besondere Erweiterung des KLM, die hier allerdings nicht gesondert dargestellt werden soll, wird von HAASE entwickelt.[3] Er schlägt das Kapazitierte Losgrößenmodell mit verbundenen Losen KLMVL (engl. Capacitated Lot Sizing Problem with Linked lotsizes, CLSPL) vor, mit dem die Bestimmung des ersten und des letzten Loses einer Makroperiode und somit „teilweise" Lossequenzentscheidungen möglich sind. Ferner können so Lose beliebiger Größe auch über Makroperiodengrenzen hinweg gebildet werden, so dass (perioden-) übergreifende Lose möglich sind. GOPALAKRISHNAN et al. erweitern das KLMVL um die Berücksichtigung von Rüstzeiten sowie um die Möglichkeit, parallele identische Maschinen einzusetzen.[4]

---

1 vgl. Haase, K.: Capacitated Lot-Sizing with Linked Production, 1993;
vgl. Gopalakrishnan, M. / Miller, D. et al.: A framework for modelling setup carryover, in: IJPR, Vol. 33, 1995, S. 1973 ff.

2 vgl. Haase, K. / Kimms, A.: Lot sizing and scheduling with setup costs and times, 1996

3 vgl. Haase, K.: Lotsizing and Scheduling for Production Planning, 1994

4 vgl. Gopalakrishnan, M. / Miller, D. et al.: A framework for modelling setup carryover, in: IJPR, Vol. 33, 1995, S. 1973 ff.

2.4.2.2 Formulierung der Grundform des DLSM

Den Nachteil der unmöglichen oder unvollständigen Lossequenzoptimierung versuchen die sogenannten Mikroperiodenmodelle zu korrigieren. In ihnen ist pro (Mikro-) Periode nur die Bearbeitung eines einzigen Loses möglich, womit sich aufgrund der fixierten Anordnung der Perioden neben der Losgrößen- gleichzeitig auch die Lossequenzoptimierung ergibt. In der Praxis handelt es sich bei den Mikroperioden meistens um Schichten oder Stunden.

Das in der Literatur wahrscheinlich am häufigsten untersuchte Mikroperiodenmodell ist das Diskrete Losgrößen- und Lossequenzoptimierungsmodell DLSM (engl. Discrete Lot sizing and Scheduling Problem, DLSP).[1] Wie beim KLM besteht auch beim DLSM das Ziel in der Minimierung der Summe aus Rüst- und Lagerkosten, wobei auch hier teiletypspezifische, aber reihenfolgeunabhängige Rüstkosten ks_j anfallen. Die „Materialbilanzen" sind im Vergleich zum KLM ebenfalls unverändert. Allerdings wird beim DLSM eine neue Variable eingeführt, die binäre Rüstzustandsvariable y_{jt}. Sie gibt an, ob die Maschine für den Teiletyp j am Beginn der Periode t gerüstet ist oder nicht. Mit Hilfe der Rüstzustandsvariablen bedingen die „Rüstzustandsvoraussetzungen", welche im Gegensatz zur entsprechenden Restriktion im KLM mit einem Gleichheitszeichen versehen sind, dass die gesamte Kapazität einer Mikroperiode - aber nicht mehr - durch die Produktion eines Loses ausgefüllt wird („Alles-oder-nichts-Bedingung"). In der Literatur wird auch beim DLSM meist von über die Perioden konstanter Kapazität C_t ausgegangen. Unter Verwendung der Rüstzustandsvariablen stellt die „Rüstzustandsexklusivität" außerdem sicher, dass die Produktionsanlage bzw. Ressource in jeder Periode nur maximal einen Rüstzustand aufweist. Durch Verwendung der Rüstzustandsvariablen y_{jt} in den „Rüstzustandsvoraussetzungen" wird ferner ermöglicht, dass Lose ohne neuen Rüsthergang über mehrere Perioden hergestellt werden, d. h. periodenübergreifend sein können. Allerdings wird aufgrund der Formulierung der Rüstzustandsvoraussetzungen als Gleichung bei jedem Beginn einer Losproduktion eine neuer Rüstvorgang erzwungen.

---

[1] vgl. Lasdon, L. / Terjung, R.: An efficient algorithm, in: OR, Vol. 19, 1971, S. 956 ff.;
vgl. Fleischmann, B.: Discrete Lot-Sizing Problem with Sequence-Dependent Setup Costs, in: EJOR, Vol. 75, 1994, S. 395 ff.;
vgl. Salomon, M. / Kroon, L. / Kuik, R. et al.: Some Extensions of the DLSP, in: MS, Vol. 37, 1991, S. 801 ff.;
vgl. Hoesel, S. van / Kolen, A.: Description of The Discrete Lot-Sizing Problem, in: EJOR, Vol. 75, 1994, S. 342 ff.

Die Unterbrechung der Produktion eines Loses ohne erneutes Rüsten bei Wiederaufnahme ist damit nicht möglich, d. h. es liegt keine Rüstzustandserhaltung vor. Das DLSM gründet seinen Namen auf der Tatsache, dass zur Produktion stets die gesamte Kapazität einer (Mikro-) Periode genutzt werden muss, eine Produktionsausweitung also nur in den diskreten Schritten der Periodenkapazitäten möglich ist. Würde als Zusatzbedingung eingeführt, dass die Lagerbestände am Anfang und am Ende des Planungszeitraums gleich sein sollen, so folgte hieraus, dass der Gesamtbedarf im Planungszeitraum ein ganzzahliges Vielfaches der Periodenkapazität sein müsste. Auf die „Rüstvariablenrelation", die den Zusammenhang zwischen der binären Rüsthergangsvariablen x_{jt} und der binären Rüstzustandsvariablen y_{jt} herstellt, wird aufgrund ihrer Bedeutung für die in dieser Arbeit analysierten Modelle in einem nachfolgenden Kapitel genauer eingegangen.[1] Die „Nichtnegativitätsbedingungen" entsprechen der üblichen Darstellung für Modelle der mathematischen Planungsrechnung. Bestimmungen der Komplexität des DLSM finden sich in Arbeiten von SALOMON[2] bzw. SALOMON, KROON et al.,[3] die von BRÜGGEMANN und JAHNKE[4] bzw. BRÜGGEMANN[5] kommentiert werden. Schon die Grundvarianten des DLSM sind NP-vollständig.[6] Man darf vermuten, dass dies auch für Erweiterungen gilt. Die Literatur bietet eine Reihe von Arbeiten zu Lösungsmöglichkeiten für das DLSM.[7]

---

1 vgl. Kap. 3.3.1.4

2 vgl. Salomon, M.: Deterministic Lotsizing Models for Production Planning, 1991

3 vgl. Salomon, M. / Kroon, L. / Kuik, R. et al.: Some Extensions of the DLSP, in: MS, Vol. 37, 1991, S. 801 ff.

4 vgl. Brüggemann, W. / Jahnke, H.: Remarks on: Some Extensions of the DLSP, 1994

5 vgl. Brüggemann, W.: Ausgewählte Probleme der Produktionsplanung, 1995

6 vgl. Meyr, H.: Simultane Losgrößen- und Reihenfolgeplanung, 1999, S. 63

7 vgl. Cattrysse, D. / Salomon, M. / Kuik, R. et al.: Heuristic for the DLSP, in: MS, Vol. 39, 1993
vgl. Fleischmann, B.: The Discrete Lot-Sizing Problem, in: EJOR, Vol. 44, 1990, S. 337 ff.;
vgl. Magnanti, T. / Vacchani, R.: Cutting plane algorithm, in: OR, Vol. 38, 1990, S. 456 ff.;
vgl. Ahmadi, R. / Dasu, S. / Tang, C.: Line allocation problem, in: MS, Vol. 38, 1992, S. 1341 ff.;
vgl. Leachman, R. / Gascon, A. / Xiong, Z.: Multi-item single-machine scheduling, in: JORS, Vol. 44, 1993, S. 1145 ff.;
vgl. Fleischmann, B.: Discrete Lot-Sizing Problem with Sequence-Dependent Setup Costs, in: EJOR, Vol. 75, 1994, S. 395 ff.;
vgl. Hoesel, S. van / Kolen, A.: Description of The Discrete Lot-Sizing Problem, in: EJOR, Vol. 75, 1994, S. 342 ff.;
vgl. Salomon, M. / Solomon, M. / Wassenhove, L. van et al.: Solving the DLSP, in: EJOR, Vol. 100, 1997, S. 492 ff.

Die Grundform des DLSM hat die folgende Gestalt:[1]

Zielfunktion		
$\min \sum_{t=1}^{T} \sum_{j=1}^{J} (ks_j x_{jt} + km_j qm_{jt})$		*Glg. 2-11: Zielfunktion DLSM*
Restriktionen		
$qm_{j,t-1} - qm_{jt} + qp_{jt} = B_{jt}$	$j = 1,...,J$ $t = 1,...,T$	*Glg. 2-12: Materialbilanzen*
$c_j qp_{jt} = C_t y_{jt}$	$j = 1,...,J$ $t = 1,...,T$	*Glg. 2-13: Rüstzustandsvoraussetzungen und Kapazitätsausnutzung*
$\sum_{j=1}^{J} y_{jt} \leq 1$	$t = 1,...,T$	*Glg. 2-14: Rüstzustandsexklusivität*
$x_{jt} \geq y_{jt} - y_{j,t-1}$	$j = 1,...,J$ $t = 1,...,T$	*Glg. 2-15: Rüstvariablenrelation*
$y_{jt} \in \{0,1\}$	$j = 1,...,J$ $t = 1,...,T$	*Glg. 2-16: Binärisierung der Rüstzustandsvariablen*
$qm_{jt}, qp_{jt}, x_{jt} \geq 0$	$j = 1,...,J$ $t = 1,...,T$	*Glg. 2-17: Nichtnegativitätsbedingungen*
Entscheidungsvariable		
qm_{jt}	Materialbestand an Teiletyp j am Ende von Periode t	
qp_{jt}	Produktionsmenge an Teiletyp j am Ende von Periode t	
x_{jt}	binäre Rüsthergangsvariable	
y_{jt}	binäre Rüstzustandsvariable, die anzeigt, ob die Maschine für Teiletyp j in Periode t gerüstet ist ($y_{jt} = 1$) oder nicht ($y_{jt} = 0$)	

Tab. 2-11: Formulierung der Grundform des DLSM

[1] vgl. Drexl, A. / Kimms, A.: Lot sizing and scheduling, in: EJOR, Vol. 99, 1997, S. 225; vgl. Meyr, H.: Simultane Losgrößen- und Reihenfolgeplanung, 1999, S. 59

2.4.2.3 Formulierung der Grundform des DLSMRE

Die Eliminierung des Hauptnachteils des DLSM, d. h. der „Alles-oder-nichts-Bedingung“, führt zum Diskreten Losgrößen- und Lossequenzoptimierungsmodell mit Rüstzustandserhaltung DLSMRE (engl. Continuous Setup Lot sizing Problem, CSLP). Der einzige Unterschied der Formulierung des DLSMRE im Vergleich zum DLSM liegt in der Restriktion der „Rüstzustandsvoraussetzungen“, in welcher der Zwang zur vollständigen Kapazitätsausnutzung aufgehoben wird:[1]

Restriktion		
$c_j qp_{jt} \leq C_t y_{jt}$	$j = 1,...,J$ $t = 1,...,T$	*Glg. 2-18:* *Rüstzustandsvoraussetzungen*

Tab. 2-12: Rüstzustandsvoraussetzungen im DLSMRE

Die durch die Nichtnutzung von Kapazität entstehenden Stillstandszeiten können am Beginn oder am Ende einer (Mikro-) Periode liegen. Außer diesem neuen Freiheitsgrad entsteht durch die Umformulierung der Rüstzustandsvoraussetzungen noch eine weitere positive Eigenschaft. Die Rüstzustandsvariable y_{jt} kann nämlich auch in Perioden auf eins gesetzt bleiben, in denen die Produktionsmenge qp_{jt} gleich null ist. Die Produktion einzelner Lose ist also unterbrechbar. In dieser Erhaltung des Rüstzustands (engl. „continuous setup“ im Gegensatz zu „lost setup“) ist auch der Name des Modells begründet. Das DLSMRE wird in der Literatur bereits seit längerem diskutiert, wenn auch weniger intensiv als das DLSM.[2]

1 vgl. Drexl, A. / Kimms, A.: Lot sizing and scheduling, in: EJOR, Vol. 99, 1997, S. 225;
vgl. Meyr, H.: Simultane Losgrößen- und Reihenfolgeplanung, 1999, S. 63 f.

2 vgl. Lasdon, L. / Terjung, R.: An efficient algorithm, in: OR, Vol. 19, 1971, S. 946 ff.;
vgl. Karmarkar, U. / Schrage, L.: The Deterministic Dynamic Product Cycling Problem, in: OR, Vol. 33, 1985, S. 326 ff.;
vgl. Bitran, G. / Matsuo, H.: Approximation Formulations, in: OR, Vol. 34, 1986, S. 63 ff.;
vgl. Karmarkar, U. / Kekre, S. / Kekre, S.: The Deterministic Lotsizing Problem, in: OR, Vol. 35, 1987, S. 389 ff.;
vgl. Salomon, M.: Deterministic Lotsizing Models for Production Planning, 1991;
vgl. Salomon, M. / Kroon, L. / Kuik, R. et al.: Some Extensions of the DLSP, in: MS, Vol. 37, 1991, S. 801 ff.;
vgl. Teufel, S.: Dynamische Mehrprodukt-Losgrößenplanung, 1994;
vgl. De Matta, R. / Guignard, M.: Rolling production schedules, in: IIET, Vol. 27, 1995, S. 564 ff.;
vgl. Hauth, M. / Schneeweiß, Chr.: Kapazitätsanpassung, in: ORS, Vol. 19, 1997, S. 251 ff.;
vgl. Wolsey, L.: MIP modelling of changeovers, in: EJOR, Vol. 99, 1997, S. 154 ff.

2.4.2.4 Formulierung der Grundform des PLSM

Die Grundidee des Proportionallosgrößen- und Lossequenzoptimierungsmodells (PLSM, engl. Proportional Lot sizing and Scheduling Problem, PLSP) besteht darin, die beim DLSMRE möglicherweise auftretenden Stillstandszeiten zur Herstellung anderer Teile zu nutzen. Allerdings erlaubt das PLSM nur die Fortsetzung der Produktion eines Loses, für das bereits in der Vorperiode der passende Rüstzustand gegeben war. Da somit nur höchstens ein Rüsthergang pro Periode auftreten kann, womit die Herstellung von maximal zwei unterschiedlichen Teiletypen pro Periode möglich ist, stellt auch das PLSM ein Mikroperiodenmodell dar. DREXL und HAASE[1] sowie HAASE[2] beschreiben die Grundversion des PLSM, in der Literatur finden sich aber noch weitere Darstellungen.[3]

Die Formulierung des PLSM baut auf derjenigen des DLSMRE und damit auf derjenigen des DLSM auf. Auch hier besteht das Ziel in der Minimierung der Summe der Rüst- und Lagerkosten, wobei teiletypspezifische, aber reihenfolgeunabhängige Rüstkosten ks_j anfallen. Die „Materialbilanzen" sind auch hier wiederum unverändert. Jedoch wird die Restriktion der „Rüstzustandsvoraussetzungen" beim PLSM erneut abgewandelt. Die Anforderung, dass in einer gegebenen Periode die Produktion eines Loses aus der Vorperiode fortgesetzt werden können soll, wird durch die Aufnahme der Summe aus der Rüstzustandsvariablen der Vorperiode t-1 und der Rüstzustandsvariablen der gegebenen Periode t in die „Rüstzustandsvoraussetzungen" erreicht (vgl. Tabelle 2-13). Damit ist ein Rüsthergang während der Periode zulässig, der, wenn eine zusätzliche subperiodische Rüststeuerung vermieden werden soll, offensichtlich durch das Ende des vorausgehenden Loses induziert werden muss. Hierdurch wird es möglich, zwei verschiedene Teiletypen in einer Periode herzustellen, wie dies in den Perioden 4 und 6 im mit der Tabelle 2-13 dargestellten Beispiel der Fall ist.

---

1 vgl. Drexl, A. / Haase, K.: Proportional lotsizing and scheduling, in: IJPE, Vol. 40, 1995, S. 73 ff.; vgl. dieselben: Sequential-analysis, in: JORS, Vol. 47, 1996, S. 251 ff.

2 vgl. Haase, K.: Lotsizing and Scheduling for Production Planning, 1994

3 vgl. Kimms, A.: Multi-level, single-machine lot sizing, in: EJOR, Vol. 89, 1996, S. 86 ff.; vgl. derselbe: Multi-Level Lot Sizing and Scheduling, 1997

Periode	1	2	3	4	5	6	7
x_{1t}	0	1	0	0	0	1	0
y_{1t}	0	1	1	0	0	1	1
$y_{1(t-1)}$		0	1	1	0	0	1
$y_{1t} + y_{1(t-1)}$		1	2	**1**	0	**1**	2
x_{2t}	0	0	0	1	0	0	0
y_{2t}	0	0	0	1	1	0	0
$y_{2(t-1)}$		0	0	0	1	1	0
$y_{2t} + y_{2(t-1)}$		0	0	**1**	2	**1**	0

Tab. 2-13: Rüstzustandsvoraussetzungen im PLSM mit zwei Teiletypen

Auch der Name des Modells wird durch die Tatsache begründet, dass ein Rüsthergang während einer Periode auftreten kann. Denn die Produktionsmenge eines Teiletyps ist abhängig vom Zeitpunkt der Umrüstung und damit *proportional* zum genutzten Anteil der Periodenkapazität. Allerdings geht die kapazitierende Wirkung der "Rüstzustandsvoraussetzungen“ im PLSM verloren, weil die Summe aus $y_{j,\, t-1}$ und y_{jt} maximal den Wert zwei annehmen kann (vgl. Periode 5 in der Tabelle 2-13). Daher müssen, ähnlich wie beim KLM, wieder gesonderte „Kapazitätsbegrenzungen“ in die Formulierung aufgenommen werden. Die „Rüstzustandsexklusivität“ ist nicht überflüssig, weil durch sie sichergestellt wird, dass am Ende einer jeden (Mikro-) Periode nur maximal ein Rüstzustand vorliegt. Wie auch beim DLSMRE ist eine Rüstzustandserhaltung möglich. Die Produktion einzelner Lose kann also unterbrochen werden, ohne bei Wiederaufnahme erneut rüsten zu müssen. Die übrigen Restriktionen entsprechen denjenigen des DLSM. Bei hinreichend kurzer Wahl der Perioden kann das PLSM damit als gute Approximation für eine kontinuierliche Zeitachse angesehen werden.

Die Grundform des PLSM hat folgende Gestalt:[1]

Zielfunktion		
$\min \sum_{t=1}^{T} \sum_{j=1}^{J} \left(ks_j x_{jt} + km_j qm_{jt} \right)$		*Glg. 2-19: Zielfunktion PLSM*
Restriktionen		
$qm_{j,t-1} - qm_{jt} + qp_{jt} = B_{jt}$	$j = 1,...,J$ $t = 1,...,T$	*Glg. 2-20: Materialbilanzen*
$\sum_{j=1}^{J} c_j qp_{jt} \leq C_t$	$t = 1,...,T$	*Glg. 2-21: Kapazitätsbegrenzungen*
$c_j qp_{jt} \leq C_t \left(y_{j,t-1} + y_{jt} \right)$	$j = 1,...,J$ $t = 1,...,T$	*Glg. 2-22: Rüstzustandsvoraussetzungen*
$\sum_{j=1}^{J} y_{jt} \leq 1$	$t = 1,...,T$	*Glg. 2-23: Rüstzustandsexklusivität*
$x_{jt} \geq y_{jt} - y_{j,t-1}$	$j = 1,...,J$ $t = 1,...,T$	*Glg. 2-24: Rüstvariablenrelation*
$y_{jt} \in \{0,1\}$	$j = 1,...,J$ $t = 1,...,T$	*Glg. 2-25: Binärisierung der Rüstzustandsvariablen*
$qm_{jt}, qp_{jt}, x_{jt} \geq 0$	$j = 1,...,J$ $t = 1,...,T$	*Glg. 2-26: Nichtnegativitätsbedingungen*
Entscheidungsvariable		
qm_{jt}	Materialbestand an Teiletyp j am Ende von Periode t	
qp_{jt}	Produktionsmenge an Teiletyp j am Ende von Periode t	
x_{jt}	binäre Rüsthergangsvariable	
y_{jt}	binäre Rüstzustandsvariable	

Tab. 2-14: Formulierung der Grundform des PLSM

[1] vgl. Drexl, A. / Kimms, A.: Lot sizing and scheduling, in: EJOR, Vol. 99, 1997, S. 227; vgl. Meyr, H.: Simultane Losgrößen- und Reihenfolgeplanung, 1999, S. 66

2.4.2.5 Formulierung der Grundform des GLSM

Ein genauer Vergleich der bisher vorgestellten Modelle ergibt, dass zu einem gegebenen Grundproblem die Werte der aus Rüst- und Lagerkosten bestehenden Zielfunktionen aufgrund der zunehmend besseren Ausnutzung der zur Verfügung stehenden Kapazität in der Reihenfolge DLSM, DLSMRE, PLSM abnehmen, sich also verbessern. Dies gilt allerdings nur, wenn es gelingt, die Modelle optimal zu lösen. Sind aufgrund hoher Komplexität des Grundproblems zur Lösung der verschiedenen Modelle Lösungsheuristiken anzuwenden, so kann die Reihenfolge der von diesen erreichten Zielfunktionswerte von der genannten Ordnung abweichen. KIMMS weist in diesem Zusammenhang darauf hin, dass das PLSM eine modelltheoretische Verallgemeinerung sowohl des DLSM als auch des DLSMRE darstellt und daher dessen Lösungsheuristiken, ggfs. mit geringen Änderungen, auch auf das DLSM und das DLSMRE angewendet werden können. Der umgekehrte Fall ist jedoch i. d. R. nicht möglich.[1] Eine grundsätzliche Aussage über das Verhältnis der optimalen Zielfunktionswerte zwischen dem PLSM und dem KLM ist nicht möglich.[2]

Die Ähnlichkeit der bisher diskutierten Modelle legt es nahe, ein verallgemeinertes „generelles" Modell zu entwerfen, wie es MEYR mit seinem Ansatz versucht.[3] Allerdings hat sich in der Literatur bisher offenbar noch kein einheitliches Verständnis darüber durchgesetzt, was unter einem Generellen Losgrößen- und Lossequenzoptimierungsmodell GLSM (engl. General Lot sizing and Scheduling Problem, GLSP) zu verstehen sei. In dieser Arbeit soll unter der Grundform des GLSM die folgende Formulierung verstanden werden:[4]

---

1 vgl. Kimms, A.: Multi-Level Lot Sizing and Scheduling, 1997, S. 35
2 vgl. derselbe: Multi-Level Lot Sizing and Scheduling, 1997, S. 36
3 vgl. Meyr, H.: Simultane Losgrößen- und Reihenfolgeplanung, 1999, S. 75 ff.
4 vgl. Drexl, A. / Kimms, A.: Lot sizing and scheduling, in: EJOR, Vol. 99, 1997, S. 228

Zielfunktion		
$\min \sum_{n=1}^{NPOS} \sum_{j=1}^{J} ks_j x_{j,n} + \sum_{t=1}^{T} \sum_{j=1}^{J} km_j qm_{jt}$		*Glg. 2-27:* *Zielfunktion GLSM*
Restriktionen		
$qm_{j,t-1} - qm_{jt} + \sum_{n=pose\#t}^{posl\#t} qp_{j,n} = B_{jt}$	$j = 1,...,J$ $t = 1,...,T$	*Glg. 2-28:* *Materialbilanzen*
$\sum_{n=pose\#t}^{posl\#t} \sum_{j=1}^{J} c_j qp_{j,n} \leq C_t$	$t = 1,...,T$	*Glg. 2-29:* *Kapazitätsbegrenzungen*
$c_j qp_{j,n} \leq C_t y_{j,n}$	$j = 1,...,J$ $n = pose\#t,..., posl\#t$ $t = 1,...,T$	*Glg. 2-30:* *Rüstzustandsvoraussetzungen*
$\sum_{j=1}^{J} y_{j,n} \leq 1$	$n = 1,...,NPOS$	*Glg. 2-31:* *Rüstzustandsexklusivität*
$x_{j,n} \geq y_{j,n} - y_{j,n-1}$	$j = 1,...,J$ $n = 1,...,NPOS$	*Glg. 2-32:* *Rüstvariablenrelation*
$y_{j,n} \in \{0,1\}$	$j = 1,...,J$ $n = 1,...,NPOS$	*Glg. 2-33:* *Binärisierung der Rüstzustandsvariablen*
$qm_{jt}, qp_{j,n}, x_{j,n} \geq 0$	$j = 1,...,J$ $n = 1,...,NPOS$ $t = 1,...,T$	*Glg. 2-34:* *Nichtnegativitätsbedingungen*
Entscheidungsvariable		
qm_{jt}	Materialbestand an Teiletyp j am Ende von Periode t	
$qp_{j,n}$	Produktionsmenge an Teiletyp j am Ende von Position n	
$x_{j,n}$	binäre Rüsthergangsvariable, die anzeigt, ob ein Rüsthergang für Teiletyp j an Position n durchgeführt wird ($x_{j,n} = 1$) oder nicht ($x_{j,n} = 0$)	
$y_{j,n}$	binäre Rüstzustandsvariable, die anzeigt, ob ein Rüstzustand für Teiletyp j an Position n vorliegt ($y_{j,n} = 1$) oder nicht ($y_{j,n} = 0$)	

Tab. 2-15: Formulierung der Grundform des GLSM

Die konzeptionelle Stärke der Mikroperiodenmodelle zur Optimierung der Lossequenz bedingt den Zwang zu einer hohen Periodenanzahl für einen gegebenen Planungszeitraum. Eine hohe Periodenanzahl aber kann bei Verwendung von Binärvariablen zu hoher Komplexität und damit zu hohem Aufwand zur Erstellung einer Lösungsheuristik und zu langen Rechenzeiten oder zur Unmöglichkeit der Lösung des Problems führen. Daher erscheinen Modellkonzepte sinnvoll, welche trotz Verwendung einer geringeren Anzahl von Perioden für einen gegebenen Planungszeitraum die Lossequenzoptimierung, d. h. eine Optimierung der Lossequenz innerhalb der Makroperioden, ermöglichen. Einen entsprechend gestalteten Praxisfall beschreiben SMITH-DANIELS, V. und SMITH-DANIELS, D.[1] Eine teilweise Sequenzoptimierung unter Verwendung von Makroperioden nehmen HAASE[2] oder SOX und GAO[3] vor. Jedoch setzen sich KANG et al.[4] ebenso wie HAASE[5] sowie HAASE und KIMMS[6] auch noch in weiteren Arbeiten mit diesem Problem auseinander.

Der Ansatz des GLSM zur Lossequenzoptimierung - trotz Verwendung von Makroperioden - besteht in der Einführung eines zweiten Ordnungsrasters, denn über das äußere Raster der Makroperioden wird ein inneres Raster von NPOS „Positionen" gelegt. Dabei ist für jede (Makro-) Periode t festzulegen, wieviele Positionen $NPOS_t$ in ihr enthalten sein sollen. Die Positionen werden über alle Perioden von 1 bis NPOS durchnummeriert, die erste und die letzte Position einer Periode t sind über $pose_t$ bzw. $posl_t$ ansprechbar.

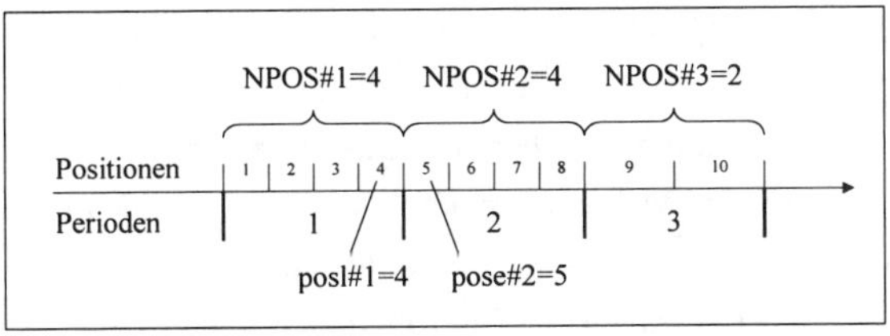

Abb. 2-9: Beispiel für Perioden und Positionen im GLSM

---

1 vgl. Smith-Daniels, V. / Smith-Daniels, D.: Mixed-integer, in: IIET, Vol. 18, 1986, S. 278 ff.
2 vgl. Haase, K.: Capacitated Lot-Sizing with Linked Production, 1993
3 vgl. Sox, C. / Gao, Y.: The capacitated lot sizing problem with setup carry-over, 1996
4 vgl. Kang, S. / Malik, K. / Thomas, L.: Parallel machines, 1994
5 vgl. Haase, K.: Capacitated lot-sizing, in: ORS, Vol. 18, 1996, S. 51 ff.
6 vgl. Haase, K. / Kimms, A.: Lot sizing and scheduling with setup costs and times, 1996

Gilt in allen Perioden $NPOS_t = 1$, so entspricht das GLSM dem DLSMRE, und die „Kapazitätsbegrenzungen“ im GLSM werden überflüssig. Die Formulierung ähnelt daher stark derjenigen des DLSMRE und damit derjenigen des DLSM, wobei aber die Entscheidungsvariablen für die Produktionsmengen qp, für die Rüstvorgänge x und für die Rüstzustände y nicht mehr nach Teiletypen j und Perioden t, sondern nach Teiletypen j und Positionen n angegeben werden. Obwohl in der oben zitierten Form des GLSM daher die Zielfunktion wiederum aus der Minimierung der Summe der Rüst- und Lagerkosten besteht,[1] ist deshalb zu beachten, dass die Rüstvorgänge jeweils auf einer von NPOS möglichen Positionen vorgenommen werden können, während die Lagerkosten nach wie vor nach Perioden berechnet werden, von denen T existieren. Zu berücksichtigen ist hier auch, dass die gleichen Lagerkosten für alle Teile eines Teiletyps j anfallen, für welchen am Ende der Periode t ein Materialbestand qm_{jt} existiert, unabhängig davon, auf welcher Position n innerhalb der Periode t die Teile hergestellt worden sind. Die „Materialbilanzen“, die „Rüstzustandsexklusivität“, die „Rüstvariablenrelation“, die „Binärisierung der Rüstzustandsvariablen“ und die „Nichtnegativitätsbedingungen“ ensprechen - unter Berücksichtigung der Verwendung von Positionen statt Perioden - ebenfalls denjenigen im DLSMRE bzw. DLSM. Aufgrund der Unterteilung der (Makro-) Perioden in Positionen ist es jedoch erforderlich, die „Rüstzustandsvoraussetzungen“ durch im Vergleich zum DLSMRE bzw. DLSM zusätzliche „Kapazitätsbegrenzungen“ zu ergänzen.

Als Fazit ist festzustellen, dass bezweifelt werden kann, ob durch das GLSM tatsächlich eine wesentliche Komplexitätsreduktion im Vergleich zu den Mikroperiodenmodellen des DLSMRE bzw. DLSM erzielbar ist. Zwar wird die insgesamt erforderliche Variablenzahl des GLSM durch Verwendung einer auf einem gegebenen Planungszeitraum geringeren Anzahl an (Makro-) Perioden vermindert, jedoch durch die Verwendung innerperiodischer Positionen wieder erweitert. Die Anzahl NPOS der Positionen im GLSM muss dabei der Anzahl T der Mikroperioden in den Mikroperiodenmodellen entsprechen, sofern eine Lossequenzoptimierung in der gleichen Art wie bei den Mikroperiodenmodellen erreicht werden soll, d. h. die Anzahl der zu bestimmenden binären Entscheidungs-, nämlich Rüsthergangs- und Rüstzustandsvariablen, wird etwa so hoch sein wie bei den vergleichbaren Mikroperiodenmodellen.

---

[1] vgl. Fleischmann, B. / Meyr, H.: The general lot-sizing and scheduling problem, 1996

2.4.2.6 Formulierung der Grundform des KLMSRK

Das von HAASE formulierte Kapazitierte Losoptimierungsmodell mit lossequenzabhängigen Rüstkosten KLMSRK (engl. Capacitated Lotsizing Problem with sequence dependent Setup Costs, CLSD) baut auf dem PLSM auf und unterscheidet sich von diesem im Wesentlichen dadurch, dass nicht nur maximal zwei, sondern maximal alle J Teiletypen pro Periode hergestellt werden können, jeder Teiletyp aber nur ein Mal. Die „Materialbilanzen" und die „Kapazitätsbegrenzungen" entsprechen denjenigen im PLSM. Die „Rüstzustandsvoraussetzungen" sind jedoch leicht verändert. Ein Teiletyp j ist in Periode t herstellbar, wenn der entsprechende Rüstzustand durch Umrüsten vom Teiletyp jv auf j in t hergestellt wird ($x_{jv, j, t} = 1$) oder in der Vorperiode bereits vorlag ($y_{j, t-1} = 1$). Im Gegensatz zum PLSM fordert die „Rüstzustandsexklusivität" einen eindeutigen Rüstzustand für das Ende einer Periode t und damit für den Beginn der Folgeperiode t+1. Durch die Formulierung der „Rüstzustandsvoraussetzungen" ist die Lossequenz innerhalb einer Periode t nicht eindeutig festgelegt. Dies geschieht erst durch die „Rüstvariablenrelation" in Verbindung mit der „Kurzzyklusverhinderung". Die „Rüstvariablenrelation" erzwingt, dass immer dann, wenn der Rüstzustand für den Teiletyp j in einer Periode t vorliegt, was entweder durch einen Umrüsthergang von Teiletyp jv auf j möglich ist ($x_{jv, j, t} = 1$) oder weil der Rüstzustand für j bereits in der Vorperiode vorlag ($y_{j, t-1} = 1$), in derselben Periode t entweder ein weiterer Umrüsthergang von Teiletyp j auf Teiletyp jn erforderlich ist ($x_{j, jn, t} = 1$) oder der Rüstzustand für j am Ende der Periode t erhalten bleibt ($y_{jt} = 1$). Hierbei werden Kurzzyklen, d. h. Wechsel von jv über j zurück zu jv, verhindert ($x_{jv, j, t} \neq x_{j, jv, t}$).

Das KLMSRK erreicht eine Lossequenzoptimierung innerhalb der Makroperioden ohne Verwendung zusätzlicher „Positionen" wie beim GLSM.[1] Allerdings ist hierfür die Definition reihenfolge*abhängiger* Rüstkosten in der nach wie vor auf die Minimierung der Summe der Rüst- und Lagerkosten gerichteten Zielfunktion erforderlich. Der Name des Modells ergibt sich aus dieser Reihenfolgeabhängigkeit in Verbindung mit der Tatsache, dass es sich um ein Makroperiodenmodell handelt. Die Grundform des KLMSRK hat folgende Gestalt:[2]

---

[1] vgl. Haase, K.: Capacitated lot-sizing, in: ORS, Vol. 18, 1996, S. 51 ff.

[2] vgl. ebenda, S. 51 ff.;
vgl. Meyr, H.: Simultane Losgrößen- und Reihenfolgeplanung, 1999, S. 69

Zielfunktion		
$\min \sum_{t=1}^{T} \sum_{jv=1}^{JV} \sum_{j=1}^{J} ks_{jv,j} x_{jv,j,t} + \sum_{t=1}^{T} \sum_{j=1}^{J} km_j qm_{jt}$		*Glg. 2-35: Zielfunktion KLMSRK*
Restriktionen		
$qm_{j,t-1} - qm_{jt} + qp_{jt} = B_{jt}$	$j = 1,...,J$ $t = 1,...,T$	*Glg. 2-36: Materialbilanzen*
$\sum_{j=1}^{J} c_j qp_{jt} \le C_t$	$t = 1,...,T$	*Glg. 2-37: Kapazitätsbegrenzungen*
$c_j qp_{jt} \le C_t \left(\sum_{jv=1}^{J} x_{jv,j,t} + y_{j,t-1} \right)$	$jv, j = 1,...,J$ $t = 1,...,T$	*Glg. 2-38: Rüstzustandsvoraussetzungen*
$\sum_{j=1}^{J} y_{jt} = 1$	$t = 1,...,T$	*Glg. 2-39: Rüstzustandsexklusivität*
$\sum_{i=1}^{J} y_{j,t-1} + x_{jv,j,t} = \sum_{k=1}^{J} x_{j,jn,t} + y_{jt}$	$jv, j, jn = 1,...,J$ $t = 1,...,T$	*Glg. 2-40: Rüstvariablenrelation*
$f_{jt} \ge f_{jv,t} + 1 - J(1 - x_{jv,j,t})$	$jv, j = 1,...,J$ $t = 1,...,T$	*Glg. 2-41: Kurzzyklusverhinderung*
$x_{jv,j,t}, y_{jt} \in \{0,1\}$	$jv, j = 1,...,J$ $t = 1,...,T$	*Glg. 2-42: Binärisierung der Rüsthergangs- und der Rüstzustandsvariablen*
$f_{jt}, qm_{jt}, qp_{jt} \ge 0$	$j = 1,...,J$ $t = 1,...,T$	*Glg. 2-43: Nichtnegativitätsbedingungen*
Entscheidungsvariable		
f_{jt}	Hilfsvariable zur Bestimmung der Lossequenz in Periode t: je größer f_{jt}, desto später wird Teiletyp j in Periode t aufgelegt	
qm_{jt}	Materialbestand an Teiletyp j am Ende von Periode t	
qp_{jt}	Produktionsmenge an Teiletyp j am Ende von Position n	
$x_{jv,j,t}$	binäre Rüsthergangsvariable, die anzeigt, ob ein Umrüsthergang von Teiletyp jv auf j in Periode t durchgeführt wird ($x_{jv,j,t} = 1$) oder nicht ($x_{jv,j,t} = 0$)	
y_{jt}	binäre Rüstzustandsvarible	

Tab. 2-16: Formulierung der Grundform des KLMSRK

2.4.3 Mehrstufige Modelle der Losoptimierung im Überblick

2.4.3.1 Formulierung der Grundform des MKLM

Während die bisher dargestellten Modelle einstufig angelegt sind, wurde mit dem Mehrstufigen Kapazitierten Losgrößenproblem (MKLM, engl. Multi Level Capacitated Lot Sizing Problem, MLCLSP) erstmals ein mehrstufiger Ansatz entwickelt, dessen Mehrstufigkeit sich sowohl auf das Produkt- als auch auf das Produktionsnetz bezieht.

Die Zielfunktion des MKLM, deren Form derjenigen der einstufigen Modelle entspricht, besteht unverändert in der Minimierung der Summe der Rüst- und Lagerkosten. Der Aspekt der Mehrstufigkeit manifestiert sich in mehrfacher Hinsicht. Zunächst ergibt sich aus den „Materialbilanzen" das mehrstufige *Produktnetz*, da der neue Parameter g_{jk}, der „Gozinto-Faktor", beschreibt, wie hoch der Sekundärbedarf an Teiletyp j durch die Produktion der im Produktnetz auf den Teiletyp j nachfolgenden Teiletypen k ist. Die Mengen der Teiletypen k werden durch die Entscheidungsvariablen qp_{kt} spezifiziert. In den „Materialbilanzen" erscheint auch ein Hinweis auf das mehrstufige Produktionsnetz mit dem Parameter $TSTAT_j$, welcher die Stationszeit eines Auftrags für den Teiletyp j angibt. Eine Stationszeit kann z. B. zur Modellierung kurzer (innerbetrieblicher) Transporte, bei denen Transportkosten vernachlässigbar sind, oder zur Modellierung anderer technischer Gegebenheiten, etwa der Notwendigkeit der Abkühlung nach einer Bearbeitung, eingesetzt werden.[1] In den „Kapazitätsbegrenzungen" spiegelt sich die Mehrstufigkeit des *Produktionsnetzes* auch durch die Differenzierung der Kapazität nicht nur nach der Periode t, sondern auch nach r = 1,..., R Ressourcen wider. Die „Kapazitätsbegrenzungen" stellen nun sicher, dass die Produktion der Mengen qp_{jt} , $j \in JR$, der auf der Ressource r herzustellenden Teiletypen die Kapazität C_{rt} der Ressource r in Periode t nicht überschreitet. Zu beachten ist hierbei, dass die Teiletypen j nicht nur über ihre Eigenschaften, sondern auch über die sie herstellenden Ressourcen definiert sind.[2]

[1] vgl. auch Kap. 3.3.2.5
[2] vgl. auch Kap. 3.1.2

Eine Differenzierung hinsichtlich der Eigenschaften identischer Teiletypen, welche auf verschiedenen, z. B. parallelen, Ressourcen r hergestellt werden, wird damit nicht über einen Index für die verwendete Ressource, sondern direkt über den Index j des Teiletyps vorgenommen. In den „Rüstzustandsvoraussetzungen", welche sicherstellen, dass in Periode t der passende Rüstzustand zur Produktion des Teiletyps j vorliegt, wird in der o. g. Form des MKLM eine „große Zahl" Z verwendet. Diese muss größer sein als die größtmögliche Produktionsmenge qp_{jt} des Teiletyps j in allen Perioden, welche ihre Obergrenze allerdings durch die in t zur Verfügung stehende Kapazität C_{rt} findet. In anderen Modellformulierungen, z. B. auch dem KLM, wird qp_{jt} daher mit dem Kapazitätsbedarf cp_j multipliziert und die große Zahl Z durch die Kapazität C_t ersetzt, die übrigens i. d. R. als konstant über alle Perioden betrachtet wird. Die „Binärisierung" und die „Nichtnegativitätsbedingungen" entsprechen den äquivalenten Restriktionen in den einstufigen Modellen.

TEMPELMEIER erweitert die hier angegebene Grundform außer um die Berücksichtigung von Rüstzeiten in den Kapazitätsbegrenzungen auch um periodenabhängige direkte Produktionskosten.[1] Dies ist sinnvoll, wenn z. B. Zuschläge für Wochenend- oder Feiertagsarbeit modelliert werden sollen. Die Berücksichtigung perioden*un*abhängiger direkter Produktionskosten hingegen ist unter der - bisher durchweg gültigen - Annahme unbedingter Bedarfserfüllung nicht sinnvoll, weil nicht entscheidungsrelevant. Eine Variante zur Bestimmung der optimalen Anzahl an Überstunden bzw. der optimalen Warte- (Stillstands-) Zeiten für Ressourcen bzw. Personal geben BILLINGTON et al. an.[2] Da diese beiden neuen Entscheidungsvariablen über die Dimension Zeit verfügen, werden sie zwecks Aufnahme in die kostenorientierte Zielfunktion mit Kostenkoeffizienten versehen. Die beiden neuen Größen nimmt BILLINGTON außerdem in die Restriktion der Kapazitätsbegrenzungen auf, so dass diese als Gleichung darstellbar ist, die durch eine geeignete Wahl der Anzahl der Überstunden bzw. der Wartezeit stets einzuhalten ist. Eine geeignete Definition der Kostenkoeffizienten, insbesondere des Koeffizienten für die Wartezeit, die Opportunitätskosten darstellen, dürfte sich allerdings als problematisch erweisen.[3]

---

1 vgl. Tempelmeier, H.: Material-Logistik, 1999, S. 190 f.
2 vgl. Billington, P. / McClain, J. / Thomas, L.: Mathematical Programming Approaches, in: MS, Vol. 29, 1983, S. 1126 ff.
3 vgl. Kap. 2.1.3.3

Die Grundform des MKLM hat folgende Gestalt:[1]

Zielfunktion		
$\min \sum_{t=1}^{T} \sum_{j=1}^{J} \left(ks_j x_{jt} + km_j qm_{jt} \right)$		*Glg. 2-44: Zielfunktion MKLM*
Restriktionen		
$qm_{j,t-1} - qm_{jt} + qp_{j,t-TSTAT\#j} - \sum_{k \in K} g_{jk} qp_{kt} = B_{lt}$	$j = 1,...,J$ $k = 1,...,K$ $l = 1,...,L$ $t = 1,...,T$	*Glg. 2-45: Materialbilanzen*
$\sum_{j \in JR} cp_j qp_{jt} \leq C_{rt}$	$r = 1,...,R$ $t = 1,...,T$	*Glg. 2-46: Kapazitätsbegrenzungen*
$qp_{jt} \leq Z * x_{jt}$	$j = 1,...,J$ $t = 1,...,T$	*Glg. 2-47: Rüstzustandsvoraussetzungen*
$x_{jt} \in \{0,1\}$	$j = 1,...,J$ $t = 1,...,T$	*Glg. 2-48: Binärisierung der Rüstzustandsvariablen*
$qm_{jt}, qp_{jt}, qp_{kt} \geq 0$	$j = 1,...,J$ $k = 1,...,K$ $t = 1,...,T$	*Glg. 2-49: Nichtnegativitätsbedingungen*
Entscheidungsvariable		
qm_{jt}	Materialbestand an Teiletyp j am Ende von Periode t	
qp_{jt}, qp_{kt}	Produktionsmenge von Teiletyp j bzw. k in Periode t	
x_{jt}	binäre Rüsthergangsvariable	

Tab. 2-17: Formulierung der Grundform des MKLM

Die wesentlichen Unterschiede dieser Grundform des MKLM zum einstufigen KLM bestehen also in der Einführung des Gozinto-Faktors g_{jk},welcher das mehrstufige Produktnetz beschreibt, der Einführung der Stationszeit $TSTAT_j$ und der Differenzierung nach mehreren Ressourcen r im mehrstufigen Produktionsnetz. Vorausgesetzt wird hier, dass die Zuordnungen der Teiletypen j zu den Ressourcen r, d. h. die Mengen JR, bekannt sind.[2]

---

[1] in Anlehnung an Tempelmeier, H.: Material-Logistik, 1999, S. 190 f.

[2] vgl. Kap. 2.2.3

Zur Lösung des komplexen MKLM wurde in der Literatur ein ganzes Spektrum von Ansätzen entwickelt, deren Methoden in der folgenden Übersicht zusammen mit einer Auswahl an Autoren ohne weitere Diskussion lediglich genannt werden sollen:

Lösungsansätze	**Lösungsmethoden**	**Autoren**
abgebrochene exakte Verfahren	Lineare Planungsrechnung und Branch&Bound (LP und B&B), Cut&Branch	BARANY et al. (1984)[1]
einfache Heuristiken	„Savings“	SIMPSON und ERENGÜC (1998)[2]
Meta-Heuristiken	Tabu Search (TS), Genetische Algorithmen (GA), Simulated Annealing (SA)	SALOMON (1991)[3] HUNG und CHIEN (2000)[4]
Level-by-level-Decomposition	Manufacturing Resource Planning (MRP II)	REICHWALD und DIETEL (1991)[5]
	KLM und Kostenmodifikation	TEMPELMEIER und HELBER (1994)[6]
	Wagner-Whitin (WW) und Lagrange Relaxation	TEMPELMEIER und DERSTROFF (1996)[7]
LP-basierte Heuristiken	Simple Plant Location model (SPL), iterative Rundung	STADTLER (1996)[8] MAES et al. (1991)[9]
	Inventory and Lot sizing model (I&L) und Kostenmodifikation	STADTLER (1996)[10] KATOK et al. (1998)[11]
	Zeitliche Dekomposition	DILLENBERGER et al. (1994)[12] BELVAUX und WOLSEY (2000)[13] STADTLER (2000)[14]

Tab. 2-18: Beispiele für Lösungsverfahren für das MKLM

1 vgl. Barany, I. / Roy, T. van / Wolsey, L.: Strong formulations, in: MS, Vol. 30, 1984, S. 1255 ff.
2 vgl. Simpson, N. / Erengüc, S.: Production planning, 1998
3 vgl. Salomon, M.: Deterministic Lotsizing Models for Production Planning, 1991
4 vgl. Hung, Y.-F. / Chien, K.-L.: A multi-class model, in: JORS, Vol. 51, 2000, S. 1309 ff.
5 vgl. Reichwald, R. / Dietel, B.: Produktionswirtschaft, in: Heinen, E. (Hrsg.): Industriebetriebslehre, 1991, S. 602 ff.
6 vgl. Tempelmeier, H. / Helber, St.: A heuristic for lotsizing, in: EJOR, Vol. 75, 1994, S. 296 ff.
7 vgl. Tempelmeier, H. / Derstroff, M.: Heuristic for lotsizing, in: MS, Vol. 42, 1996, S. 738 ff.
8 vgl. Stadtler, H.: Mixed integer programming, in: EJOR, Vol. 94, 1996, S. 562
9 vgl. Maes, J. / McClain, J. / Wassenhove, L. van: Complexity, in: EJOR, Vol. 53, 1991, S. 131 ff.
10 vgl. Stadtler, H.: Mixed integer programming, in: EJOR, Vol. 94, 1996, S. 562
11 vgl. Katok, E. / Lewis, H. / Harrison, T.: Lot sizing, in: MS, Vol. 44, 1998, S. 859 ff.
12 vgl. Dillenberger, C. / Escudero, L. F. / Wollensak, A. et al.: Resource allocation, in: EJOR, Vol. 75, 1994, S. 275 ff.
13 vgl. Belvaux, G. / Wolsey, L.: bc-prod, in: MS, Vol. 46, 2000, S. 724 ff.
14 vgl. Stadtler, H.: Improved rolling schedules, in: MS, Vol. 46, 2000, S. 318 ff.

DERSTROFF hat Verfahren zur Lösung des MKLM nach den Modelleigenschaften klassifiziert. In der folgenden Übersicht bedeuten „s“: serielles Produktnetz, „k“: konvergierendes Produktnetz, „g“: generelles Produktnetz sowie „1“: eine Kapazitätsrestriktion oder Ressource und „m“: mehrere Kapazitätsrestriktionen oder Ressourcen.

	Produkt-struktur	Rüst-kosten	Stück-kosten	*Kap.-restr.*	Rüst-zeiten	Über-stunden
Heuristische Verfahren						
BILLINGTON, BLACKBURN et al. (1988)[1]	s	•		m		
BILLINGTON, MCCLAIN et al. (1986)[2]	s	•	•	1	•	
BLACKBURN, MILLEN (1984)[3]	s	•	•	1	•	
HECHTFISCHER (1991)[4]	k	•	•	m	•	•
HELBER (1994)[5]	g	•		m	•	
LOZANO (1988)[6]	g	•	•	1	•	•
MAES et al. (1991)[7]	k	•	•	m		
MAES, VAN WASSENHOVE (1991)[8]	s	•		m		
RAMSAY, RARDIN (1983)[9]	s	•	•	m		
RATURI, HILL (1988)[10]	g	•	•	1		
ROLL, KARNI (1991)[11]	g	•	•	1		
SALOMON (1991)[12]	g	•	•	1		
TEMPELMEIER, HELBER (1992)[13]	g	•		m		
TOKLU, WILSON (1992)[14]	s			1		

Tab. 2-19: Heuristische Lösungsverfahren für Varianten des MKLM[15]

1 vgl. Billington, P. / Blackburn, J. / Maes, J. et al.: Scheduling, in: Chikán, A. / Lovell, M. (Hrsg.): Inventory Management, 1988, S. 345 ff.
2 vgl. Billington, P. / McClain, J. / Thomas, L.: Heuristics, in: MS, Vol. 32, 1986, S. 989 ff.
3 vgl. Blackburn, J. / Millen, R.: Simultaneous lot-sizing, in: EJOR, Vol. 16, 1984, S. 84 ff.
4 vgl. Hechtfischer, R.: Kapazitätsorientierte Verfahren der Losgrößenplanung, 1991
5 vgl. Helber, St.: Kapazitätsorientierte Losgrößenplanung in PPS-Systemen, 1994
6 vgl. Lozano, S.: Multilevel Lot-Sizing with one Bottleneck Work Center, 1988
7 vgl. Maes, J. / McClain, J. / Wassenhove, L. van: Complexity, in: EJOR, Vol. 53, 1991, S. 131 ff.
8 vgl. Maes, J. / Wassenhove, L. van: Serial systems, in: IJPR, Vol. 29, 1991, S. 1235 ff.
9 vgl. Ramsay, T. / Rardin, R.: Heuristics for Planning Problems, in: JORS, Vol. 34, 1983, S. 61 ff.
10 vgl. Raturi, A. / Hill, A.: Parameters for MRP Lot Sizing, in: DS, Vol. 19, 1988, S. 782 ff.
11 vgl. Roll, Y. / Karni, R.: Multi-item, multi-level lot sizing, in: EJOR, Vol. 51, 1991, S. 73 ff.
12 vgl. Salomon, M.: Deterministic Lotsizing Models for Production Planning, 1991
13 vgl. Tempelmeier, H. / Helber, St.: A heuristic for lotsizing, in: EJOR, Vol. 75, 1994, S. 296 ff.
14 vgl. Toklu, B. / Wilson, J.: Multi-level lot-sizing, in: IJPR, Vol. 30, 1992, S. 787 ff.
15 vgl. Derstroff, M.: Mehrstufige Losgrößenplanung, 1995, S. 53

	Produkt-struktur	Rüst-kosten	Stück-kosten	*Ressour-cenzahl*	Rüst-zeiten	Über-stunden
Exakte Verfahren						
LAMBRECHT, VAN DER ECKEN (1978)[1]		•	•	1		
TEMPELMEIER, HELBER (1992)[2]		•		m		
POCHET, WOLSEY (1991)[3]		•	•	1		

Tab. 2-20: Exakte Lösungsverfahren für Varianten des MKLM[4]

Die Übersichten lassen erahnen, dass die Lösungsverfahren stark von der Variante des MKLM, d. h. von der Problemstruktur abhängen. Wie eingangs erwähnt, thematisiert die vorliegende Arbeit jedoch nicht die Problemlösung, sondern die Problemformulierung, weshalb nachfolgend ein weiteres mehrstufiges Modell untersucht wird.

1 vgl. Lambrecht, M / Ecken, J. van der: Series lot-sizing model, in: EJOR, Vol. 2, 1978, S. 42 ff.
2 vgl. Tempelmeier, H. / Helber, St.: A heuristic for lotsizing, in: EJOR, Vol. 75, 1994, S. 296 ff.
3 vgl. Pochet, Y. / Wolsey, L.: Lot-sizing problems, in: MS, Vol. 37, 1991, S. 53 ff.
4 vgl. Derstroff, M.: Mehrstufige Losgrößenplanung, 1995, S. 53

2.4.3.2 Formulierung der Grundform des MPLSM

Da das MKLM ein Makroperiodenmodell darstellt, ist es derselben Kritik wie einstufige Makroperiodenmodelle zu unterziehen. KIMMS versucht deshalb, die Nachteile des MKLM als Makroperiodenmodell durch Übertragung des PLSM auf den mehrstufigen Fall zu überwinden, und entwirft das Mehrstufige Proportionallosgrößen- und Lossequenzoptimierungsmodell (MPLSM), das von KIMMS als Proportional Lot sizing and Scheduling Problem with Multiple Machines (PLSP-MM) bezeichnet wird.[1]

Die Zielfunktion des MPLSM besteht, im Vergleich zu den anderen bisher behandelten Modellen wiederum unverändert, aus der Minimierung der Summe der Rüst- und Lagerkosten. Jedoch wird der mehrstufige Charakter in den „Materialbilanzen“ erneut deutlich, die, bis auf die Integration der Stationszeiten $TSTAT_j$, denjenigen im MKLM entsprechen, d. h. den Primärbedarf an Teiletyp l und den Sekundärbedarf an Teiletyp k in Periode t berücksichtigen. Die „Stationszeitberücksichtigung“ formuliert KIMMS in einer eigenen Restriktion, welche sicherstellen soll, dass der Materialbestand qm_{jt} des Teiletyps j in Periode t ausreicht, um den in späteren Perioden entstehenden Sekundärbedarf an Teiletyp k zu decken. Zu berücksichtigen sind hierbei die „späteren Perioden“ aus dem Horizont $TSTAT_k$, d. h. solche Perioden, die so nah an der betrachteten Periode t liegen, dass aufgrund der Stationszeit $TSTAT_k$ eine Produktion zur Deckung des Bedarfs nicht mehr möglich ist, sondern der Bedarf bereits im Materialbestand qm_{jt} enthalten sein muss. Der Horizont $TSTAT_k$ endet spätestens am Ende des Planungszeitraums T.

Die „Kapazitätsbegrenzungen“ im MPLSM entsprechen denjenigen im MKLM. Die „Rüstzustandsvoraussetzungen“ sind analog zur entsprechenden Restriktion im PLSM aufgebaut, jedoch unter Berücksichtigung mehrerer Kapazitätsgrenzen C_{rt} für die verschiedenen Maschinen bzw. Ressourcen r des mehrstufigen Produktnetzes. Auch die „Rüstzustandsexklusivität“ ist durch die Fokussierung auf die relevanten Ressourcen an den mehrstufigen Fall angepasst. Die „Rüstvariablenrelation“ sowie die Restriktionen zur Binärisierung und zur Nichtnegativität entsprechen denjenigen im PLSM.

[1] vgl. Kimms, A.: Multi-Level Lot Sizing and Scheduling, 1997, S. 123 ff.

Die Grundform des MPLSM hat folgende Gestalt:[1]

Zielfunktion		
$\min \sum_{t=1}^{T} \sum_{j=1}^{J} \left(ks_j x_{jt} + km_j qm_{jt} \right)$		*Glg. 2-50: Zielfunktion MPLSM*
Restriktionen		
$qm_{j,t-1} - qm_{jt} + qp_{jt} - \sum_{k \in K} g_{jk} qp_{kt} = B_{lt}$	$j = 1,...,J$ $k = 1,...,K$ $l = 1,...,L$ $t = 1,...,T$	*Glg. 2-51: Materialbilanzen*
$qm_{jt} \geq \sum_{\tau=t+1}^{\min\{t+TSTAT\#k,T\}} \sum_{k \in K} g_{jk} qp_{k\tau}$	$j = 1,...,J$ $k = 1,...,K$ $t = 0,...,T-1$	*Glg. 2-52: Stationszeitberücksichtigung*
$\sum_{j \in JR} cp_j qp_{jt} \leq C_{rt}$	$r = 1,...,R$ $t = 1,...,T$	*Glg. 2-53: Kapazitätsbegrenzungen*
$cp_j qp_{jt} \leq C_{rt} * \left(y_{j,t-1} + y_{jt} \right)$	$j = 1,...,JR$ $t = 1,...,T$	*Glg. 2-54: Rüstzustandsvoraussetzungen*
$\sum_{j \in JR} y_{jt} \leq 1$	$r = 1,...,R$ $t = 1,...,T$	*Glg. 2-55: Rüstzustandsexklusivität*
$x_{jt} \geq y_{jt} - y_{j,t-1}$	$j = 1,...,J$ $t = 1,...,T$	*Glg. 2-56: Rüstvariablenrelation*
$y_{jt} \in \{0,1\}$	$j = 1,...,J$ $t = 1,...,T$	*Glg. 2-57: Binärisierung der Rüstzustandsvariablen*
$qm_{jt}, qp_{jt}, qp_{kt}, x_{jt} \geq 0$	$j = 1,...,J$ $k = 1,...,K$ $t = 1,...,T$	*Glg. 2-58: Nichtnegativitätsbedingungen*
Entscheidungsvariable		
qm_{jt}	Materialbestand an Teiletyp j am Ende von Periode t	
qp_{jt}, qp_{kt}	Produktionsmenge von Teiletyp j bzw. k in Periode t	
x_{jt}	binäre Rüsthergangsvariable	
y_{jt}	binäre Rüstzustandsvariable	

Tab. 2-21: Formulierung der Grundform des MPLSM

[1] vgl. Drexl, A. / Kimms, A.: Lot sizing and scheduling, in: EJOR, Vol. 99, 1997, S. 230 f.; vgl. Kimms, A.: Multi-Level Lot Sizing and Scheduling, 1997, S. 32

2.4.4 Modelle der Projektoptimierung im Überblick

2.4.4.1 Formulierung des EPOM

Die formalen Gemeinsamkeiten zwischen der operativen Produktionsplanung und der Projektplanung sind offenkundig,[1] da auch die Projektoptimierungsmodelle als gemischt-ganzzahlige Modelle der mathematischen Planungsrechnung formuliert werden können. Trotz dieser theoretischen Bezüge finden sich jedoch nur sehr wenige in der Literatur dokumentierte Beispiele der Übertragung der Methoden der Projektoptimierung auf anwendungsbezogene produktionswirtschaftliche Probleme. In einem der wenigen Beispiele werden Produktionsplanungsprobleme in der chemischen Industrie behandelt.[2] Die Projektoptimierungsmodelle werden im Rahmen dieser Arbeit untersucht, weil sie herkömmlich mit der Minimierung der Projektdauer die Optimierung einer Zielgröße in der Dimension Zeit vornehmen, welches in der Produktionsplanung nur sehr selten erfolgt.

Das Einfachmodus-Projektoptimierungsmodell (EPOM, engl. Single Mode Project Scheduling Problem, SMPSP) stellt die elementare Formulierung eines Projektoptimierungsmodells dar und wird schon seit längerem in der Literatur diskutiert.[3] Seine Zielfunktion will die Projektdauer minimieren, indem sie den Endtermin des mit der Projektstrukturplanung ermittelten letzten durchzuführenden Vorgangs V des Projekts auf den frühestmöglichen Zeitpunkt einstellt. In den Restriktionen läuft der Index t für die Zeit dabei für alle Vorgänge v zwischen dem frühestmöglichen Endtermin tef_v und dem spätestmöglichen Endtermin tes_v, welche heuristisch zu ermitteln sind. Unabhängig von Heuristiken, welche sich aus der Struktur eines gegebenen Projekts ergeben, kann als untere Grenze für den frühestmöglichen Starttermin immer der Zeitpunkt $t = 0$ und als obere Grenze für den spätestmöglichen Endtermin immer die Summe aller ggfs. maximalen Dauern der einzelnen Vorgänge d_v angesetzt werden. Analoges gilt für die Zeitpunkte tef_{vv} und tes_{vv}. Eine genauere Begrenzung der Anzahl der vom Zeitindex t zu durchlaufenden Perioden kann aufgrund der Variablenverminderung insbesondere bei langem Planungshorizont die für die Problemlösung erforderliche Rechenzeit erheblich verkürzen.

---

1 vgl. Kap. 2.1.4
2 vgl. Schwindt, Chr. / Trautmann, N.: Batch scheduling in process industries, 1999
3 vgl. Patterson, J. / Huber, W.: Zero-one approach, in: MS, Vol. 20, 1974, S. 990 ff.

Die „Nichtunterbrechbarkeit“ der Vorgänge wird durch die Restriktion erreicht, welche für alle Vorgänge genau einen Endtermin erzwingt. Die „Nichtunterbrechbarkeit“ wird im Gegensatz zur Produktionsplanung, bei der das Auffinden der optimalen Losgrößen und damit Losproduktionsdauern gerade ein Ziel der Planung darstellt, bei den Projektoptimierungsmodellen i. d. R. als Grundannahme gesetzt. Ferner ist für das Modell die „Erzwingung“ der aus der Projektstrukturplanung bekannten „Reihenfolgebeziehungen“ notwendig. Der Fortschritt eines quantitativen Modells im Vergleich zu einfachen graphischen Lösungsmöglichkeiten für Projektoptimierungsaufgaben besteht u. a. in der Möglichkeit der Berücksichtigung von „Kapazitätsrestriktionen“, die hier für erneuerbare Ressourcen RE - nicht-erneuerbare Ressourcen werden in dem Modell nicht berücksichtigt - aufgenommen sind. Die angeführte Formulierung des EPOM wird durch die Restriktion zur Binärisierung der Entscheidungsvariablen vervollständigt. Das EPOM ist NP-schwer und lässt sich daher - in Abhängigkeit des Umfangs der jeweils gegebenen Instanz - nur heuristisch mit zum Problemumfang in polynomialer Funktion wachsendem Zeitaufwand lösen.[1] Eine Relaxation der Kapazitätsbeschränkungen für die (hier nur erneuerbaren) Ressourcen führt zum bekannten Fall der Critical Path Method (CPM), für welche die „Vorwärtsrekursion“ eine optimale Lösung in mit zum Problemumfang in polynomialer Funktion wachsendem Zeitaufwand liefert.[2]

Wie KOLISCH zeigt,[3] lassen sich viele Probleme der Produktionsplanung auf das EPOM zurückführen, so etwa das *job shop problem* (JSP)[4] mit den Varianten des *flow shop problem* (FSP) und des *permutation flow shop problem* (PFSP),[5] das *bin packing problem* (BPP),[6] das *assembly line balancing problem* (ALBP)[7] und viele weitere in der Literatur diskutierte Reihenfolgeprobleme.[8]

---

1 vgl. Kolisch, R.: Project Scheduling under Resource Constraints, 1995, S. 18
2 vgl. Davis, E.: Resource allocation in project network models, 1966
3 vgl. Kolisch, R.: Project Scheduling under Resource Constraints, 1995, S. 20 ff.
4 vgl. Schrage, L.: Implicit enumeration, in: OR, Vol. 18, 1970, S. 263 ff.
5 vgl. Potts, C. / Shmoys, D. / Williamson, D.: Flow shop, in: ORL, Vol. 10, 1991, S. 218 ff.
6 vgl. Garey, M. / Johnson, D.: Computers and intractability - theory of NP-completeness, 1979
7 vgl. Elmaghraby, S.: Activity networks, 1977
8 vgl. Baker, K.: Introduction to sequencing and scheduling, 1974

Das EPOM und lässt sich wie folgt formulieren:[1]

Zielfunktion		
$\min \sum_{t=tef\#V}^{tes\#V} t * z_{Vt}$		*Glg. 2-59: Zielfunktion EPOM: Minimierung der Projektdauer*
Restriktionen		
$\sum_{t=tef\#v}^{tes\#v} z_{vt} = 1$	$v = 1,...,V$	*Glg. 2-60: Nichtunterbrechbarkeit der Vorgänge (ein Vorgangsende)*
$\sum_{t=tef\#vv}^{tes\#vv} t * z_{vv,t} \leq \sum_{t=tef\#v}^{tes\#v} (t - TD_v) * z_{vt}$	$v = 2,...,V$ $vv = 1,...,VVU_v$	*Glg. 2-61: Erzwingung der Reihenfolgebeziehungen*
$\sum_{v=1}^{V} \left(c_{vr} \sum_{\tau=t}^{t-1+TD\#v} z_{v\tau} \right) \leq C_r$	$r = 1,...,RE$ $t = 1,...,T$	*Glg. 2-62: Kapazitätsbeschränkung für (hier nur erneuerbare) Ressourcen*
$z_{vt} \in \{ 0, 1 \}$	$v = 1,...,V$ $t = tef_v,...,tes_v$	*Glg. 2-63: Binärisierung der Entscheidungsvariablen*
Entscheidungsvariable		
z_{vt}	binäre Endterminvariable, die anzeigt, ob der Endtermin von Vorgang v in Periode t liegt ($z_{vt} = 1$) oder nicht ($z_{vt} = 0$)	

Tab. 2-22: Formulierung des EPOM

[1] vgl. Kolisch, R.: Project Scheduling under Resource Constraints, 1995, S. 18 ff.

2.4.4.2 Formulierung des MPOM

Auch das Mehrfachmodi-Projektoptimierungsmodell (MPOM, engl. Multi Mode Project Scheduling Problem, MMPSP) wird bereits seit längerem in der Literatur bearbeitet.[1] Das MPOM unterscheidet sich vom EPOM durch zwei Eigenschaften, nämlich die Einführung unterschiedlicher Ausführungsmodi m für die Vorgänge v und die Berücksichtigung einer Kapazitätsrestriktion für nicht-erneuerbare Ressourcen RN. Die unterschiedlichen Ausführungsmodi bedingen unterschiedliche Vorgangsdauern d_v und einen unterschiedlichen Ressourcenge- bzw. -verbrauch c_{vmr}. In jeder Periode ist genau ein Modus je Vorgang zu wählen. Ursprung dieses Ansatzes ist die Erfahrung, dass Fälle existieren, in denen ein Vorgang durch Intensivierung des Ressourceneinsatzes, z. B. durch Einsatz von mehr Maschinenstunden pro Periode, beschleunigt werden kann.

In der Zielfunktion besteht allerdings keine Wahlmöglichkeit für den Modus des letzten durchzuführenden Vorgangs V. Vielmehr wird hier angenommen, dass der zur kürzesten Vorgangsdauer führende Modus „1" verwendet wird. Jedoch wird die Wahlmöglichkeit des Modus der Vorgänge v in die „Nichtunterbrechbarkeit der Vorgänge", die „Erzwingung der Reihenfolgebeziehungen" und die „Kapazitätsbeschränkungen" aufgenommen. Die „Kapazitätsbeschränkung für nicht-erneuerbare Ressourcen" unterscheidet sich von derjenigen für „erneuerbare Ressourcen" dadurch, dass die Ressourcennutzung nicht für jede Periode einzeln, sondern über die gesamte, durch den frühestmöglichen Starttermin tef_v und den spätestmöglichen Endtermin tes_v abgegrenzte Projektdauer überwacht wird. Ein Index m für den Modus findet sich ferner in der Restriktion zur Binärisierung der Entscheidungsvariablen. Das MPOM ist nicht nur NP-schwer, sondern sogar NP-vollständig.[2]

---

[1] vgl. Talbot, B.: Resource-constrained project scheduling, in: MS, Vol. 28, 1982, S. 1197 ff.
[2] vgl. Kolisch, R.: Project Scheduling under Resource Constraints, 1995, S. 26 f.

Das MPOM lässt sich wie folgt formulieren:[1]

Zielfunktion		
$\min \sum_{t=tef\#V}^{tes\#V} t * z_{V1t}$		*Glg. 2-64: Zielfunktion MPOM: Minimierung der Projektdauer*
Restriktionen		
$\sum_{t=tef\#v}^{tes\#v} \sum_{m\#v=1}^{M\#v} z_{vmt} = 1$	$v = 1,...,V$	*Glg. 2-65: Nichtunterbrechbarkeit der Vorgänge (ein Vorgangsende)*
$\sum_{t=tef\#vv}^{tes\#vv} \sum_{m\#vv=1}^{M\#vv} t * z_{vv,m,t} \leq \sum_{t=tef\#v}^{tes\#v} \sum_{m\#v=1}^{M\#v} (t - TD_{vm}) * z_{vmt}$	$v = 2,...,V$ $vv \in VVU_v$	*Glg. 2-66: Erzwingung der Reihenfolgebeziehungen*
$\sum_{v=1}^{V} \sum_{m\#r=1}^{M\#r} \left(c_{vmr} \sum_{\tau=t}^{t-1+TD\#vm} z_{vm\tau} \right) \leq C_r$	$r = 1,...,RE$ $t = 1,...,T$	*Glg. 2-67: Kapazitätsbeschränkung für erneuerbare Ressourcen*
$\sum_{v=1}^{V} \sum_{m\#v=1}^{M\#v} \left(c_{vmr} \sum_{t=tef\#v}^{tes\#v} z_{vmt} \right) \leq C_r$	$r = 1,...,RN$	*Glg. 2-68: Kapazitätsbeschränkung für nicht-erneuerbare Ressourcen*
$z_{vmt} \in \{ 0, 1 \}$	$v = 1,...,V$ $m = 1,...,M_v$ $t = tef_v,...,tes_v$	*Glg. 2-69: Binärisierung der Entscheidungsvariablen*
Entscheidungsvariable		
z_{vmt}	binäre Endterminvariable, die anzeigt, ob der Endtermin des in Modus m durchgeführten Vorgangs v in Periode t liegt ($z_{vmt} = 1$) oder nicht ($z_{vmt} = 0$)	

Tab. 2-23: Formulierung des MPOM

[1] vgl. Kolisch, R.: Project Scheduling under Resource Constraints, 1995, S. 24 ff.

2.4.4.3 Formulierung des MPOMVE

Projektoptimierungsmodelle mit vorgegebenem Endtermin wurden schon in den 1980er Jahren behandelt und als „project crashing problem" bezeichnet.[1] Aufgrund der Verwendung mehrerer Ausführungsmodi für die Vorgänge soll dieser Modelltyp im Folgenden als Mehrfachmodi-Projektoptimierungsmodell mit vorgegebenem spätesten Endtermin (MPOMVE, engl. Multi Mode Project Scheduling Problem with given Dead Line", MMPSPDL) angesprochen werden.

Das MPOMVE verfolgt ein anderes Ziel als die vorgenannten Modelle. Zu minimieren sind hier die zwecks Einhaltung eines gegebenen Endtermins der Fertigstellung tve anfallenden Zusatzkosten, die durch die Nutzung von über die „Normalkapazität" C_r hinausgehender „Zusatzkapazität" O_{rt} entstehen. Dieser Ansatz beruht auf der Erfahrung, dass Projekte trotz hinsichtlich der Projektdauer „optimaler" Planung häufig über die zulässige bzw. gewünschte Zeitgrenze hinaus andauern. Der vorgegebene späteste Endtermin tve ist nicht zu verwechseln mit dem spätestmöglichen Endtermin tes_v für die Vorgänge, welcher lediglich eine obere Schranke für die aus der Optimierung folgenden Endtermine darstellt. Die einzige Möglichkeit, die Projektdauer bei Überschreitung des letztmöglichen Projektendtermins weiter zu verkürzen, besteht im Einsatz zusätzlicher Kapazität der Ressourcen. Ebendies sieht das MPOMVE vor, wobei allerdings nur der Einsatz zusätzlicher Kapazität an erneuerbaren Ressourcen möglich ist, nicht-erneuerbare Ressourcen werden, ähnlich wie beim EPOM, nicht berücksichtigt. Das MPOMVE ist hier als Mehrfachmodi- (MM-) Problem formuliert, obwohl dies für den Kern des Ansatzes, die Nutzung von Zusatzkapazität zu zusätzlichen Kosten, nicht erforderlich ist. Die Restriktionen zur „Nichtunterbrechbarkeit der Vorgänge" und zur „Erzwingung der Reihenfolgebeziehungen" entsprechen denjenigen im MPOM. Eine „Kapazitätsbeschränkung" wird nur für erneuerbare Ressourcen RE angegeben. Die Kapazitätsgrenze C_r ist dabei um die zu bestimmende, nach Ressource r und Periode t zu spezifizierende Entscheidungsvariable für die „Zusatzkapazität" O_{rt} ergänzt. Obwohl natürlich ein eigener Parameter möglich wäre, wird die Grenze der „Zusatzkapazität" hier als Bruchteil oder ggfs. Vielfaches co_r der „Normalkapazität" C_r formuliert. Die Restriktion zur Binärisierung der Entscheidungsvariablen x_{vmt} ist im Vergleich zum MPOM wiederum unverändert.

---

[1] vgl. Deckro, R. / Hebert, J.: Resource constrained project crashing, in OIJMS, 1989, S. 69 ff.

Für das MPOMVE lässt sich die folgende Formulierung aufstellen:[1]

Zielfunktion		
$\min \sum_{r=1}^{RE} \left(ko_r \sum_{t=1}^{tve} O_{rt} \right)$		*Glg. 2-70: Zielfunktion MPOMVE: Minimierung von Überstunden-kosten*
Restriktionen		
$\sum_{t=tef\#v}^{tes\#v} \sum_{m\#v=1}^{M\#v} z_{vmt} = 1$	$v = 1,...,V$	*Glg. 2-71: Nichtunterbrechbarkeit der Vorgänge (ein Vorgangsende)*
$\sum_{t=tef\#vv}^{tes\#vv} \sum_{m\#vv=1}^{M\#vv} t * z_{vv,m,t} \leq \sum_{t=tef\#v}^{tes\#v} \sum_{m\#v=1}^{M\#v} (t - TD_{vm}) * z_{vmt}$	$v = 2,...,V$ $vv \in VVU_v$	*Glg. 2-72: Erzwingung der Reihenfolgebeziehungen*
$\sum_{v=1}^{V} \sum_{m\#v=1}^{M\#v} \left(c_{vmr} \sum_{\tau=t}^{t-1+TD\#vm} z_{vm\tau} \right) \leq C_r + O_{rt}$	$r = 1,...,RE$ $t = 1,...,T$	*Glg. 2-73: Kapazitätsbeschränkung für (hier nur erneuerbare) Ressourcen*
$O_{rt} \leq co_r C_r$	$r = 1,...,RE$ $t = 1,...,T$	*Glg. 2-74: Begrenzung der Zusatzkapazität auf co_{rt} Prozent der Normalkapa-zität*
$z_{vmt} \in \{ 0, 1 \}$	$v = 1,...,V$ $m = 1,...,M_v$ $t = tef_v,...,tes_v$	*Glg. 2-75: Binärisierung der Entscheidungsvariablen*
$O_{rt} \geq 0$	$r = 1,...,RE$ $t = 1,...,T$	*Glg. 2-76: Nichtnegativitätsbedingungen*
Entscheidungsvariable		
O_{rt}	Menge der genutzten Zusatzkapazität von Ressource r in Periode t	
z_{vmt}	binäre Endterminvariable	

Tab. 2-24: Formulierung des MPOMVE

[1] vgl. Kolisch, R.: Project Scheduling under Resource Constraints, 1995, S. 24 ff.

2.4.4.4 Formulierung des EPOMBW

Sind Projekte von langer Dauer mit einer Reihe von Einzahlungen und Auszahlungen verbunden, so bietet sich zur Bestimmung der ökonomischen Vorteilhaftigkeit ein investitionstheoretischer Ansatz an,[1] nämlich die Maximierung des Barwertes der mit den Vorgängen verbundenen Ein- und Auszahlungen unter Beachtung der gegebenen Restriktionen. Der investitionstheoretische Ansatz zur Projektoptimierung ist nicht neu, wie HERROELEN et al. bzw. BAROUM und PATTERSON mit Überblicken über die Historie der Veröffentlichungen zu Modellen der Projektoptimierung zeigen,[2] und auch in jüngerer Zeit haben eine Reihe von Autoren an investitionstheoretischen Modellen der Projektoptimierung gearbeitet.[3] Ein frühes Modell zur Maximierung des Barwertes von Zahlungen während der Projektdauer wurde bereits 1970 aufgestellt. Allerdings ist diese Formulierung unrestringiert hinsichtlich des zur Verfügung stehenden Kapitals (unbeschränkter Kapitalmarkt) und der Kapazitäten der Ressourcen.[4] Ein frühes restringiertes Modell wurde schon 1977 formuliert, jedoch ist hier nur das zur Verfügung stehende Kapital beschränkt.[5]

Das nachfolgend angeführte, hier als Einfachmodus-Projektoptimierungsmodell zur Barwertmaximierung (EPOMBW, engl. Single Mode Project Scheduling Problem for Present Value maximization, SMPSP) bezeichnete Modell optimiert den Projektbarwert unter Beachtung von Kapazitätsrestriktionen.[6] Die Zielfunktion zinst in einer aus der Investitionsrechnung bekannten Form sämtliche durch einen Vorgang v ausgelösten - offenbar saldierten - Zahlungen mit einem einheitlichen Kalkulationszinssatz i auf den Beginn des Planungszeitraums ab. [7] Die übrigen Restriktionen entsprechen denjenigen des EPOM.

---

[1] vgl. Kap. 2.1.3.2

[2] vgl. Herroelen, W. / Dommelen, P. van / Demeulemeester, E.: Project Network Models, in: EJOR, Vol. 100, 1997, S. 97 ff.;
vgl. Baroum, S. / Patterson, J.: Maximizing the Net Present Value in a Network, in: Weglarz, J. (Hrsg.): Project Scheduling, 1998, S. 108 f.

[3] vgl. Icmeli, O. / Erengüc, S.: Branch and Bound, in: MS, 1996, Vol. 42, No. 10, S. 1395 ff.;
vgl. Kolisch, R.: Investitionsplanung in Netzwerken, 1996;
vgl. Baroum, S. / Patterson, J.: Maximizing the Net Present Value in a Network, in: Weglarz, J. (Hrsg.): Project Scheduling, 1998, S. 108 f.

[4] vgl. Russel, A.: Cash Flows in Networks, in: MS, 1970, Vol. 16, No. 5, S. 357 ff.

[5] vgl. Doersch, R. / Patterson, J.: Scheduling a Project, in: MS, Vol. 23, 1977, S. 882 ff.

[6] vgl. Baroum, S. / Patterson, J.: Maximizing the Net Present Value in a Network, in: Weglarz, J. (Hrsg.): Project Scheduling, 1998, S. 115 ff.

[7] vgl. Kap. 2.1.3.2

Zielfunktion		
$\max \sum_{t=1}^{T} \sum_{v=1}^{V} \frac{a_v z_{vt}}{(1+i)^t}$		*Glg. 2-77: Zielfunktion EPOMBW: Maximierung des Barwertes von Einzahlungen*
Restriktionen		
$\sum_{t=tef\#v}^{tes\#v} z_{vt} = 1$	$v = 1,...,V$	*Glg. 2-78: Nichtunterbrechbarkeit der Vorgänge (ein Vorgangsende)*
$\sum_{t=tef\#vv}^{tes\#vv} t * z_{vv,t} \leq \sum_{t=tef\#v}^{tes\#v} (t - TD_v) * z_{vt}$	$v = 2,...,V$ $vv = 1,...,VVU\#v$	*Glg. 2-79: Erzwingung der Reihenfolgebeziehungen*
$\sum_{v=1}^{V} \left(c_{vr} \sum_{\tau=t}^{t-1+TD\#v} z_{v\tau} \right) \leq C_r$	$r = 1,...,RE$ $t = 1,...,T$	*Glg. 2-80: Kapazitätsbeschränkung für (hier nicht-erneuerbare) Ressourcen*
$z_{vt} \in \{ 0, 1 \}$	$v = 1,...,V$ $t = tef\#v,...,tes\#v$	*Glg. 2-81: Binärisierung der Entscheidungsvariablen*
Entscheidungsvariable		
z_{vt}	binäre Endterminvariable	

Tab. 2-25: Formulierung des EPOMBW

Dabei versucht diese hier im Vergleich zur Originalfassung etwas vereinfachte Formulierung, das Problem der Abbildung eines unvollkommenen Kapitalmarktes zu umgehen, indem sie voraussetzt, dass mit allen Vorgängen ausschließlich Einzahlungen verbunden sind, für deren Abzinsung nur ein Zinssatz erforderlich ist. Beschränkungen des Kapitalmarktes werden nicht berücksichtigt. Obwohl es sich deshalb um einen Spezialfall handelt, ist dieser Ansatz interessant, weil er die Grundform eines Projektoptimierungsmodells zur Barwertmaximierung darstellt und die Autoren der Originalfassung gleichzeitig an einem anschaulichen Beispiel zeigen, dass die optimale Lösung eines gegebenen Projektoptimierungsmodells bei Minimierung der Projektdauer und die optimale Lösung desselben Projektoptimierungsmodells bei Maximierung des Projektbarwertes unterschiedlich ausfallen.[1]

---

[1] vgl. Baroum, S. / Patterson, J.: Maximizing the Net Present Value in a Network, in: Weglarz, J. (Hrsg.): Project Scheduling, 1998, S. 115 ff.

2.4.4.5 *Formulierung des EPOMBW-UBK*

Nachfolgend soll ein der Literatur entnommenes Projektoptimierungsmodell untersucht werden, das sowohl die Unvollkommenheit des Kapitalmarktes als auch dessen Beschränkung abbilden will. Es soll daher als Einfachmodus-Projektoptimierungsmodell zur Barwertmaximierung bei unvollkommenem und beschränktem Kapitalmarkt (EPOMBW-UBK, engl. Single Mode Project Scheduling Problem for Present Value maximization with Imperfect and Limited capital market, SMPSPPV-ILC) bezeichnet werden.[1] Außer dem Fertigstellungs- und Zahlungszeitpunkt t_v der Vorgänge werden als Entscheidungsvariable der Zahlungsmittelüberschuss $ZMÜ_t$ und der Zahlungsmittelfehlbetrag ZMF_t, gemessen jeweils am Periodenende, definiert. Deren Startwerte bei $t = 0$ werden in der Originalquelle nicht explizit genannt. Der Zahlungsmittelüberschuss einer Periode wird mit einem Habenzinssatz i_h verzinst, für den Zahlungsmittelfehlbetrag ist ein Sollzinssatz i_s aufzubringen. Bei der Skalierung beider Zinssätze ist die zu Grunde gelegte Periodenlänge zu berücksichtigen. Das Modell will nun den Zahlungsmittelbestand in den Perioden mit Hilfe einer dynamischen Zahlungsbilanzgleichung darstellen. Die Zielfunktion maximiert den Zahlungsmittelsaldo am Ende des gegebenen Planungszeitraums T. Mittels der Verwendung der unterschiedlichen Zinssätzen i_h und i_s will das Modell die Unvollkommenheit des Kapitalmarktes abbilden. Durch die Begrenzung des zulässigen Zahlungsmittelfehlbetrags ZMF_t auf die Kreditgrenze ZMK soll es zusätzlich die Beschränkung des Kapitalmarktes erfassen. An dieser Stelle ist allerdings einige Kritik möglich. Aus systematischer Sicht ist zunächst festzustellen, dass bei beschränktem Kapitalmarkt nicht nur die Kapitalaufnahme, sondern auch die Kapitalabgabe durch Einführung einer „Debitgrenze" beschränkt sein müsste, deren Vernachlässigung allerdings möglich erscheint, weil in der Praxis regelmäßig nur eine Kreditgrenze von Interesse sein wird. Jedoch ist in Anlehnung an die Ansätze der Einzelsummen- und der Saldosummenmethode zu entscheiden, ob eine Saldierung von Einzahlungen und Auszahlungen bzw. von Zahlungsmittelüberschuss und Zahlungsmittelfehlbetrag in den einzelnen Perioden erfolgen soll oder nicht.[2] Offenbar wird im gegebenen Modell keine Saldierung von Zahlungsmittelüberschuss ZMÜ und Zahlungsmittelfehlbetrag ZMF vorgenommen, weil keine Bedingung vorliegt, die bei positivem Wert der einen Variable die andere Variable automatisch auf null zwingt.

---

1 vgl. Kolisch, R.: Investitionsplanung in Netzwerken, 1996
2 vgl. Kap. 2.1.3.2

Damit ist der Raum für die in diesem Fall angezeigte Kritik geöffnet, insbesondere für den Vorwurf der mangelnden betriebswirtschaftlichen Rationalität einer solchen Annahme. Da beliebig viele Kombinationen der Variablen $ZMÜ_t$ und ZMF_t denkbar sind, die zu der gleichen Differenz $ZMÜ_t - ZMF_t$ führen, können beide Variablen beliebig große Werte annehmen. Die Restriktion zur Begrenzung des Zahlungsmittelfehlbetrags ZMF auf die Kreditgrenze ZMK ist vor diesem Hintergrund kritisch zu prüfen. Denn die Restriktion greift, sobald ZMF den Wert ZMK überschreiten will, auch wenn der - hier nicht gebildete - Saldo von Zahlungsmittelüberschuss und Zahlungsmittelfehlbetrag die Kreditgrenze nicht überschreiten würde.

Zielfunktion		
$\max\left(ZMÜ_T - ZMF_T\right)$		*Glg. 2-82: Zielfunktion EPOMBW-UBK: Maximierung Zahlungsmitteldifferenz*
Restriktionen		
$t_{vv} + TD_v \leq t_v$	$v = 1,\ldots,V$ $vv \in VVU_v$	*Glg. 2-83: Erzwingung der Reihenfolgebeziehungen*
$TD_v \leq t_v \leq T$	$v = 1,\ldots,V$	*Glg. 2-84: Einhaltung des Planungszeitraums T*
$ZMÜ_{t-1}(1+i_h) - ZMF_{t-1}(1+i_s) + \sum_{v \in VNU\#v} a_{vt} = ZMÜ_t - ZMF_t$	$t = 1,\ldots,T$	*Glg. 2-85: Dynamische Zahlungsbilanzgleichung*
$ZMF_t \leq ZMK$	$t = 1,\ldots,T$	*Glg. 2-86: Begrenzung des Zahlungsmittelfehlbetrags auf die Kreditgrenze*
$ZMF_t, ZMÜ_t \geq 0$	$t = 1,\ldots,T$	*Glg. 2-87: Nichtnegativitätsbedingungen*
Entscheidungsvariable		
t_v	Zahlungszeitpunkt von Vorgang v	
ZMF_t	Zahlungsmittelfehlbetrag in Periode t	
$ZMÜ_t$	Zahlungsmittelüberschuss in Periode t	

Tab. 2-26: Formulierung des EPOMBW-UBK

2.4.5 Vergleich und Kritik der herkömmlichen Optimierungsmodelle

2.4.5.1 Vergleich mit dem Beschreibungsrahmen für Vorgangsnetze

Nachfolgend werden in knapper verbaler und übersichtlicher tabellarischer Form die Los- und Projektoptimierungsmodelle mittels des oben entwickelten Beschreibungsrahmens für Vorgangsnetze verglichen,[1] um hierdurch Forschungspotenzial zu identifizieren:

B1) *Bedarfshorizont.* Bei sämtlichen hier behandelten Losoptimierungsmodellen liegt der für diese typische Fall eines mehrperiodischen Bedarfshorizonts vor. Hingegen ist der Bedarfshorizont sowohl beim EPOM als auch beim MPOM als Formen „klassischer" Projektoptimierungsmodelle einperiodisch, weil die Dauer nur eines Projekts mit einem Endvorgang zu minimieren ist. Mit dem MPOMVE, dem EPOMBW und dem EPOMBW-UBK jedoch sind problemlos auch mehrere Projekte mit mehreren Endvorgängen abbildbar, womit ein mehrperiodischer Bedarfshorizont gegeben ist.
B2) *Anzahl Endprodukttypen,* B3) *Anzahl Endprodukte je Typ.* Für die Zahl der möglichen Endprodukttypen ergibt sich Analoges: Der typische Fall mehrerer Endprodukttypen ist mit allen Losoptimierungsmodellen erfassbar. Mit den „klassischen" Formen der Projektoptimierungsmodelle jedoch ist nur ein Endprodukttyp, mit dem MPOMVE, dem EPOMBW und dem EPOMBW-UBK aber sind wiederum mehrere Endprodukttypen abbildbar. Dabei sind bei allen Losoptimierungsmodellen auch mehrere Endprodukte je Typ möglich, bei allen Projektoptimierungsmodellen jedoch nur ein Endprodukt je Typ, da jeder Vorgang bei der Projektoptimierung per definitionem einmalig ist.[2]
B4) *Anzahl Zwischenprodukttypen,* B5) *Anzahl Zwischenprodukte je Typ.* Sämtliche einstufigen Losoptimierungsmodelle können keine Zwischenprodukte abbilden. Bei den mehrstufigen Losoptimierungsmodellen ist dies als Intention der Modelle hingegen möglich. Das Gleiche gilt für alle Projektoptimierungsmodelle, welche von einander abhängige Vorgänge abbilden können müssen. Bei den mehrstufigen Losoptimierungsmodellen sind dabei mehrere Zwischenprodukte je Typ möglich, bei den Projektoptimierungsmodellen jedoch gilt jeder Vorgang als einmalig, so dass nur ein Zwischenprodukt je Typ existieren kann.

---

[1] vgl. Kap. 2.2
[2] vgl. Kap. 2.1.4

B6) *Produktionsmotivation*, B7) *Bedarfserfüllung*. Während keines der untersuchten Modelle eine Aussage über die Produktionsmotivation zulässt, setzen alle eine unbedingte Bedarfserfüllung für die Bedarfe voraus. Dies ergibt sich bei den Losoptimierungsmodellen aus der kostenminimierenden Zielfunktion, bei den Projektoptimierungsmodellen aus den Reihenfolgebeziehungen.
B8) *Vorlieferung*, B9) *Nachlieferung*. Dabei ist bei den Losoptimierungsmodellen zwar eine Vorproduktion und Lagerung, jedoch keine Vorlieferung zulässig. Ebenso ist eine Nachlieferung unzulässig. Bei den Projektoptimierungsmodellen sind sowohl Vor- als auch Nachlieferungen zulässig.
B10) *Bedarfsdatenqualität*, B11) *Bedarfsskalierung*. Die Bedarfsdaten werden in allen hier behandelten Modellen deterministisch angegeben, wobei die Skalierung bei den Losoptimierungsmodellen kontinuierlich, bei den Projektoptimierungsmodellen hingegen diskret, nämlich in „ganzen" Endvorgängen, angelegt ist. Allerdings wäre in der Praxis eine diskrete Bedarfsskalierung aus messtechnischen Gründen ausreichend, da nicht nur bei der Produktion von Stückgütern, sondern auch von Massenschüttgütern oder, wie häufig in der Prozessindustrie,[1] von Flüssigkeiten oder Gasen, der Bedarf in ganzen oder endlich gebrochenen Masse- oder Volumeneinheiten angegeben wird.

V1) *Anzahl Vorgänge*. Alle Modelle können mehrere Vorgänge abbilden. Dies ist bei den Projektoptimierungsmodellen unmittelbar einsichtig, bei den Losoptimierungsmodellen ergibt es sich schon aus der Möglichkeit, mehrere Endprodukttypen modellieren zu können.
V2) *Mögliche Vorgangsstruktur*. Bei den einstufigen Losoptimierungsmodellen ist eine Aussage über eine Vorgangsstruktur nicht möglich. Die beiden hier behandelten mehrstufigen Losoptimierungsmodelle sind nur zur Abbildung divergierender Strukturen geeignet, auch wenn die Originalquellen einen anderen Eindruck vermitteln.[2] Die Projektoptimierungsmodelle hingegen erlauben aufgrund der verwendeten Reihenfolgebeziehungen die Modellierung genereller Vorgangsstrukturen.
V3) *Vorgangsgabelpunkte*. Da Vorgangsgabelpunkte nur bei divergierender oder genereller Vorgangsstruktur möglich sind, können sie auch nur mit mehrstufigen Modellen der Losoptimierung sowie mit den Projektoptimierungsmodellen abgebildet werden.

---

[1] vgl. Smith-Daniels, V. / Ritzman, L.: Process industries, in: IJPR, Vol. 26, 1988, S. 647
[2] vgl. Kap. 2.4.2

		KLM	DLSM	DLSMR	PLSM	GLSM	KLMSRK	MKLM	MPLSM
Bedarfsmerkmale									
B1	Bedarfshorizont	**b** m. per.	~	~	~	~	~	~	~
B2	Anzahl Endprodukttypen	**b** mehr.	~	~	~	~	~	~	~
B3	Anzahl Endprodukte je Typ	**b** mehr.	~	~	~	~	~	~	~
B4	Anzahl Zwischenprodukttypen	**a** null	~	~	~	~	~	**c** mehr.	~
B5	Anzahl Zwischenprodukte je Typ	**a** k. A.	~	~	~	~	~	**c** mehr.	~
B6	Produktionsmotivation	**a** k. A.	~	~	~	~	~	~	~
B7	Bedarfserfuellung	**a** unbed.	~	~	~	~	~	~	~
B8	Vorlieferung	**b** zul.	~	~	~	~	~	~	~
B9	Nachlieferung	**a** unzul.	~	~	~	~	~	~	~
B10	Bedarfsdatenqualitaet	**a** determ.	~	~	~	~	~	~	~
B11	Bedarfsskalierung	**a** kont.	~	~	~	~	~	~	~
Vorgangsmerkmale									
V1	Anzahl Vorgaenge	**b** mehr.	~	~	~	~	~	~	~
V2	Moegliche Vorgangsstruktur	**a** k. A.	~	~	~	~	~	**d** div.	~
V3	Vorgangsgabelpunkte	**a** n. mgl.	~	~	~	~	~	**b** mgl.	~
V4	Abstaende mehrerer Vorgaenge	**a** k. A.	~	~	~	~	~	~	~
V5	Vorgangsdauer	**b** veraend.	~	~	~	~	~	~	~
V6	Stationszeiten	**a** k. A.	~	~	~	~	~	**d** mehrp.	~
V7	Vorgangsteilbarkeit	**b** teilbar	~	~	~	~	~	~	~
V8	Vorgangsdatenqualitaet	**a** determ.	~	~	~	~	~	~	~
V9	Vorgangsdauerskalierung	**b** diskret	~	~	~	~	~	~	~
V10	Anzahl Modi	**a** eins	~	~	~	~	~	~	~
V11	Ressourcenbelastungstyp	**a** linear	~	~	~	~	~	~	~
V12	Kalkulatorische Kosten	**b** prozabh.	~	~	~	~	~	~	~
V13	Vermoegensaenderungen	**b** prozabh.	~	~	~	~	~	~	~
V14	Vermoegensaenderungszeitpunkt	**a** k. A.	~	~	~	~	~	~	~
	Legende: ~ wie voriges Modell								

Tab. 2-27: Losoptimierungsmodelle: Bedarfs- und Vorgangsmerkmale

		KLM	DLSM	DLSMR	PLSM	GLSM	KLMSRK	MKLM	MPLSM
Ressourcenmerkmale									
R1	Anzahl Ressourcentypen	**b** eins	~	~	~	~	~	**c** mehr.	~
R2	Anzahl Ressourcen je Typ	**b** eins	~	~	~	~	~	**c** mehr.	~
R3	Ressourcenmobilitaet	**a** k. A.	~	~	~	~	~	~	~
R4	Ressourcenlokalisierung	**a** k. A.	~	~	~	~	~	~	~
R5	Ressourcenkapazitaeten	**c** erneub.	~	~	~	~	~	~	~
R6	Kapazitaetsverlauf	**b** zeitun.	~	~	~	~	~	~	~
R7	Kapazitaetsteilbarkeit	**c** mgl.	**b** n. mgl.	**c** mgl.	~	~	~	~	~
R8	Kapazitaetsskalierung	**b** kont.	~	~	~	~	~	~	~
R9	Initialwert Kapazitaetsbelastg	**c** zu bst.	~	~	~	~	~	~	~
R10	Finalwert Kapazitaetsbelastg	**c** zu bst.	~	~	~	~	~	~	~
R11	Schalthergangszeiten	**a** k. A.	~	~	~	~	~	~	~
R12	Schaltzustandserhaltung	**b** n. mgl.	**c** mgl.	~	~	~	**a** k. A.	**b** n. mgl.	**c**. mgl.
R13	Schaltzustandsdauervorgabe	**a** k. A.	~	~	~	~	~	~	~
R14	Zuordnung Vorg./Ress.	**b** direkt	~	~	~	~	~	~	~
R15	Ressourcenparallelitaeten	**b** keine	~	~	~	~	~	**c** wahlfr.	~
R16	Kalkulatorische Kosten	**b** sch.-abh.	~	~	~	~	~	~	~
R17	Vermoegensaenderungen	**b** sch.-abh.	~	~	~	~	~	~	~
R18	Vermoegensaenderungszeitpkt	**a** k. A.	~	~	~	~	~	~	~
Formulierungsmerkmale									
F1	Kinematik	**b** dynam.	~	~	~	~	~	~	~
F2	Anzahl Optimierungsziele	**a** eins	~	~	~	~	~	~	~
F3	Optimierungszieldimension	**a** Kosten	~	~	~	~	~	~	~
F4	Anz. Schalthergge p. R. u. P.	**c** mehr.	**b** eins	~	**c** zwei	**d** mehr.	~	~	**c** zwei
F5	Vorgangssequenzoptimierung	**b** n. mgl.	**d** mgl.	~	~	~	~	**b** n. mgl.	**d** mgl.
F6	Schaltsteuerung	**a** k. A.	**a** zf-abh.	~	~	~	**a** k. A.	~	**b** zf.-abh.
F7	Zirkelbildung	**a** mgl.	~	~	~	~	~	~	~
F8	Komplexitaet	**b** NPsch.	~	**a** k. A.	~	~	~	~	~
	Legende: ~ wie voriges Modell								

Tab. 2-28: Losoptimierungsmodelle: Ressourcen- und Formulierungsmerkmale

		EPOM	MPOM	MPOMVE	EPOMBW	EPOMBW-UBK
Bedarfsmerkmale						
B1	Bedarfshorizont	**a** einper.	~	**b** m. per.	~	~
B2	Anzahl Endprodukttypen	**a** eins	~	**b** mehr.	~	~
B3	Anzahl Endprodukte je Typ	**a** eins	~	~	~	~
B4	Anzahl Zwischenprodukttypen	**c** mehr.	~	~	~	~
B5	Anzahl Zwischenprodukte je Typ	**b** eins	~	~	~	~
B6	Produktionsmotivation	**a** k. A.	~	~	~	~
B7	Bedarfserfuellung	**a** unbed.	~	~	~	~
B8	Vorlieferung	**b** zul.	~	~	~	~
B9	Nachlieferung	**b** zul.	~	~	~	~
B10	Bedarfsdatenqualitaet	**a** determ.	~	~	~	~
B11	Bedarfsskalierung	**b** diskret	~	~	~	~
Vorgangsmerkmale						
V1	Anzahl Vorgaenge	**b** mehr.	~	~	~	~
V2	Moegliche Vorgangsstruktur	**e** generell	~	~	~	~
V3	Vorgangsgabelpunkte	**b** mgl.	~	~	~	~
V4	Abstaende mehrerer Vorgaenge	**a** k. A.	~	~	~	~
V5	Vorgangsdauer	**a** vorgeg.	~	~	~	~
V6	Stationszeiten	**a** k. A.	~	~	~	~
V7	Vorgangsteilbarkeit	**a** unteilbar	~	~	~	~
V8	Vorgangsdatenqualitaet	**a** determ.	~	~	~	~
V9	Vorgangsdauerskalierung	**b** diskret	~	~	~	~
V10	Anzahl Modi	**a** eins	**b** mehr.	**b** mehr.	**a** eins	~
V11	Ressourcenbelastungstyp	**b** linear	~	~	~	**a** k. A.
V12	Kalkulatorische Kosten	**a** k. A.	~	~	~	**c** ereignisabh.
V13	Vermoegensaenderungen	**a** k. A.	~	~	~	**c** ereignisabh.
V14	Vermoegensaenderungszeitpkt	**a** k. A.	~	~	~	**b** sofort
	Legende: ~ wie voriges Modell					

Tab. 2-29: Projektoptimierungsmodelle: Bedarfs- und Vorgangsmerkmale

		EPOM	MPOM	MPOMVE	EPOMBW	EPOMBW-UBK
Ressourcenmerkmale						
R1	Anzahl Ressourcentypen	**c** mehr.	~	~	~	**a** k. A.
R2	Anzahl Ressourcen je Typ	**c** mehr.	~	~	~	**a** k. A.
R3	Ressourcenmobilitaet	**a** k. A.	~	~	~	~
R4	Ressourcenlokalisierung	**a** k. A.	~	~	~	~
R5	Ressourcenkapazitaeten	**c** erneub.	**c** / **d** n.-ern.	**c** erneub.	**d** n.-ern.	**a** k. A.
R6	Kapazitaetsverlauf	**b** zeitun.	~	~	~	**a** k. A.
R7	Kapazitaetsteilbarkeit	**c** mgl.	~	~	~	**a** k. A.
R8	Kapazitaetsskalierung	**b** kontin.	~	~	~	**a** k. A.
R9	Initialwert Kapazitaetsbelastung	**c** zu bst.	~	~	~	**a** k. A.
R10	Finalwert Kapazitaetsbelastung	**c** zu bst.	~	~	~	**a** k. A.
R11	Schalthergangszeiten	**a** k. A.	~	~	~	~
R12	Schaltzustandserhaltung	**a** k. A.	~	~	~	~
R13	Schaltzustandsdauervorgabe	**a** k. A.	~	~	~	~
R14	Zuordnung Vorg./Ress.	**b** direkt	~	~	~	**a** k. A.
R15	Ressourcenparallelitaeten	**b** keine	~	**c** wahlfr.	**b** keine	**a** k. A.
R16	Kalkulatorische Kosten	**a** k. A.	~	**c** zeit-abh.	**a** k. A.	~
R17	Vermoegensaenderungen	**a** k. A.	~	**c** zeit-abh.	**a** k. A.	~
R18	Vermoegensaenderungszeitpkt	**a** k. A.	~	~	~	~
Formulierungsmerkmale						
F1	Kinematik	**b** dynam.	~	~	~	~
F2	Anzahl Optimierungsziele	**a** eins	~	~	~	~
F3	Optimierungszieldimension	**e** Dauer	~	**a** Kosten	**d** Barwert	~
F4	Anz. Schalthergge p. R. u. P.	**a** k. A.	~	~	~	~
F5	Vorgangssequenzoptimierung	**c** tlw. mgl.	~	~	~	~
F6	Schaltsteuerung	**a** k. A.	~	~	~	~
F7	Zirkelbildung	**c** n. mgl.	~	**b** mgl.	**c** n. mgl.	~
F8	Komplexitaet	**b** NPsch.	**c** NPvollst.	**a** k. A.	~	~
	Legende: ~ wie voriges Modell					

Tab. 2-30: Projektoptimierungsmodelle: Ressourcen- und Formulierungsmerkmale

V4) *Abstände mehrerer Vorgänge*. Zu den Abständen mehrerer Vorgänge wird in keinem der hier behandelten Modelle eine Aussage getroffen.

V5) *Vorgangsdauer*. Ein wesentlicher Unterschied zwischen den Losoptimierungs- und den Projektoptimierungsmodellen liegt mit der Vorgangsdauer vor. Während die Dauern bei den Losoptimierungsmodellen gerade bestimmt werden müssen, sind sie bei den Projektoptimierungsmodellen als Parameter vorgegeben.

V6) *Stationszeiten*. Lediglich in den beiden hier dargestellten mehrstufigen Losoptimierungsmodellen werden Stationszeiten abgebildet. Jedoch bieten weder die einstufigen Los- noch die Projektoptimierungsmodelle diese Möglichkeit.

V7) *Vorgangsteilbarkeit*. Analog zur Situation bei der Dauervorgabe sind die Vorgänge bei den Losoptimierungsmodellen teilbar, bei den Projektoptimierungsmodellen jedoch unteilbar.

V8) *Vorgangsdatenqualität*, V9) *Vorgangsdauerskalierung*. Die Datenqualität ist bei allen behandelten Modellen deterministisch, wobei die Skalierung diskret angelegt ist.

V10) *Anzahl Modi*. Während bei den Losoptimierungsmodellen bislang nur mit einem Modus gearbeitet wird und dies bei den Einfachmodus-Projektoptimierungsmodellen auch der Fall ist, sind die Mehrfachmodi-Projektoptimierungsmodelle gerade durch mehrere Modi gekennzeichnet.

V11) *Ressourcenbelastungstyp*. In allen hier behandelten Modellen wird von einer linearen Ressourcenbelastung ausgegangen, sofern dieses Merkmal spezifiziert ist. Beim EPOMBW-UBK ist eine Aussage hierzu nicht möglich.

V12) *Kalkulatorische Kosten*. V13) *Vermögensänderungen*. In den vorgangsbezogenen Kostenkomponenten der Losoptimierungsmodelle, d. h. den Lagerkosten, können sowohl kalkulatorische Kosten als auch Vermögensänderungen, genauer: Ausgaben, als prozessabhängige Komponenten enthalten sein. In ähnlicher Weise können vorgangsbezogene Komponenten, nämlich ereignisabhängige Einnahmen und Ausgaben, vom EPOMBW-UBK modelliert werden. Die übrigen Projektoptimierungsmodelle erlauben jedoch keine Abbildung vorgangsverursachter Komponenten für Kosten bzw. Einnahmen und Ausgaben.

V14) *Vermögensänderungszeitpunkt*. Zum Vermögensänderungszeitpunkt wird in keinem der Modelle eine Aussage getroffen. Eine Ausnahme stellt hier nur das EPOMBW-UBK dar, in dem die Vermögensänderungen offenbar ohne Zeitverzögerung erfolgen sollen.

R1) *Anzahl Ressourcentypen*, R2) *Anzahl Ressourcen je Typ*. In den einstufigen Losoptimierungsmodellen ist nur eine Ressource eines Typs abbildbar. In den mehrstufigen Losoptimierungsmodellen sowie den Projektoptimierungsmodellen hingegen können, mit Ausnahme des EPOMBW-UBK, mehrere Ressourcen mehrerer Typen erfasst werden.

R3) *Ressourcenmobilität*, R4) *Ressourcenlokalisierung*. Obwohl bei den Losoptimierungsmodellen i. d. R. von immobilen und bei den Projektoptimierungsmodellen i. d. R. von mobilen Ressourcen ausgegangen wird,[1] kann in keinem der Modelle weder das Merkmal der Mobilität noch das Merkmal der Lokalisierung genauer spezifiziert werden.

R5) *Ressourcenkapazitäten*, R6) *Kapazitätsverlauf*. Bei allen Losoptimierungsmodellen werden erneuerbare Ressourcenkapazitäten abgebildet. Bei den Projektoptimierungsmodellen hingegen kommen außer erneuerbaren Kapazitäten (EPOM, MPOM-VE) auch nicht-erneuerbare Kapazitäten zur Anwendung (EPOMBW). Sowohl erneuerbare als auch nicht-erneuerbare Kapazitäten werden beim MPOM modelliert. Sämtliche Kapazitätsbeschränkungen sind zeitunabhängig. Beim EPOMBW-UBK ist eine genauere Spezifizierung beider Merkmale nicht möglich.

R7) *Kapazitätsteilbarkeit*, R8) *Kapazitätsskalierung*. Fast alle Modelle bilden teilbare Kapazitäten mit kontinuierlicher Skalierung ab. Als spezielle Ausnahme gestattet das DLSM nur die vollständige Nutzung der Periodenkapazitäten. Beim EPOMBW-UBK sind diese Merkmale wiederum nicht näher spezifiziert.

R9) *Initialwert Kapazitätsbelastung*, R10) *Finalwert Kapazitätsbelastung*. Initial- oder Finalwerte der Kapazitätsbelastung sind bei keinem der behandelten Modelle vorgegeben und damit zu bestimmen. Beim EPOMBW-UBK ist hierzu wiederum keine Aussage möglich.

R11) *Schalthergangszeiten*, R12) *Schaltzustandserhaltung*. Schalthergangszeiten werden von keinem der behandelten Modelle abgebildet. Eine Erhaltung des Schaltzustands von Ressourcen ist, mit Ausnahme des KLM, mit allen Losoptimierungsmodellen abbildbar. Mit den Projektoptimierungsmodellen ist die Schaltzustandserhaltung jedoch nicht darzustellen.

R13) *Schaltzustandsdauervorgabe*. Eine Schaltzustandsdauervorgabe kann mit keinem der behandelten Modelle erfasst werden.

[1] vgl. Kap. 2.2.2.3

R14) *Zuordnung Vorgänge/Ressourcen*, R15) *Ressourcenparallelitäten*. Die Zuordnung der Vorgänge zu den Ressourcen erfolgt bei allen Modellen, mit Ausnahme des EPOMBW-UBK, für das erneut keine entsprechende Angabe möglich ist, direkt. Mit den einstufigen Losoptimierungsmodellen sind daher keine Ressourcenparallelitäten abbildbar. Das Gleiche gilt für das EPOM, das MPOM sowie das EPOMBW. Eine Aussage über parallele Ressourcen ist beim EPOMBW-UBK nicht möglich. Mit den mehrstufigen Losoptimierungsmodellen sowie mit dem MPOMVE können wahlfreie Parallelitäten abgebildet werden. Die Abbildung zwingend paralleler Ressourcen erlaubt jedoch keines der untersuchten Modelle.
R16) *Kalkulatorische Kosten*, R17) *Vermögensänderungen*. Ressourcenabhängige kalkulatorische Kosten und Vermögensänderungen, genauer: Ausgaben, können in Form der schaltabhängigen Rüst- bzw. Schaltkosten mit allen Losoptimierungsmodellen abgebildet werden. Jedoch besteht diese Möglichkeit bei keinem der behandelten Projektoptimierungsmodelle. Beim MPOMVE können sowohl kalkulatorische Kosten als auch Ausgaben als zeitabhängige Kosten für Zusatzkapazität abgebildet werden.
R18) *Vermögensänderungszeitpunkt*. Zum Zeitpunkt möglicher Vermögensänderungen ist bei keinem der Modelle eine Angabe möglich.

F1) *Kinematik*. Alle behandelten Modelle sind dynamisch angelegt, d. h. verarbeiten einen aus mehreren Perioden bestehenden Planungshorizont.
F2) *Anzahl Optimierungsziele*. Gemeinsam ist allen behandelten Modellen zudem die Verarbeitung nur eines (singulären) Optimierungsziels.
F3) *Optimierungszieldimension*. Unterschiede ergeben sich allerdings bei der Dimension dieses Ziels: Sind bei allen hier behandelten und mit Methoden der mathematischen Planungsrechnung formulierten Losoptimierungsmodellen - als klassischer Vorgabe der operativen Produktionsplanung - Kosten zu minimieren, so besteht das Ziel beim EPOM und beim MPOM in der Minimierung der (Projekt-) Dauer, beim MPOMVE in der Minimierung von Kosten für Überstunden und beim EPOMBW sowie beim EPOMBW-UBK in der Maximierung des Barwertes.
F4) *Anzahl Schalthergänge pro Ressource und Periode*. Die Anzahl der möglichen unterschiedlichen Schalthergänge pro Periode und Ressource hat wichtige Konsequenzen für die Planung. Ist diese nämlich gleich eins oder zwei, so liegt ein Mikroperiodenmodell vor, mit dem „automatisch" die (optimale) Vorgangsequenz festgelegt werden kann. Sind aber mehrere Schalthergänge pro Periode und Ressource möglich, so kann das Modell entweder die optimale Vorgangssequenz gar nicht oder nur mittels eines zusätzlichen Mechanismus bestimmen, der ggfs. die Modellkomplexität erhöht.

Bei den Losoptimierungsmodellen erlauben das KLM, das GLSM, das KLMSRK und das MKLM mehrere Schalthergänge pro Ressource und Periode und stellen somit Makroperiodenmodelle dar. Das DLSM und das DLSMRE erlauben einen, das PLSM und das MPLSM zwei Schalthergänge pro Ressource und Periode und gehören somit zu den Mikroperiodenmodellen. Bei den Projektoptimierungsmodellen ist dieses Merkmal nicht definiert.

F5) *Vorgangssequenzoptimierung*. Die Möglichkeit zur Vorgangssequenzoptimierung ist bei den Losoptimierungsmodellen als Möglichkeit zur simultan mit der Losgrößenoptimierung durchgeführten Lossequenzoptimierung aufzufassen. Diese ist mit allen Mikroperiodenmodellen, also dem DLSM, dem DLSMRE, dem PLSM sowie dem MPLSM möglich, ferner mit dem GLSM und dem KLMSRK, welche zwar Makroperiodenmodelle darstellen, aber über Mechanismen zur subperiodischen Lossequenzoptimierung verfügen. Mit dem Makroperiodenmodellen KLM und MKLM ist sie hingegen nicht möglich. Bei den Projektoptimierungsmodellen ist eine Vorgangssequenzoptimierung „teilweise möglich". Sie ist per definitionem ausgeschlossen, wenn die Reihenfolge der Vorgänge aus technischen Gründen festliegt und daher für die Planung in Form der Reihenfolgebeziehungen vorgegeben ist. Allerdings ist sie möglich, wenn die Reihenfolgebeziehungen nicht zwingend vorgegeben, sondern mit der Planung aufzustellen sind.

F6) *Schaltsteuerung*. Einige Losoptimierungsmodelle erfordern eine Zielfunktion, welche eine zu minimierende Komponente für Rüst- bzw. Schaltkosten enthält, um die Funktion der Schaltsteuerung zu ermöglichen.[1] Zunächst ist festzuhalten dass beim KLM und beim MKLM keine Schaltsteuerung erfolgt, weil keine Schaltzustandsvariable verwendet wird. Bei den Mikroperiodenmodellen DLSM, DLSMRE, PLSM, GLSM und MPLSM jedoch ist die Schaltsteuerung identisch und zielfunktionsabhängig. Da es sich beim KLMSRK um ein Makroperiodenmodell handelt, ist keine Interpretation der Schaltsteuerung wie bei den Mikroperiodenmodellen möglich.

Bei den Projektoptimierungsmodellen ist für dieses Merkmal keine Angabe möglich, weil in ihnen keine Modellierung von Schalthergängen und -zuständen erfolgt.

F7) *Zirkelbildung*. Die Verwendung kalkulatorischer Kosten (oder ggfs. Leistungen) eröffnet die Gefahr des Auftretens von Zirkeln, d. h. der Verwendung von Eingangsgrößen für die Planung, die eigentlich als deren Ergebnis zu bestimmen sind, was impliziert, dass Annahmen für deren Werte getroffen werden müssen. In den behandelten

[1] vgl. auch Kap. 3.3.1.4

Modellen können Zirkel daher dort auftreten, wo kalkulatorische Kosten verwendet werden, d. h. bei allen Losoptimierungsmodellen sowie beim MPOMVE.

F8) *Komplexität.* Die Forschung zu Komplexitätsaspekten von Losoptimierungsmodellen ist bislang noch nicht sehr stark entwickelt. Über bestehende Literatur geben POTTS und VAN WASSENHOVE eine Übersicht.[1] ARKIN et al. untersuchen die Komplexität unkapazitierter mehrstufiger Produktionsplanungs-Probleme.[2] Wie BITRAN und YANASSE darlegen, ist die Optimierung des einstufigen KLM NP-schwer.[3] Die Komplexität des einstufigen DLSM mit einer Produktionsanlage wird von SALOMON[4] und SALOMON et al.[5] untersucht. Während das Auffinden einer möglichen Lösung als mit polynomialem Aufwand möglich erachtet wird, ist das Auffinden einer optimalen Lösung NP-schwer. BRÜGGEMANN kommentiert diese Ergebnisse.[6] Theoretische Komplexitätsuntersuchungen für das DLSMRE und das PLSM liegen in der Literatur noch nicht vor,[7] das Gleiche gilt für das GLSM und das KLSMRK sowie für die mehrstufigen Modelle. Auch wenn eine Abnahme der Komplexität im Vergleich zum KLM oder DLSM überraschend wäre, können konkrete Aussagen zu diesen Losoptimierungsmodellen somit nicht getroffen werden. Bei den Projektoptimierungsmodellen stellt sich die Komplexität des EPOM als NP-schwer und diejenige des MPOM als NP-vollständig dar.[8] Angaben zu den übrigen behandelten Modellen sind gegenwärtig noch nicht möglich.

---

1 vgl. Potts, C. / Wassenhove, L. van: Integrating scheduling, in: JORS, Vol. 43, 1992, S. 395 ff.
2 vgl. Arkin, E. / Joneja, D. / Roundy, R.: Complexity, in: ORL, Vol. 8, 1989, S. 61 ff.
3 vgl. Bitran, G. / Yanasse, H.: Computational Complexity, in: MS, Vol. 28, 1982, S. 1174 ff.
4 vgl. Salomon, M.: Deterministic Lotsizing Models for Production Planning, 1991
5 vgl. Salomon, M. / Kroon, L. / Kuik, R. et al.: Some Extensions of the DLSP, in: MS, Vol. 37, 1991, S. 801 ff.
6 vgl. Brüggemann, W.: Ausgewählte Probleme der Produktionsplanung, 1995
7 vgl. Kimms, A.: Multi-Level Lot Sizing and Scheduling, 1997, S. 36
8 vgl. Kolisch, R.: Project Scheduling under Resource Constraints, 1995, S. 18, S. 26 f.

2.4.5.2 *Kritik und Konsequenzen*

Aus dem Vergleich der zitierten Losoptimierungsmodelle werden nun die Gründe für deren Auswahl deutlich. Zunächst stellt das KLM eine sehr originäre dynamische und kapazitierte Formulierung dar, welche als Makroperiodenmodell noch keine Lossequenzoptimierung ermöglicht. Im Gegensatz hierzu bieten das DLSM bzw. das DLSMRE als klassische Beispiele für Mikroperiodenmodelle „automatisch“ die Möglichkeit der Lossequenzoptimierung. Als Vorteil gegenüber dem DLSMRE kann das PLSM zwei Rüst- bzw. Schaltzustände binnen einer Periode abbilden und somit den Anteil ungenutzter Kapazität vermindern. Das hier dargestellte GLSM will eine Lossequenzoptimierung trotz Anlage als Makroperiodenmodell - und damit unter Vermeidung einer komplexitätssteigernden hohen Periodenzahl - mittels eines zusätzlichen Mechanismus ermöglichen. Dieser allerdings erfordert zusätzliche Binärvariable, welche die Komplexität wiederum steigern. Das KLMSRK will ebenfalls eine Lossequenzoptimierung unter Verwendung von Makroperioden erreichen und benötigt dafür auch keinen Zusatzmechanismus wie das KLMSRK. Allerdings müssen hier reihenfolgeabhängige Schalthergänge modelliert werden, wodurch die benötigte Zahl binärer Variabler wiederum stark ansteigt. Die hier dargestellten Mechanismen zur Lossequenzoptimierung mit Makroperiodenmodellen benötigen also wiederum komplexitätssteigernde Binärvariable. Die Komplexitätswirkung dieser Mechanismen kann dabei möglicherweise höher sein als diejenige bei Verwendung eines Mikroperiodenmodells, d. h. bei Erhöhung der Periodenzahl im Planungshorizont.[1] Als mehrstufige Modelle werden einerseits die mehrstufige Variante des originären KLM, das MKLM, und andererseits die mehrstufige Variante des bei den einstufigen Modellen am fortschrittlichsten erscheinenden PLSM, das MPLSM, analysiert.

Von den Projektoptimierungsmodellen, die behandelt werden, um die Gestaltung von Optimierungsmodellen für Logistiknetze zu inspirieren, werden zunächst zwei Grundformen zur Projektdauerminimierung angeführt, nämlich das EPOM und MPOM. Letzteres unterscheidet sich von ersterem durch die Abbildung mehrerer möglicher Modi sowie die Möglichkeit, erneuerbare und nicht-erneuerbare Ressourcen modellieren zu können.

1 vgl. auch Kap. 3.3.2.1

Als Beispiele für Projektoptimierungsmodelle mit alternativer Zielfunktion werden zudem zwei Modelle diskutiert, nämlich das MPOMVE, das Kosten für Überstunden minimiert, sowie das EPOMBW, das den Barwert von mit den Vorgängen verbundenen Auszahlungen minimiert. Ferner sollen die Schwierigkeiten der Abbildung eines unvollkommenen und beschränkten Kapitalmarktes anhand des EPOMBW-UBK erläutert werden.

Es ist festzustellen, dass sich die Autoren jüngerer Losoptimierungsmodelle bei der Modellgestaltung hinsichtlich des Optimierungsziels offenbar unverändert am ersten Losoptimierungsmodell von HARRIS orientieren, denn die Zielfunktionen fast aller Modelle enthalten nur Komponenten für Rüst- und Lagerkosten, die je nach Quelle aus einer Reihe unterschiedlicher Kostenarten bestehen sollen.[1] Als über Rüst- und Lagerkosten hinausgehende Kostenarten werden meist direkte Produktionskosten und Zusatzkosten durch Überstunden modelliert. Unter Hinweis auf die Ausführungen zur Notwendigkeit einer analytischen Kostenplanung sowie zur Irrelevanz von Straf- und Opportunitätskosten[2] sollen daher nachfolgend kurz die wesentlichen Kostenarten diskutiert werden, die in herkömmlichen Optimierungsmodellen enthalten sein können. Um diese Kritik zu erleichtern, sollen die üblichen Kostenbegriffe[3] gemäß nachfolgender Tabelle 2-31 mittels der „Kostentypen" stärker differenziert werden. Der Entwurf von „Kostentypen" entspringt der einfachen Überlegung, dass die grundsätzlich in einer Planung verwendbaren Kosten entweder *direkt* durch die Leistungserstellung bedingt sind und so entweder Einnahmen bewirken (Wirkkosten) oder durch Verluste entstehen (Blindkosten), als Voraussetzung zur Leistungserstellung *zeitabhängig* verursacht werden oder aber *kalkulatorischen* Charakter aufweisen.

---

[1] vgl. stellvertretend Meyr, H.: Simultane Losgrößen- und Reihenfolgeplanung, 1999, S. 55;
vgl. Popp, T.: Kapazitätsorientierte dynamische Losgrößen- und Ablaufplanung, 1992, S. 44 ff.;
vgl. Helber, St.: Kapazitätsorientierte Losgrößenplanung in PPS-Systemen, 1994, S. 24 ff.;
vgl. Hofmann, C.: Abstimmung von Losgrößen, in: ORS, 16. Jg., 1994, S. 11;
vgl. Bogaschewsky, R. / Müller, H. / Rollberg, R.: Lieferantenbeziehungen, 1997, S. 6 ff.

[2] vgl. Kap. 2.1.3.3

[3] vgl. stellvertretend Mildenberger, U.: Grundlagen des Internen Rechnungswesens, 2000, S. 11;
vgl. Kap. 2.1.3.1

Hinsichtlich einer Bewertung ihrer Planungsrelevanz erscheint es zweckmäßig, die Kostentypen nach den Eigenschaften *Ausgabenwirksamkeit*, *Vorgangsabhängigkeit* und *Vorhersehbarkeit* zu unterscheiden. Ausgabenwirksam sind Kosten, die unverzüglich oder zeitverzögert das Geldvermögen vermindern. Vorgangsabhängig sind Kosten, die aufgrund der Vorbereitung oder Durchführung eines Vorgangs entstehen. Sie stellen sich meist (mengen-) proportional dar. Vorhersehbar sind Kosten, welche Ausgaben verursachen, die nicht nur aufgrund empirischer Erhebungen statistisch schätzbar, sondern in der Voraussicht bekannt und damit exakt planbar sind.

Kostentypen	**Eigenschaften**			**Sinnvolle Beispiele**		
	ausgaben-wirksam	vorgangs-abhängig	vorher-sehbar	Rüst-kosten	Lager-kosten	Produktions-kosten
direkte Wirkkosten	ja	ja	ja	Hilfsstoffe	Versiche-rungen	Material, Energie
direkte Blindkosten	ja	ja	nein	Rüstfehler	Schwund	Ausschuss
zeitabhängige Kosten	ja	nein	ja	Löhne	Miete	Löhne, Miete
kalkulatorische Anderskosten	ja	nein	nein			
kalkulatorische Zusatzkosten	nein	nein	nein			

Tab. 2-31: Kostentypen mit Eigenschaften und sinnvollen Beispielen

„Direkte Wirkkosten“ entstehen durch die zur Einnahmenerzielung führende Leistungserstellung. Sie sind daher sowohl ausgabenwirksam, vorgangsabhängig als auch vorhersehbar. Sowohl bei den Rüst- bzw. Schaltkosten als auch bei den Lagerkosten und bei weiteren Produktionskosten sind unterschiedliche Kostenarten als „direkte Wirkkosten“ denkbar, nämlich etwa Hilfsstoffe für Rüsthergänge, Versicherungen für Lagerbestände und Material bzw. Vorprodukte sowie Energie für die Produktion. Zwar sind direkte Wirkkosten als Koeffizienten von Variablen (Produktionsmengen, Zahl der Rüstvorgänge) leicht formulierbar, allerdings ist ihre Berücksichtigung nur bei aufwärtslimitierter Bedarfserfüllung oder bei unbedingter Bedarfserfüllung und periodenabhängigen Kostenkoeffizienten erforderlich. Bei unbedingter Bedarfserfüllung und periodenunabhängigen Kostenkoeffizienten sind die direkten Wirkkosten für alle möglichen Problemlösungen identisch und damit nicht entscheidungsrelevant.

„Direkte Blindkosten“ werden definiert, um Verluste bei der Leistungserstellung erfassen zu können. Sie sind daher zwar auch ausgabenwirksam und vorgangsabhängig, jedoch nicht vorhersehbar. Zu den sinnvollen Beispielen für diesen Kostentyp zählen vor allem die Kostenarten für Materialverluste wie Schwund oder Ausschuss. Letzterer kann allerdings außer durch Fehler beim Produktionsablauf auch durch Rüstfehler entstehen. Das erforderliche Nachrüsten bei Rüstfehlern, das als produktionsplanerisches Problem selten sein dürfte, wird hier nicht modelliert. Auch direkte Blindkosten sind, näherungsweise in deterministischer Form, als Koeffizienten von Variablen (insbesondere Lager- und Produktionsmengen) leicht formulierbar. Allerdings werden sie in herkömmlichen Modellen bisher nicht berücksichtigt.

„Zeitabhängige Kosten“ fallen für die Bereitstellung der Ressourcen, insbesondere der erforderlichen Produktions-, Lager- und Transportkapazitäten, an, weshalb bei ihnen zwar die Ausgabenwirksamkeit und die Vorhersehbarkeit, jedoch keine Vorgangsabhängigkeit feststellbar ist. Sinnvolle Beispiele für zeitabhängige Kosten sind mit Löhnen und Miete gegeben. Jedoch wird in vielen Losoptimierungsmodellen häufig die Vorgangsabhängigkeit zeitabhängiger Kosten angenommen, indem diese als Rüst- bzw. Schaltkosten oder auf Periode und Stück bezogene Lagerkostenkoeffizienten formuliert werden. So wird häufig vorausgesetzt, dass in Schalt- bzw. Rüstkosten und ggfs. in Produktionskosten Löhne enthalten wären, die jedoch i. d. R. unabhängig von der operativen Produktionsplanung zu zahlen und daher auf dieser Planungsebene fix sind. Anders formuliert: Die auf operativer Ebene häufig als direkt begriffenen Lohnkosten stellen de facto zeitabhängige Kosten dar, welche durch die „taktische“ Entscheidung der Beschäftigung von Mitarbeitern bedingt sind. Allerdings ist die Wirkung von Rüst- bzw. Schalthergängen auf die Kapazität von Maschinen und Mitarbeitern selbstverständlich zu berücksichtigen. Ferner wird häufig angenommen, dass in den als Periodenstückkosten formulierten Lagerkosten Mieten oder Fremdkapital-(FK-) Zinsen enthalten wären. Mieten, z. B. für Lagerräume, sind jedoch regelmäßig unabhängig von der Lagerauslastung zu leisten, und zwar meist für eine mehrere Perioden umfassende Mindestmietdauer, nicht nur für einzelne (kurze) Planungsperioden. Zudem ist bei Fremdkapitalzinsen exakt festzustellen, wie das Umlaufvermögen finanziert wird, denn es ist nicht ausgeschlossen, dass keine Alternativverwendung der bereitgestellten Mittel möglich ist, so dass Fremdkapitalzinsen als zeitabhängige Kosten vorgangsunabhängig für das gesamte Budget anfallen.

„Kalkulatorische Anderskosten" sind zwar ausgabenwirksam, jedoch weder vorgangsabhängig noch vorhersehbar im o. g. Sinne. Sie sind daher in operativen Planungs- oder Optimierungsmodellen auch nicht entscheidungsrelevant, weshalb kein sinnvolles Beispiel angegeben werden kann. Im gegebenen Kontext könnten diesem Kostentyp - in nicht korrekter Weise - vor allem Abschreibungen zugeordnet werden, deren Höhe und Zeitpunkte zu definieren sind. Denn einerseits sind mit den „abzuschreibenden" Investitionen i. d. R. Ausgaben - nämlich meist zum Investitionszeitpunkt - verbunden, andererseits sind Abschreibungen aufgrund ihres kalkulatorischen Charakters weder vorgangsabhängig noch im o. g. Sinne vorhersehbar.

Schließlich sind zu den „kalkulatorischen Zusatzkosten" Opportunitätskosten, namentlich durch entgangene Umsätze, zu zählen, denen de facto keine Ausgaben gegenüberstehen. Sie können daher weder vorgangsabhängig noch vorhersehbar im o. g. Sinne sein. Außer der oben festgestellten grundsätzlichen planungsmethodischen Irrelevanz von Opportunitätskosten[1] ergeben sich für kalkulatorische Zusatzkosten auch im Einzelfall Widersprüche. So wird häufig angeführt, dass durch Rüst- bzw. Schalthergänge ein Produktions- und damit ein Umsatzausfall entstünde, womit den Koeffizienten für Schalt- bzw. Rüstkosten Opportunitätskosten zuzuschreiben wären.[2] Bei unbedingter Bedarfserfüllung ist diese Annahme aber nicht sinnvoll, weil hier die Umsätze einen Parameter darstellen. Denn jede mögliche Lösung der Planungs- bzw. Optimierungsaufgabe muss die vorgegebenen Bedarfe exakt erfüllen, so dass die angestrebte Erzielung weiterer Umsätze durch zusätzliche Produktion auf bei Verminderung der Zahl der Rüsthergänge freigesetzter Kapazität nicht möglich ist. Aufgrund der vorgegebenen Umsätze wäre eine zusätzliche Produktion sogar schädlich, weil sie zusätzliche Kosten durch nicht verwendbare Produkte verursachte. Bei aufwärtslimitierter Bedarfserfüllung sind zwar die Umsätze variabel, jedoch erscheint es realitätsnäher, das „eigentliche" Ziel dieses Ansatzes, nämlich die Berücksichtigung des Kapazitätsbedarfs der Rüsthergänge, direkt zu modellieren. Ferner wird manchmal angeführt, die durch das Umlaufvermögen - also die Lagerbestände - bewirkte Kapitalbindung wäre in Form von Lagerkostenkoeffizienten mit Opportunitätskosten zu belegen, weil das Kapital auch anderweitig eingesetzt werden und dort zur Erzielung von Umsätzen beitragen könnte. Auf dieses Argument ist jedoch die Kritik an der Verwendung von Opportunitätskosten in Planungsmodellen in vollem Umfang anwendbar.[3]

---

[1] vgl. Kap. 2.1.3.3
[2] vgl. z. B. Meyr, H.: Simultane Losgrößen- und Reihenfolgeplanung, 1999, S. 54
[3] vgl. Kap. 2.1.3.3

Die wesentlichen Kritikpunkte an den herkömmlichen Optimierungsmodellen lassen sich somit wie folgt zusammenfassen:

Nr.	Hauptkritikpunkte	Konsequenzen
1	Abbildung *direkter Blindkosten* aufgrund von Materialverlusten, z. B. Schwund oder Ausschuss, als deterministische Kostenkoeffizienten.	Notwendigkeit einer geeigneten Modellierung zur Abbildung von Materialverlusten.
2	Abbildung *zeitabhängiger Kosten* für Ressourcen, z. B. Miete oder Löhne, als direkte Kosten (-koeffizienten).	Notwendigkeit einer geeigneten Modellierung zur Abbildung zeitabhängiger Kosten. Notwendigkeit des Entwurfs einer geeigneten Modellierung für die An- und Abschaltung der Ressourcen, d. h. einer Schaltsteuerung.
3	Abbildung *kalkulatorischer Kosten*, insbesondere von Opportunitätskosten, als direkte Kosten (-koeffizienten).	Notwendigkeit von Optimierungsmodellen ohne Opportunitätskosten.

Tab. 2-32: Hauptkritikpunkte an herkömmlichen Modellen und Konsequenzen

In der Literatur finden sich vereinzelt Ansätze, die Kritik an der Verwendung bestimmter Kostenarten dadurch zu „umgehen“, dass die problematischen Größen schlichtweg nicht in die Zielfunktionen der Optimierungsmodelle aufgenommen werden. So wird etwa in einer Quelle ein Losoptimierungsmodell zur Minimierung der Anzahl der Rüsthergänge vorgeschlagen. Dies wird nur dann sinnvoll sein, wenn sich dieses Optimierungsziel aus der Analyse der realen Planungssituation ergibt und andere Faktoren vernachlässigbar sind, was die Quelle aber nicht kommentiert.[1]

Offenbar besteht die Notwendigkeit, ein Modellierungsinstrumentarium unter Berücksichtigung der o. g. Kritik zu entwerfen. Aufgrund der Notwendigkeit einer analytischen Kostenplanung[2] sind in Planungs- bzw. Optimierungsmodelle dabei nur entscheidungsrelevante *direkte* und *zeitabhängige* Kosten aufzunehmen, welche der Leistungserstellungsprozess bedingt oder voraussetzt.

---

[1] vgl. Pattloch, M.: Planung auf parallelen Maschinen, 1999, S. 38 ff.
[2] vgl. Kap. 2.1.3

Ferner sind Blindleistungen, d. h. Verluste z. B. durch Schwund oder Veralterung, ebenfalls in den Modellen zu berücksichtigen, allerdings bietet sich ihre Abbildung vorzugsweise in den Materialmengenbilanzen an, nicht in Form von *direkten Blindkosten. Kalkulatorische* Kosten aber sind in keiner ihrer Formen entscheidungsrelevant und daher in der Planung zu vernachlässigen. Diese grundsätzliche, auf das Verursachungsprinzip[1] zurückgehende Kritik an kalkulatorischen Kosten für planerische Zwecke beinhaltet auch die Ablehnung herkömmlicher kalkulatorischer Kostenkoeffizienten, z. B. von „Maschinenstundensätzen" für die Produktionsplanung. Sind derartige Größen auf einer bestimmten Entscheidungsebene als Parameter vorgegeben, so sind sie in einem Planungsmodell für diese Entscheidungsebene natürlich zu berücksichtigen. Da aus der unternehmerischen Gesamtsicht hierdurch aber das Verursachungsprinzip verletzt wird, ist dieses Vorgehen nicht rational. Vorschläge zur Gestaltung von Optimierungsmodellen für Logistiknetze mit entscheidungsrelevanten Größen werden mit dem folgenden Abschnitt unterbreitet.

---

[1] vgl. Kap. 2.1.3.1

3 Gestaltung von Optimierungsmodellen für Logistiknetze

3.1 Abbildung von Logistiknetzen

3.1.1 Modellgestaltung mit unabhängigen Komponenten

Am Ende des vorausgehenden Kapitels wurde auf der Grundlage der Kritik an herkömmlichen Optimierungsmodellen die Notwendigkeit zur Entwicklung eines Modellierungsinstrumentariums herausgestellt. Allerdings wird schnell deutlich, dass dieses Instrumentarium nicht nur die drei genannten Kritikpunkte heilen, sondern einen konsistenten Ansatz bilden muss, da bei isolierter Lösung der einzelnen Kritikpunkte eine Reihe von Implikationen entstehen können. Dies zeigt sich etwa beim Übergang vom Optimierungsziel der Kostenminimierung z. B. zur Gewinnmaximierung, bei der sich die Notwendigkeit des Wandels der unbedingten in eine aufwärtslimitierte Bedarfserfüllung ergibt, oder bei der Kombination der Kritikpunkte (2) und (3). Denn sofern in den Rüstkosten der herkömmlichen Modelle hauptsächlich Opportunitätskosten enthalten sind, wird bei Vernachlässigung dieser Kostenkomponente auch die Schaltvariable in der Zielfunktion überflüssig und damit die herkömmliche Schaltsteuerung der Ressourcen funktionsunfähig. Da eine Abbildung der Schaltsteuerung aber z. B. zur Erfassung zeitabhängiger Kosten erforderlich ist, ergibt sich hieraus die Notwendigkeit zur Entwicklung einer „zielfunktionsunabhängigen Schaltsteuerung".

In den nachfolgenden Kapiteln werden nun Gestaltungselemente für Modelle zur Optimierung von Logistiknetzen entworfen, die sich auf die in der Tabelle 3-1 angeführten Merkmale des Beschreibungsrahmens für Vorgangsnetze beziehen. Hierbei erfolgt eine Unterteilung in die Gestaltung möglicher Optimierungsziele und die Gestaltung der wesentlichen Restriktionen, bei denen außer der o. g. zielfunktionsunabhängigen Schaltsteuerung auch die Konstellationen paralleler Ressourcen für Logistiknetze besonders bedeutsam zu sein scheinen. So entsteht ein aus frei kombinierbaren Komponenten zusammengesetztes Modellierungsinstrumentarium zur Optimierung von Logistiknetzen. Vor der Entwicklung der Gestaltungselemente sollen Visualisierungen von Produkt-, Produktions- und Logistiknetzen sowie einige Anmerkungen zur Gestaltung der Grenzen von Produktionsnetzen das Verständnis der Gestaltungsvorschläge erleichtern.

Gestaltungselemente mit Kapiteln		**Ausgewählte Merkmale des Beschreibungsrahmens**	
3.2.1	Formulierungen möglicher Zielfunktionen	B7	Bedarfserfüllung
		F3	Optimierungszieldimension
3.3.1.2 3.3.1.3	Ansätze zur Komplexitätsreduktion	F8	Komplexität
3.3.1.4	Zielfunktionsunabhängige Schaltsteuerung	F6	Schaltsteuerung
		R12	Schaltzustandserhaltung
3.3.1.5	Mehrperiodische Schalthergänge	R11	Schalthergangszeiten
3.3.1.6	Definierte Schaltzustandsdauern	R13	Schaltzustandsdauervorgabe
3.3.2	Modellierung der Beschränkungen	V12	Kalkulatorische Kosten
		V13	Vermögensänderungen
		V14	Vermögensänderungszeitpunkt
		R9	Initialwert der Kapazitätsbelastung
		R10	Finalwert der Kapazitätsbelastung
		R16	Kalkulatorische Kosten
		R17	Vermögensänderungen
		R18	Vermögensänderungszeitpunkt
		F7	Zirkelbildung
3.3.2.3	Vor- und Nachlieferungen bei unbedingter Bedarfserfüllung	B8	Vorlieferung
		B9	Nachlieferung
3.3.2.4	Beschränkungen der Ressourcen	R5	Ressourcenkapazitäten
		R6	Kapazitätsverlauf
3.3.2.5	Abbildung von Zeitindexveränderungen und Stationszeiten	V6	Stationszeiten
3.3.2.6	Konstellationen paralleler Ressourcen	V2	Mögliche Vorgangsstruktur
		R14	Zuordnung Vorg./Ress.
		R15	Ressourcenparallelitäten

Tab. 3-1: Gestaltungselemente und Merkmale des Beschreibungsrahmens

3.1.2 Visualisierung von Produkt-, Produktions- und Logistiknetzen

Um das Verständnis der nachfolgenden Kapitel zu erleichtern, sollen zunächst Produkt-, Produktions- und Logistiknetze unterschieden und visualisiert werden. Die Erzeugnisstruktur eines Produkts kann anschaulich mit einem Gozintographen abgebildet werden,[1] der insofern ein *Produktnetz* darstellt. In dem in der Abbildung 3-1 gezeigten Beispiel enthält der Gozintograph neben den Produkten 3, 6 und 7, welche den Primärbedarf decken sollen, die Teile 1 bis 5. Man beachte, dass das Teil 3 gleichzeitig auch ein Produkt bildet. Zur Wahrung der Übersichtlichkeit sind die Mengenbedarfskoeffizienten bzw. „Gozintofaktoren" nicht im Gozintographen, sondern in einer Matrix angegeben. Es sei darauf hingewiesen, dass mit dieser üblichen Form eines Gozintographen nicht eindeutig kenntlich gemacht werden kann, ob aus einem vorgelagerten Teil entstehende parallele Teile, z. B. die Teile 4 und 5, welche aus Teil 2 hervorgehen, wahlfrei hergestellt werden können oder zwingend gleichzeitig hergestellt werden müssen bzw. ob unterschiedliche Teile, die in ein herzustellendes Teil bzw. Produkt einfließen, z. B. die Teile 3, 4 und 5, alternativ oder zwingend erforderlich sind.

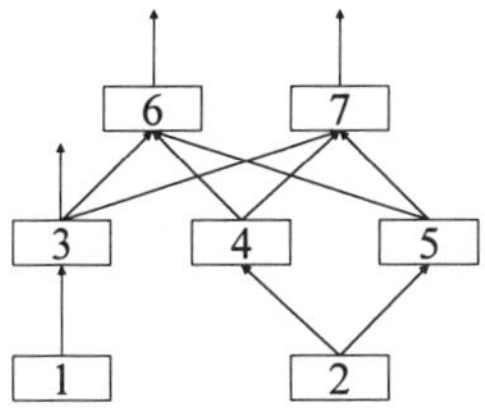

		Koeffizientenmatrix						
		Nachfolger						
		1	2	3	4	5	6	7
Vorläufer	1			7				
	2				8	8		
	3						1	4
	4						2	5
	5						3	6
	6							
	7							

Abb. 3-1: Beispiel für ein Produktnetz

Zur Herstellung der Teile und der (End-) Produkte sind Ressourcen erforderlich, nämlich im Wesentlichen Produktions- und Lageranlagen sowie, bei verteilter Produktion, Transportmittel. Ferner sollen Personal, Zahlungsmittel und Rohstoffe erwähnt werden. Die Ressourcen bilden das *Produktionsnetz*, dessen Produktions-, Lager- sowie Transportelemente auch als *Strukturelemente* bezeichnet werden können. In Abgrenzung zu den Lagerelementen, in denen die Teile ruhen, stellen die Produktions- und Transportelemente *Aktivitätselemente* dar.

[1] vgl. Kap. 2.1

Die Definition der drei Strukturelementtypen für Produktion, Lagerung und Transport ergibt sich aus der physischen Natur der Sachgüterproduktion, die durch die „Dimensionen" Eigenschaften der Teile, Raum und Zeit gekennzeichnet ist. Werden im Zeitverlauf die Eigenschaften der Teile verändert, liegt also eine „lokale Transformation" vor, so entspricht dies einer Produktion. Diese kann auch, wie bei chemischen Reaktionen, selbsttätig erfolgen. Eine Veränderung des Ortes der Teile, d. h. eine „räumliche Transformation", entspricht einem Transport. Werden die Teile weder bewegt noch bearbeitet, so entspricht dies einer „zeitlichen Transformation", d. h. einer Lagerung. Eine Notwendigkeit von (Puffer-) Lägern ergibt sich herkömmlich aus dem Versuch, den Materialstrom auch bei schwankendem Bedarf und trotz Losbildung nicht abreißen zu lassen. Wird ein Lager aus der Sicht des Materialstroms hinter einem Produktions- oder Transportelement angeordnet, so handelt es sich daher um ein „Aufstaulager", bei Anordnung vor einem Produktions- oder Transportelement um ein „Zerreißlager".[1] Ferner entsteht eine Notwendigkeit zur Bildung von Lägern als „Lostransformatoren" aus der Nutzung nichtstetiger Transportsysteme wie Lkw, Bahn, Schiff oder Flugzeug, deren Transportlose i. d. R. nicht mit den Produktionslosen übereinstimmen. Hieraus wird deutlich, dass jedes Produktions- oder Transportelement - bewusst oder unbewusst - von Lägern „umrahmt" ist, seien es auch nur kleinere Pufferläger.[2] Für die gleichzeitige Veränderung aller drei „Dimensionen" Eigenschaften der Teile, Raum und Zeit existieren vereinzelt praktische Beispiele (Fabrikschiffe), die aber hier nicht explizit berücksichtigt werden sollen, da sie ggfs. durch Serienschaltung eines Transportelements und eines Produktionselements ohne Zeitveränderung modelliert werden können.

Die in der Praxis entscheidende Ressource des Personals wird in der vorliegenden Arbeit nicht explizit modelliert, weil davon ausgegangen wird, dass das Personal in der Industrie nur mit den Strukturelementen eingesetzt und deshalb seine Verfügbarkeit in der Planung über deren Parameter ausgedrückt werden kann. Da Zahlungsmittel sowie Rohstoffe häufig Engpässe darstellen, werden zu deren Abbildung unten mögliche Modellkomponenten entwickelt.

---

1 vgl. Pfaffenberger, U.: Losreihenfolgeabhängige Kosten, 1960, S. 31,
zit. nach Kilger, W.: Optimale Produktions- und Absatzplanung, 1973, S. 385;
vgl. Schweitzer, M.: Planung von Puffern und Durchlaufzeiten, 1997

2 vgl. auch Kap. 3.1.3

Eine Visualisierung von Produktionsnetzen wird sich sinnvollerweise auf die Strukturelemente beschränken. Bei deren zweidimensionaler Anordnung in einer kartenähnlichen Matrixform ergibt sich eine übersichtliche Darstellung, die allerdings im Vergleich zu Darstellungen für Gozintgraphen oder Dispositionsstufen um 90° gekippt ist, wenn der Intuition eines von links nach rechts gerichteten Materialstroms gefolgt wird. Die Matrix verfügt über Positionen, die mit zwei Indizes für Stufe und Zweig angesprochen werden können und die den Standorten von Produktionsanlagen und Lägern entsprechen. Produktions- und Lagerelemente sind über diese beiden Indizes sowie über einen dritten, der die laufende Nummer eines Strukturelements je Position bzw. Standort angibt, eindeutig identifizierbar. Zur leichteren Unterscheidung soll der dritte Index alphabetisch gewählt werden. Die Transportelemente sind nicht in Positionen lokalisiert, sondern verbinden diese und werden entsprechend ihrer Start- und Zielpositionen sowie ihrer laufenden Nummer, letztere wiederum alphabetisch, indiziert. Der „Markt“ außerhalb des Produktionsnetzes erhält sowohl auf der Beschaffungs- als auch auf der Absatzseite den Index 0.

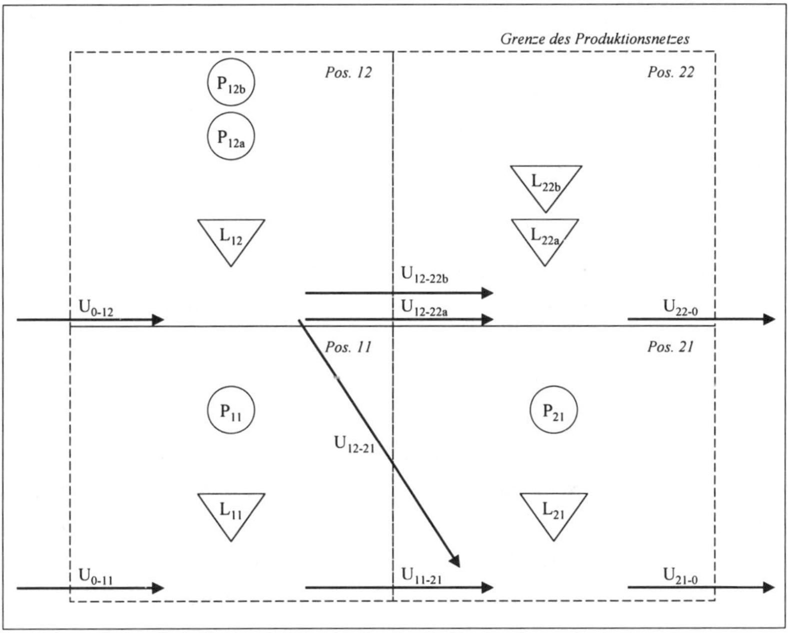

Abb. 3-2: Beispiel für ein Produktionsnetz

Eine Alternative zur dieser Darstellung wäre die Anordnung der Produktions- und Lagerelemente in einem feineren Raster in jeweils eigenen Positionen, womit jedes Element über zwei Indizes eindeutig identifiziert wäre, da eine laufende Nummerierung der Elemente in den Positionen entfiele. Bei dieser feineren Rasterung könnten Transportelemente über die Start- und Zielpositionen auch für die Produktions- und Lagerelemente eines Standorts, also für „innerbetriebliche" Transporte, methodisch sehr einfach benannt werden. Allerdings wäre nicht sofort deutlich, welche Produktions- und Lagerelemente zu welchem Standort gehören, und die Benennung von Transportelementen zwischen den Standorten, die bei verteilter Produktion von besonderem Interesse sind, fiele umständlicher aus.

Da ein Produktionsnetz dazu dient, aus Rohstoffen bzw. *Startteilen* mittels der Strukturelemente Produkte bzw. *Endteile* herzustellen, sind für die logistische Planung Teiletypen zu definieren, die mit dem Produktionsnetz noch nicht beschrieben sind. Denn für die Planung ist festzustellen, an welchem Ort, d. h. in welchem Strukturelement, sich ein Teil mit bestimmten physischen Eigenschaften zu einer bestimmten Zeit befindet. Da die Teile durch die Strukturelemente „hindurchströmen", können sie auch als *Stromelemente* angesprochen werden. Im unten mit der Abbildung 3-3 dargestellten Beispiel wird das oben bereits angeführte Produktnetz über das ebenfalls bereits angeführte Produktionsnetz gelegt, so daß ein Netz aus Stromelementen entsteht, welches als *Logistiknetz* bezeichnet werden soll. Die (Materialbedarfs-) Koeffizientenmatrix des Produktnetzes wird hier nicht erneut angeführt. Eine Differenzierung zwischen Produktionsnetz und Logistiknetz ist insbesondere von Bedeutung, wenn Strukturelemente mehrere Stromelemente verarbeiten oder Stromelemente mit gleichen physischen Eigenschaften über parallele Strukturelemente geführt werden können.

In Übereinstimmung mit den sechs Hauptgruppen der Fertigungsverfahren *Urformen*, *Umformen*, *Trennen*, *Fügen*, *Beschichten* und *Stoffeigenschaften ändern*[1] ist offenkundig, dass die Bewegungen der Stromelemente in einem Produktionsnetz bestimmten Mustern folgen müssen. So ist mit dem Urformen häufig ein *divergierender* Materialstrom verbunden, weil gewonnene Rohstoffe meist an unterschiedliche Bearbeitungsstufen weitergegeben werden. Ähnliches kann für das Trennen gelten, wenn die getrennten Bestandteile in unterschiedlicher Weise weiterverarbeitet werden.

---

1 vgl. Eversheim, W. / Spur, G.: Produktionstechnologie, in: Eversheim, W. / Schuh, G. (Hrsg.): Betriebshütte, Teil 2, 1996, S. 11-2

Beim Fügen treten eine Zusammenführung verschiedener Teile und somit *konvergierende* Materialströme auf. Ähnliches gilt natürlich bei der Beschichtung von Oberflächen, da einerseits das zu beschichtende Teil, andererseits das Beschichtungsmaterial benötigt werden. Sowohl das Umformen als auch die Änderung von Stoffeigenschaften werden in Reinform jeweils mit einem *seriellen* oder *sequentiellen* Materialstrom verbunden sein, wenn weder Material hinzugefügt noch entnommen wird. Offensichtlich muss ein Logistiknetz über mindestens zwei Stufen und mindestens zwei Zweige verfügen, um sowohl eine Konvergenz als auch eine Divergenz beinhalten zu können.

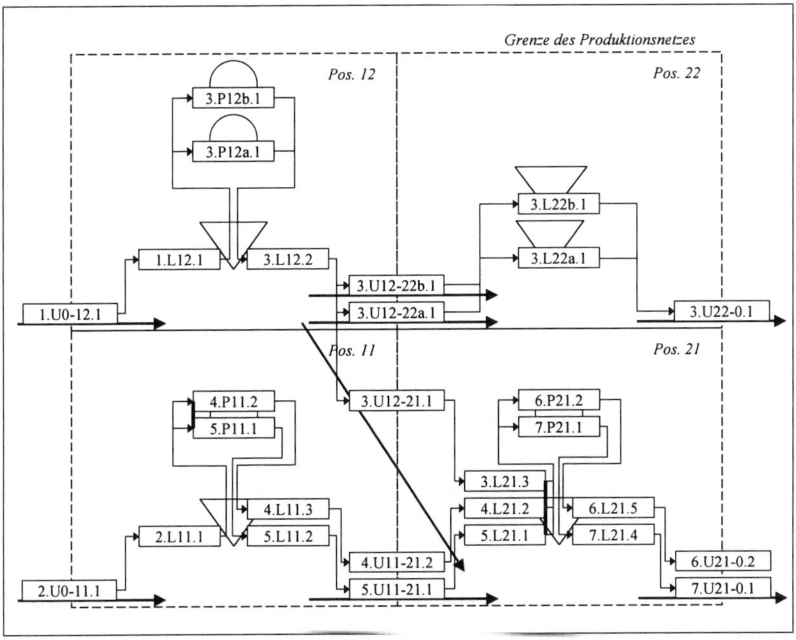

Abb. 3-3: Beispiel für ein Logistiknetz

Ein Logistiknetz unterscheidet sich von den herkömmlichen Formen eines Gozintographen also nur dadurch, dass die Teiletypen nicht nur hinsichtlich ihrer physischen Eigenschaften, sondern auch hinsichtlich des Ortes, an dem sie sich zu einer bestimmten Zeit befinden, zu differenzieren sind.

Es besteht somit aus Elementen für unterschiedliche Teiletypen, die Produktions- oder Transportmengen oder Materialbeständen entsprechen, sowie den Verbindungen zwischen diesen Elementen. Natürlich wären alle Teiletypen eines Logistiknetzes mit einer einfachen fortlaufenden Nummerierung eindeutig identifizierbar. Um jedoch in der Bezeichnung des Teiletyps auch dessen Ort im Produktionsnetz anschaulich zu erfassen, wird die folgende alphanumerische Bezeichnung vorgeschlagen: Eine arabische Ziffer soll die Teiletypen nach ihren physischen Eigenschaften eindeutig kennzeichnen. Dieselben arabischen Ziffern finden sich folglich mehrfach, wenn Teiletypen mit denselben physischen Eigenschaften an mehreren Orten hergestellt, gelagert oder transportiert werden. Der Rest der Bezeichnung gibt ebendiesen Ort gemäß der Nomenklatur aus dem Produktionsnetz wieder. Angefügt ist noch eine weitere, eigentlich redundante, arabische Ziffer, welche die laufende Nummer des Teiletyps anzeigt, der auf einem gegebenen Strukturelement verarbeitet wird. Die Verwendung einer solchen Ziffer kann die Kodierung der Materialbilanzen in (Standard-) Programmen erleichtern. Schließlich sind die Variablen für diese Teiletypen mit Indices für die Perioden des Planungszeitraums zu indizieren, was hier zur Erhaltung der Übersichtlichkeit nicht erfolgt.

Im Gegensatz zu einem herkömmlichen Gozintographen erlaubt ein Logistiknetz die Abbildung sowohl wahlfrei als auch zwingend paralleler Konstellationen.[1] Wahlfreie parallele Konstellationen liegen mit den Teiletypen 3.P12a.1 und 3.P12b.1, den Teiletypen 3.U12-22a.1 und 3.U12-22b.1 sowie den Teiletypen 3.L22a.1 und 3.L22b.1 vor, die alle über dieselben physischen Eigenschaften verfügen, jedoch entweder auf unterschiedlichen Produktionsanlagen hergestellt, über unterschiedliche Medien transportiert oder in unterschiedlichen Lägern gelagert werden. Zwingend parallele Konstellationen werden im Logistiknetz durch Balken gekennzeichnet. Eine zwingend parallele Konstellation im Sinne einer Kuppelproduktion liegt mit den Teiletypen 4.P11.2 und 5.P11.1 vor, die beide aus dem Teiletyp 2.L11.1 hervorgehen. Eine zwingend parallele Konstellation im Sinne eines Kuppelbedarfs liegt mit den Teiletypen 3.L21.3, 4.L21.2 und 5.L21.1 vor, welche zur wahlfreien Herstellung, d. h. zur Variantenproduktion, der Teiletypen 6.P21.2 oder 7.P21.1 erforderlich sind.

---

[1] vgl. auch Kap. 3.3.2.6

3.1.3 Gestaltung der Grenzen

Eine entscheidende Frage bei der Modellierung von Logistiknetzen ist deren genaue Abgrenzung zum Markt oder zu anderen Logistiknetzen, d. h. die Frage, welche Ressourcen bzw. Strukturelemente an den Grenzen anzuordnen sind. Die Abgrenzung erfolgt insofern auf der Ebene des Produktionsnetzes.

Unabhängig von den Grenzen eines Logistiknetzes sind distinkte Produktions- (oder ggfs. Transport-) Elemente eines Produktionsnetzes offensichtlich stets durch als Lostransformatoren wirkende Lagerelemente zu trennen, da andernfalls eine vollständige Kopplung der Produktions- (oder ggfs. Transport-) Prozesse gegeben sein müsste, so dass eine Abbildung der verschiedenen Produktions- (oder ggfs. Transport-) Elemente in einem einzigen Element möglich wäre. Hier stellt sich die Frage, ob auf der Lieferantenseite ein Ausgangslager und auf der Abnehmerseite ein Eingangslager angeordnet werden soll. Dieses Problem, das offenbar eine symmetrische Struktur aufweist, scheint entscheidend durch drei Faktoren determiniert zu sein, nämlich durch die Variation der Abnehmer bzw. der Lieferanten (so dass keine abgestimmte Planung möglich ist), durch die Sicherheit des Absatzes bzw. der Beschaffung und durch die Machtverteilung zwischen Lieferant und Abnehmer. Variieren nämlich auf der Lieferantenseite die Abnehmer (auf der Abnehmerseite die Lieferanten), so ist ein Ausgangslager (Eingangslager) schon deshalb erforderlich, weil keine Abstimmung mit den Abnehmern (Lieferanten) möglich ist. Variieren auf der Lieferantenseite die Abnehmer (auf der Abnehmerseite die Lieferanten) nicht, so ist zu unterscheiden, ob der Absatz (die Beschaffung) sicher ist oder nicht. Ist der Absatz der hergestellten Produkte (die Beschaffung der notwendigen Vorprodukte) sicher, d. h. immer verzögerungsfrei und preismaximal (kostenminimal) möglich, so entsteht keine Notwendigkeit für ein Ausgangslager (Eingangslager). Eine Lieferung (Beschaffung) kann vielmehr direkt aus der Produktion (in die Produktion) erfolgen. Diese Situation liegt dann vor, wenn zwei aufeinanderfolgende Produktionsstufen bereits stark gekoppelt sind. Ist der Absatz (die Beschaffung) aber unsicher in dem Sinne, dass er (sie) geplant werden muss, was häufig der Fall sein dürfte, so liegt es nahe, ein Ausgangslager (Eingangslager) zu betreiben, mit dem die Produktion von der Nachfrage (die Beschaffung von der Produktion) entkoppelt werden kann. Zur Bestimmung von Details, etwa der Frage, wer das Ausgangslager (Eingangslager) betreibt, ist die Machtverteilung zwischen Lieferant und Abnehmer zu untersuchen.

Liegt eine Machtverteilung zu Gunsten des Lieferanten (Abnehmers) vor, d. h. der Abnehmer (Lieferant) ist vom Lieferanten (Abnehmer) wirtschaftlich abhängig, so kann der Abnehmer (Lieferant) leicht davon überzeugt werden, das Ausgangslager (Eingangslager) für den Lieferanten (Abnehmer) zu betreiben. Bei indifferenter Machtverteilung, d. h. ohne klare wirtschaftliche Abhängigkeit, ergibt sich natürlich keine klare Konsequenz.

Diese Symmetrie der Determinanten für die Typen der Ausgangs- und Eingangselemente zwischen Lieferant und Abnehmer offenbart Kooperationsoptionen, welche es erlauben, das Produktionsnetz durch Elimination redundanter Elemente zu verschlanken. Bei sicherem Absatz bzw. sicherer Beschaffung etwa könnte eine Integration zweier Produktionsstufen möglich sein. Bei invariablen Abnehmern bzw. Lieferanten kann der Ersatz eines Ausgangs- und eines Eingangslagers durch ein gemeinsames Zwischenlager geprüft werden. Wer dieses Zwischenlager betreibt, wird von der Machtverteilung zwischen Lieferant und Abnehmer abhängen. Aus diesen Überlegungen lassen sich Hinweise für die Gestaltung der Grenzen von Logistiknetzen und den sie abbildenden Optimierungsmodellen ableiten. Ist nämlich die Beschaffung (der Absatz) sicher, so kann das erste (letzte) Element des zu Grunde liegenden Produktionsnetzes ein Produktions- oder Transportelement sein. In allen anderen Fällen ist am Eingang (Ausgang) des Produktionsnetzes ein Lager anzuordnen, für dessen Befüllung (Leerung) unabhängig von der Optimierung des Logistiknetzes zu sorgen ist.

Lieferant				Abnehmer			
Determinanten			Grenzelement	Grenzelement	Determinanten		
Abnehmer invariabel	Absatz sicher		Produktion	Produktion		Beschaffung sicher	Lieferanten invariabel
	Absatz unsicher	Machtverteilung zu Gunsten des Lieferanten	Ausgangslager, betrieben durch Abnehmer	Eingangslager, betrieben durch Abnehmer	Machtverteilung zu Ungunsten des Abnehmers	Beschaffung unsicher	
		Machtverteilung indifferent			Machtverteilung indifferent		
		Machtverteilung zu Ungunsten des Lieferanten	Ausgangslager, betrieben durch Lieferanten	Eingangslager, betrieben durch Lieferanten	Machtverteilung zu Gunsten des Abnehmers		
Abnehmer variabel				Eingangslager, betrieben durch Abnehmer			Lieferanten variabel

Tab. 3-2: Symmetrie der Determinanten zwischen Lieferant und Abnehmer

Lieferant				Abnehmer			
Determinanten			Grenzelement	Grenzelement	Determinanten		
Abnehmer invariabel	Absatz sicher		integrierte Produktion			Beschaffung sicher	Lieferanten invariabel
	Absatz unsicher	Machtverteilung zu Gunsten des Lieferanten	Zwischenlager, betrieben durch Abnehmer		Machtverteilung zu Ungunsten des Abnehmers	Beschaffung unsicher	
		Machtverteilung indifferent			Machtverteilung indifferent		
		Machtverteilung zu Ungunsten des Lieferanten	Zwischenlager, betrieben durch Lieferanten		Machtverteilung zu Gunsten des Abnehmers		
Abnehmer variabel			Ausgangslager, betrieben durch Lieferanten	Eingangslager, betrieben durch Abnehmer			Lieferanten variabel

Tab. 3-3: Symmetriebedingte Kooperationsoptionen

3.1.4 Modellierung der Parameter

Unter der Voraussetzung einer ausreichenden Prozessstabilität zur Gewährleistung der gegebenen Qualitätsanforderungen stellen sich aus betriebswirtschaftlicher Sicht die wesentlichen Parameter von Produktions- und Logistiknetzen als material-, zeit-, kosten- oder als nutzenbezogene Größen und somit als Konkretisierungen der im Beschreibungsrahmen für Vorgangsnetze beschriebenen Merkmale dar.[1] Während die materialbezogenen Parameter hinsichtlich der Materialbilanzen relevant sind, erhalten die zeitbezogenen Parameter ihre Bedeutung hinsichtlich geltender Kapazitätsrestriktionen und die kosten- bzw. nutzenbezogenen Parameter hinsichtlich der betriebswirtschaftlichen Optimierungsziele.

Ausgangspunkt aller Planungen ist der nach Menge oder nach Menge und Termin exogen vorgegebene Primärbedarf, der entweder vollständig zu decken ist (unbedingte Bedarfserfüllung) oder dessen Wert eine Absatzunter- bzw. -obergrenze darstellt (abwärts- bzw. aufwärtslimitierte Bedarfserfüllung). Eine Materialverlustkompensation kann erforderlich sein, um einen produktionsbedingten Ausschuss oder einen lagerbedingten Schwund auszugleichen. Es werden daher ein teiletypabhängiger Koeffizient zur „Ausschusskompensation“ und ein entsprechender Koeffizient zur „Schwundkompensation“ vorgeschlagen, deren eigentlich stochastischer Charakter hier durch deterministische Werte angenähert werden soll.

„Anschaltzeiten“ entstehen bei der Vorbereitung eines Strukturelements - in der Planung als Ressource r bezeichnet - für einen Teiletyp j und treten bei der Produktion als Rüst-, beim Transport als Verlade- und beim Lager als Einlagerungszeiten auf. „Abschaltzeiten“ entstehen, wenn nach der Behandlung eines Teiletyps j durch eine Ressource r eine Nachbereitung, z. B. das Abrüsten einer Produktionsanlage, erforderlich ist. Obwohl Abschaltzeiten bei allen drei Elementtypen notwendig sein können, z. B. bedingt durch eine Reinigung, einen Abkühlvorgang etc., werden sie in der Literatur fast niemals eigenständig diskutiert. Diese Vernachlässigung erscheint dann gerechtfertigt, wenn in einer Modellierung die Abschaltzeiten hinreichend genau durch die Anschaltzeiten des auf den Teiletyp j nachfolgenden Teiletyps jn berücksichtigt werden können.

---

[1] vgl. Kap. 2.2.2

Ist dies nicht der Fall, gewinnen „Umschaltzeiten“ an Bedeutung, die anzuwenden sind, wenn die „Anschalt-“ bzw. „Abschaltzeiten“ reihenfolgeabhängig sind, d. h. mit der Wahl des dem Teiletyp j vorausgehenden Teiletyps jv oder des ihm nachfolgenden Teiletyps jn variieren. Ist eine Differenzierung zwischen Anschalt-, Abschalt- und Umschaltzeiten nicht erforderlich, so läßt sich auch eine einzige „Schaltzeit“ angeben. Von besonderer Bedeutung ist die „Aktivitätszeit“, d. h. diejenige Zeit, welche für die Durchführung einer Aktivität wie der Bearbeitung eines Teils des Typs j auf einer Ressource erforderlich ist. Eine „minimale Schaltzustandsdauer“ eines Strukturelements wird meist (vertrags-) rechtlich bedingt sein, etwa wenn Läger, Transportmittel oder auch Produktionsanlagen[1] unter Beachtung einer Mindestmietdauer anzumieten sind. Ursachen für eine „maximale Schaltzustandsdauer“ können natürlich ebenfalls (vertrags-) rechtlicher Art sein. Mit einiger Wahrscheinlichkeit kommen hierfür aber auch technische Ursachen in Frage, etwa wenn die Abschaltung einer Anlage zwecks Wartung nach einer bestimmten Betriebszeit erforderlich ist. Für die „Pausendauer“ sind Minimalwerte (Abkühlen einer Maschine) aber auch Maximalwerte (Erfahrungsverlust von Mitarbeitern) denkbar. Da die Schaltzustands- bzw. Pausendauern nicht von den Teiletypen j abhängen, ist die Identifikation der Ressourcen hier über den Index r erforderlich. „Schaltzustandsdauern“ der Strukturelemente bzw. Ressourcen sind nicht zu verwechseln mit „Stationszeiten“ der Aktivitäten bzw. Vorgänge, also den Zeiten, welche zu deren Durchführung auf den Ressourcen minimal bzw. maximal erforderlich sind.[2] Sowohl bei der Produktion als auch beim Transport ist aus technischen Gründen von einer minimalen Stationszeit (Produktions- bzw. Transportzeit) größer null auszugehen. Beim Lager besteht eine minimale Stationszeit, abgesehen von der Dauer der Einlagerungs- und Auslagerungsvorgänge, nicht als Eigenschaft des Lagers. Sie kann jedoch als Eigenschaft des Produktionsprozesses erforderlich sein, etwa wenn Teile vor der Weiterverarbeitung oder dem Transport abkühlen müssen. Die Annahme einer maximalen Stationszeit ist sowohl bei der Produktion, beim Transport als auch beim Lager möglich, nämlich wenn Teile mit begrenzter Lebensdauer behandelt werden (z. B. verderbliche Lebensmittel oder zwecks Verarbeitung erhitzte oder gekühlte Teile). Die Unterbrechung der Stationszeit ohne Übergang des Teils an eine andere Ressource kann bei Produktion und Transport methodisch sinnvoll sein und entspricht einer Lagerung.

1 vgl. Bellmann, K.: Pay-as-Built - Innovative Organisationsmodelle, 2001
2 vgl. auch Kap. 3.3.2.5

Die Unterbrechung der Lagerung jedoch, d. h. eine Auslagerung mit dem Ziel der anschließenden Wiedereinlagerung in dasselbe Lager, erscheint aus methodischer Sicht nicht sinnvoll.

Für die durch die Anschalt-, Abschalt- und Umschalthergänge anfallenden Kosten gilt Analoges: „Anschaltkosten" entstehen bei der Vorbereitung eines Strukturelements zur Verarbeitung eines Teiletyps j und werden bei der Produktion als Rüst-, beim Transport als Verlade- und beim Lager als Einlagerungskosten bezeichnet. „Abschaltkosten" entstehen entsprechend, wenn nach der Verarbeitung eines Teiletyps j eine Nachbereitung eines Strukturelements erforderlich ist. „Umschaltkosten" sind dann zu verwenden, wenn die Anschalt- bzw. Abschaltkosten von der Bearbeitungsreihenfolge der Teiletypen abhängen. Ist eine Differenzierung zwischen Anschalt-, Abschalt- und Umschaltkosten nicht erforderlich, lassen sich auch lediglich „Schaltkosten" angeben. „Aktivitätskosten" fallen für die Durchführung einer Aktivität an, z. B. für die Bearbeitung eines Teils j auf einer Produktionsanlage. Sowohl die Kosten der Produktionselemente als auch der Transportelemente sind im Allgemeinen als „Aktivitätskosten" modellierbar, die vom Fortschritt der Produktion bzw. des Transports abhängen. Hierbei gilt es, „Bezugsgrößen zu finden, zu denen sich die proportionalen Kosten auch proportional verhalten".[1] Auch die in herkömmlichen Modellen als „Lagerkosten" bezeichneten Koeffizienten,[2] welche die Lagerkosten pro Stück und Periode abbilden sollen, stellen formal Aktivitätskosten dar. Allerdings sind beim Lager, mit Ausnahme von Einlagerungs- bzw. Auslagerungskosten, Aktivitätskosten eher unwahrscheinlich, weil mit der Lagerung in der Stückgüterindustrie i. d. R. keine Veränderung der gelagerten Objekte verbunden ist. Ausnahmen, insbesondere aus der Prozessindustrie, in welcher eine Behandlung der Teile während der Lagerung erforderlich sein kann, die mengenabhängige Kosten verursacht, können entweder durch einen entsprechenden Koeffizienten oder durch eine Reihenschaltung eines Lagerelements und eines Produktionselements mit der Stationszeit null modelliert werden. Bei kurzfristiger Planung wird meist angenommen, dass sich die Aktivitätskosten nicht mit der Produktionsmenge verändern, d. h. dass ein linearer Verlauf vorliegt. Sowohl ein möglicherweise durch „Lernkurveneffekte" bedingter degressiver Verlauf als auch ein progressiver Verlauf, der in Einzelfällen extremer Intensitätssteigerungen beobachtet werden kann,[3] werden hier nicht weiter betrachtet.

---

1 vgl. Plaut, H.: Die Entwicklung der flexiblen Plankostenrechnung, in: ZfB, 57. Jg., 1987, S. 360
2 vgl. Kap. 2.4
3 vgl. Plaut, H.: Die Entwicklung der flexiblen Plankostenrechnung, in: ZfB, 57. Jg., 1987, S. 362

Werden im Logistiknetz zur Ausführung von Transporten Dienstleister eingesetzt, so entspricht das von diesen angewendete Tarifsystem dem Transportkostensystem des Logistiknetzes. Das Tarifsystem von Transportdienstleistern wird meist von vier Variablen beeinflusst, nämlich den zurückzulegenden Entfernungen sowie dem Gewicht, dem Volumen und den Mengen der zu transportierenden Teile.[1] Hierbei werden häufig sprungfixe Tarife zur Anwendung kommen. Da in einem Optimierungsmodell zwar drei dieser Variablen ex ante bekannt sind und somit Parameter bilden, die Mengen der zu transportierenden Teile, welche ebenfalls Einfluss auf den anzuwendenden Tarif haben, jedoch die zu bestimmenden Entscheidungsvariablen darstellen, liegt methodisch ein Zirkel vor. Das systematisch korrekte, allerdings aufwändige Vorgehen besteht hier darin, das Optimierungsproblem mit allen Varianten des Parameters, d. h. mit allen in Betracht kommenden Tarifen, zu lösen und hiernach das Optimum der Optima auszuwählen. Allerdings wird häufig ein heuristischer Ansatz möglich sein, nämlich die Abschätzung der Ober- und Untergrenzen der zu transportierenden Teilemengen und die anschließende Vorauswahl des „passenden" Tarifs.

Der Schaltzustandsdauer entsprechen die „Bereitschaftskosten", deren Modellierung aber in der Literatur bislang eher selten vorzufinden ist, obwohl sich mit ihnen z. B. die Anmietung von Lägern oder anderen Strukturelementen in Form von periodenfixen oder sprung- bzw. intervallfixen Kosten abbilden lässt. Bereitschaftskosten fallen i. d. R. als lineare Funktion des Zeitverlaufs an. Sollen die „Beschaffungskosten" von Rohstoffen im Modell erfasst werden, so sind entsprechende Einkaufspreise vorzugeben. Analog hierzu sind als einzige nutzenbezogene Eigenschaft die „Verkaufspreise" für Endteile zu nennen, welche vom Logistiknetz an den Markt abgegeben werden.

Grundsätzlich könnten alle Parameter mit der Periode variieren, was jeweils durch einen Periodenindex t darstellbar wäre. Da diese Möglichkeit aber meist von nur geringer praktischer Relevanz ist, wird sie hier nicht umgesetzt. Als Ausnahmen werden hier neben dem Primärbedarf, der, als Intention dynamischer Modelle, i. d. R. periodenabhängig sein dürfte, die Aktivitätskosten, die Bereitschaftskosten sowie die Einkaufs- und die Verkaufspreise periodenabhängig aufgeführt, da diese die praktisch interessanten Fälle darstellen und einige Modelle in der Literatur eine solche Periodenabhängigkeit berücksichtigen.

---

[1] vgl. Fichtner, C. / Engelsleben, T.: Preismodelle der Kep-Dienstleister, in: LH, 7-8/2001, S. 46

	Variablen
materialbezogene Parameter	
Primärbedarf oder Primärbedarfsgrenze, i. d. R. periodenabhängig	B_l , B_{lt}
Ausschusskompensation	d_i
Schwundkompensation	d_j
zeitbezogene Parameter	
Anschalt-, Umschalt-, Abschaltzeit	can_i , $cum_{iv,i}$, cab_i
Schaltzeit	cs_i
Aktivitätszeit	ca_i
minimale Schaltzustandsdauer	$TMIN_r$
maximale Schaltzustandsdauer	$TMAX_r$
Pausendauer	$TPAUSE_r$
Stationszeit	$TSTAT_j$
kostenbezogene Parameter	
Anschalt-, Umschalt-, Abschaltkosten	kan_i , $kum_{iv,i}$, kab_i
Schaltkosten	ks_i
Aktivitätskosten, ggfs. periodenabhängig	ka_i , ka_{it}
Bereitschaftskosten, ggfs. periodenabhängig	kb_r , kb_{rt}
Beschaffungskosten (Einkaufspreis), ggfs. periodenabhängig	we_h , we_{ht}
nutzenbezogener Parameter	
Verkaufspreis, ggfs. periodenabhängig	wv_l , wv_{lt}

Tab. 3-4: Modellierung der Parameter für Logistiknetze

3.2 Gestaltung und Implikationen möglicher Optimierungsziele

3.2.1 Formulierungen möglicher Zielfunktionen

3.2.1.1 Auswahl möglicher Optimierungsziele

Da sich der Fokus der herkömmlichen Forschung zur mehrstufigen Produktionsplanung selten auf die Zielfunktion, sondern, möglicherweise bedingt durch die hohe Komplexität der formalen Modelle, auf die Restriktionen richtet, welche wesentliche Eigenschaften und damit die Leistungsfähigkeit der Modelle bestimmen, bestehen die herkömmlichen Zielfunktionen meist aus der Summe aus „Rüst- und Lagerkosten".[1] Ob mit der Minimierung von „Rüst- und Lagerkosten" aber alle realen Planungssituationen angemessen abgebildet werden können, ist zweifelhaft. Daher werden in diesem Kapitel Möglichkeiten zur Gestaltung verschiedener Optimierungsziele vorgeschlagen.

Trotz einer bereits langwährenden und ausführlichen Diskussion über betriebliche Zielsetzungen,[2] die im Rahmen dieser Arbeit nicht nachvollzogen werden soll, kann i. d. R. davon ausgegangen werden, dass es für marktwirtschaftliche Unternehmen ausschließlich rational ist, erwerbswirtschaftliche Ziele zu verfolgen, d. h. Gewinne bzw. Renditen zu maximieren.[3] Dieser These steht nicht grundsätzlich entgegen, dass in einem dekomponierten Planungssystem[4] auf unterschiedlichen Planungshorizonten unterschiedliche Nebenbedingungen, z. B. vorgegebene Wachstumsraten, zu beachten und daher andere (Ersatz-) Ziele zu modellieren sind.[5] Die Auswahl eines konkreten Ziels der Produktionsplanung muss daher in Abstimmung mit der allgemeinen strategischen Unternehmensplanung erfolgen und Faktoren wie Marktpotential, Wettbewerbsstärke, Kunden- und Lieferantenbindung inkl. bestehender vertraglicher Verpflichtungen etc. berücksichtigen. Mögliche Planungsziele für Optimierungsmodelle ergeben sich dabei aus einfachen betriebswirtschaftlichen Überlegungen.

---

[1] vgl. Kap. 2.4;
vgl. Kimms, A.: Multi-Level Lot Sizing and Scheduling, 1997, S. 13 ff.

[2] vgl. stellvertretend Heinen, E.: Das Zielsystem der Unternehmung, 1966

[3] vgl. Gutenberg, E.: Grundlagen der Betriebswirtschaftslehre, Die Produktion, 1983, S. 464 ff.

[4] vgl. Kap. 2.1.2

[5] vgl. Kilger, W.: Optimale Produktions- und Absatzplanung, 1973, S. 15 f.

Die überwiegende Mehrzahl operativer Optimierungsmodelle der Produktionswirtschaft setzt die Kostenminimierung als Ziel ein.[1] Einige Modelle arbeiten auch mit der Gewinn- bzw. Deckungsbeitragsmaximierung. Ferner könnten die Planungsziele der Rendite- oder der Barwertmaximierung von Bedeutung sein, wobei das Konzept des Barwertes ohne Verzinsung letztlich dem „Cash Flow“ entspricht.[2] Als Ziel in der (operativen) Ablaufplanung findet sich häufig die Minimierung der Produktionsdauer, genauer: der Zykluszeit.[3] Ziele, die in der Produktionsplanung eher selten abgebildet werden, sind mit der Absatz- oder der Umsatzmaximierung gegeben. Ein insbesondere in der Automobilindustrie immer noch wichtiges Ziel ist der Ausgleich der Kapazitätsbelastung. Nicht zuletzt ist der Einsatz des Instrumentariums der mathematischen Planungsrechnung auch ohne reales Ziel, d. h. bei Verwendung eines Blindziels, möglich.

Manchmal werden die üblichen betriebswirtschaftlichen Ziele in einen Zusammenhang mit der Länge des Planungshorizonts gestellt. So kann es bei kurzem Planungshorizont (z. B. kürzer als 0,5 Jahre) in der operativen Produktionsplanung, genauer: in der Ablaufplanung, sinnvoll sein, die Zykluszeit zu minimieren. Bei mittlerem Planungshorizont (z. B. 0,5 bis 1,5 Jahre) wird der Fokus meist auf der Kostenminimierung, ggfs. der Gewinnmaximierung liegen. Bei langem Planungshorizont (z. B. mehr als 1,5 Jahre) kann aufgrund von zunehmend wirksamen Zinseffekten die Barwertmaximierung sinnvoll erscheinen. Allerdings sind, wie oben angedeutet, viele Merkmale der Unternehmensumwelt bei der Zielauswahl zu berücksichtigen.

Außer der Optimierung eines einzigen Ziels ist natürlich auch die Verfolgung mehrerer Ziele denkbar. Die Optimierung mehrfacher Ziele wird zwar in der Standardliteratur formal diskutiert, jedoch in der betrieblichen Planung bisher nur sehr selten thematisiert.[4] Sie soll auch in der vorliegenden Arbeit nicht betrachtet werden. Auch qualitative Ziele, die sich naturgemäß nicht ohne eine Quantifizierung systematisch verarbeiten lassen, werden in der vorliegenden Arbeit ausgeblendet. Bei den unten aufgeführten Formulierungen der Optimierungsziele werden die folgenden Entscheidungsvariablen verwendet:

---

1 vgl. Kap. 2.4
2 vgl. Dellmann, K.: Cash-Flow, in: Busse von Colbe, W. (Hrsg.): Rechnungswesen, 1991
3 vgl. Kap. 2.1.4
4 vgl. Slowinski, R.: Multiobjective project scheduling,
in: Slowinski, R. / Weglarz, J. (Hrsg.): Advances in project scheduling, 1989, S. 151-167

Entscheidungsvariable	
q_{ht}, q_{it}	Menge, die dem Bestand an Teiletyp j in Periode t durch Zukauf (Teiletyp h) oder durch Produktion oder Transport (Teiletyp i) hinzugefügt wird
q_{jt}	Bestand an Teiletyp j in Periode t
q_{kt}, q_{lt}	Menge, die dem Bestand an Teiletyp j in Periode t zwecks Weiterverarbeitung (Teiletyp k, Sekundärbedarf) oder zwecks Verkauf (Teiletyp l) entnommen wird
$q_{A,t}$	Menge der Hilfs- (Anfangs-) Variablen in Periode t
$q_{E,t}$	Menge der Hilfs- (End-) Variablen in Periode t
qbv	Menge der Blindvariablen
qz_t	Zahlungsmittelbestand in t
x_{it}	binäre Schalthergangsvariable
y_{rt}	binäre Schaltzustandsvariable für die Ressource r

Tab. 3-5: Entscheidungsvariable für die Zielfunktionsformulierungen

3.2.1.2 Kostenminimierung

Die Minimierung von Kosten - etwa von Bereitschafts-, Beschaffungs-, Rüst- bzw. Schalt- sowie Produktionskosten - ist dann sinnvoll, wenn die Umsätze exogen bestimmt sind, was die Vorgabe der unbedingten Bedarfserfüllung erfordert. Dies könnte z. B. der Fall sein, wenn bei Lieferausfall Pönalen oder große Reputationsschäden drohen. Die hier abgebildeten Bereitschaftskosten, Beschaffungskosten, Schaltkosten und Produktions- bzw., allgemeiner formuliert, Aktivitätskosten ergeben sich aus der Modellierung der Parameter.[1] Nachfolgend sind die Summen über die einzelnen Kostenkomponenten getrennt dargestellt, um eine größere Transparenz zu erreichen. Man beachte, dass die verschiedenen Kostenkoeffizienten über unterschiedliche Dimensionen verfügen, die sich im Produkt mit den Dimensionen der Entscheidungsvariablen zu „Geldeinheiten" GE ergänzen. So sind die Beschaffungskosten we_{ht} ebenso wie die Aktivitätskosten ka_{it} in „Geldeinheiten pro Mengeneinheit" GE/ME, die Schaltkosten ks_i sowie die Bereitschaftskosten kb_{rt} jedoch nur in „Geldeinheiten" GE zu dimensionieren, weil sowohl die Schalthergangs- als auch die Schaltzustandsvariable jeweils dimensionslos sind. Bei den Schaltzustandskosten ist ferner zu beachten, dass sie auf die verwendete Periodenlänge zu skalieren sind.

Zielfunktion		
$\min \sum_{t \in T} \left(\sum_{r \in R} kb_{rt} y_{rt} + \sum_{h \in H} we_{ht} q_{ht} + \sum_{i \in I} (ks_i x_{it} + ka_{it} q_{it}) \right)$		*Glg. 3-1: Mögliche Zielfunktion zur Kostenminimierung*
Restriktionen		
$x_{it}, y_{rt} \in \{0,1\}$	$i = 1,...,I$ $r = 1,...,R$ $t = 1,...,T$	*Glg. 3-2: Binärisierung der Schaltvariablen*
$q_{ht}, q_{it} \geq 0$	$h = 1,...,H$ $i = 1,...,I$ $t = 1,...,T$	*Glg. 3-3: Nichtnegativitätsbedingungen*

Tab. 3-6: Zielfunktion und Restriktionen zur Kostenminimierung

[1] vgl. Kap. 3.1.4

3.2.1.3 Absatz- und Umsatzmaximierung

Die Maximierung des Absatzes, welche die Aufhebung der unbedingten Bedarfserfüllung bedingt, kann ein sinnvolles Planungsziel darstellen, wenn Kosten und Verkaufspreise nicht entscheidungsrelevant sind, z. B. weil eine schnelle Marktdurchdringung erzielt werden soll. Die Einbeziehung der Verkaufspreise in die Planung führt zum Ziel der Umsatzmaximierung. Diese kann auch bei unbedingter Bedarfserfüllung sinnvoll sein, wenn die Gesamtabsatzmenge im Planungszeitraum vorgegeben ist, aber die Verkaufspreise periodenabhängig variieren. Die erwerbswirtschaftliche Wirkung kann bei diesen Optimierungszielen natürlich nicht bewertet werden, d. h. es ist möglich, dass aufgrund hoher Kosten ein Verlust erwirtschaftet wird. Bei der Absatz- und Umsatzmaximierung und allen weiteren Zielen, welche im Widerspruch zur unbedingten Bedarfserfüllung stehen, kann ggfs. eine untere bzw. obere Absatzgrenze bestehen, so dass Restriktionen zur abwärts- bzw. aufwärtslimitierten Bedarfserfüllung zu ergänzen sind. Zur Formulierung eines sinnvollen Modells ist letztere notwendig, wenn Kapazitätsrestriktionen nicht abgebildet werden. Ferner ermöglicht die Verwendung von getrennten Entscheidungsvariablen für Bestandszu- und -abgänge, insbesondere für Primär- und Sekundärbedarfe, eine höhere Transparenz in den Materialbilanzen.

Zielfunktion		
$\max \sum_{t \in T} \sum_{l \in L} q_{lt}$		*Glg. 3-4: Mögliche Zielfunktion zur Absatzmaximierung*
$\max \sum_{t \in T} \sum_{l \in L} wv_{lt} q_{lt}$		*Glg. 3-5: Mögliche Zielfunktion zur Umsatzmaximierung*
Restriktionen		
$q_{j,t-1} - q_{jt} + \sum_{h \in H} q_{ht} + \sum_{i \in I} g_{ij} q_{it}$ $- \sum_{k \in K} g_{jk} q_{kt} - \sum_{l \in L} q_{lt} = 0$	$j = 1,\ldots,J$ $t = 1,\ldots,T$	*Glg. 3-6: Materialbilanzen*
$q_{lt} \leq B_{lt}$	$l = 1,\ldots,L$ $t = 1,\ldots,T$	*Glg. 3-7: Aufwärtslimitierte Bedarfserfüllung*
$q_{ht}, q_{it}, q_{jt}, q_{kt}, q_{lt} \geq 0$	$\forall h, \forall i, \forall j, \forall k, \forall l$ $t = 1,\ldots,T$	*Glg. 3-8: Nichtnegativitätsbedingungen*

Tab. 3-7: Zielfunktionen und Restriktionen zur Absatz- oder Umsatzmaximierung

3.2.1.4 Gewinnmaximierung

Bei der Gewinnmaximierung, die in der Literatur im gegebenen Kontext bisher nur selten diskutiert wird,[1] ist zunächst zu klären, über welchen Inhalt der Begriff des „Gewinns" verfügen soll. Offenbar handelt es sich nicht um den Deckungsbeitrag als Differenz aus Umsatz und variablen bzw. ausbringungsmengenabhängigen Kosten,[2] da auch Schalt- und Bereitschaftskosten eine Kostenkomponente bilden können. Häufig wird eine Interpretation des Gewinns als Einzahlungsüberschuss oder als pagatorischer Gewinn, d. h. als Differenz von Erträgen und Aufwendungen, sinnvoll sein.[3] In Ergänzung zu den Kostenkomponenten werden also die erzielten Umsätze in die Zielfunktion aufgenommen, womit die unbedingte Bedarfserfüllung aufzuheben (und ggfs. durch die abwärts- bzw. aufwärtslimitierte Bedarfserfüllung zu ersetzen) ist. Als Spezialfall könnte auch hier der Gesamtabsatz im Planungszeitraum bei in den Perioden variierenden Verkaufspreisen vorgegeben sein.

Zielfunktion		
$\max \sum_{t \in T} \left(\sum_{l \in L} wv_{lt} q_{lt} - \sum_{r \in R} kb_{rt} y_{rt} - \sum_{h \in H} we_{ht} q_{ht} - \sum_{i \in I} \left(ks_i x_{it} + ka_{it} q_{it} \right) \right)$		*Glg. 3-9: Mögliche Zielfunktion zur Gewinnmaximierung*
Restriktionen		
$q_{j,t-1} - q_{jt} + \sum_{h \in H} q_{ht} + \sum_{i \in I} g_{ij} q_{it} - \sum_{k \in K} g_{jk} q_{kt} - \sum_{l \in L} q_{lt} = 0$	$j = 1,\ldots,J$ $t = 1,\ldots,T$	*Glg. 3-10: Materialbilanzen*
$q_{lt} \le B_{lt}$	$l = 1,\ldots,L$ $t = 1,\ldots,T$	*Glg. 3-11: Aufwärtslimitierte Bedarfserfüllung*
$q_{ht}, q_{it}, q_{jt}, q_{kt}, q_{lt} \ge 0$	$\forall h, \forall i, \forall j, \forall k, \forall l$ $t = 1,\ldots,T$	*Glg. 3-12: Nichtnegativitätsbedingungen*
$x_{it}, y_{rt} \in \{0,1\}$	$i = 1,\ldots,I$ $r = 1,\ldots,R$ $t = 1,\ldots,T$	*Glg. 3-13: Binärisierung der Schaltvariablen*

Tab. 3-8: Zielfunktion und Restriktionen zur Gewinnmaximierung

1 vgl. Baker, T. / Muckstadt, J. Jr.: The CHES problems, 1989
2 vgl. Mildenberger, U.: Grundlagen des Internen Rechnungswesens, 2000, S. 25, S. 154
3 vgl. Sieben, G. / Gatzen, M.: Gewinn, in: Busse von Colbe, W. (Hrsg.): Rechnungswesen, 1991, S. 223

3.2.1.5 *Renditemaximierung*

Aus Investorensicht ist die Maximierung des auf das eingesetzte (Eigen-) Kapital bezogenen Gewinns, d. h. der Eigenkapitalrendite, das erwerbswirtschaftliche Oberziel eines Unternehmens. Jedoch dürfte die Höhe des eingelegten Eigenkapitals in der operativen Produktionsplanung i. d. R. keine Entscheidungsvariable darstellen. In Anlehnung an die Idee der Rendite könnte man dennoch versucht sein, eine Zielfunktion mit einem Quotienten aus dem Gewinn und einer das Umlaufvermögen, genauer: sämtliche im Produktionssystem befindlichen Materialbestände, darstellenden Größe zu formulieren, um so auch die „Kapitalbindung" zu erfassen. In der folgenden Formulierung, die unter Vernachlässigung von Schaltkosten auf derjenigen der Gewinnmaximierung aufbaut und daher auch die aufwärtslimitierte Bedarfserfüllung beinhaltet, wird das Umlaufvermögen aufgrund der gebotenen kaufmännischen Vorsicht mit Verkaufspreisen wv bewertet.

Zielfunktion		
$\max \dfrac{\sum_{t\in T}\left(\sum_{l\in L} wv_{lt}q_{lt} - \sum_{r\in R} kb_{rt}y_{rt} - \sum_{h\in H} we_{ht}q_{ht} - \sum_{i\in I} ka_{it}q_{it}\right)}{\sum_{t\in T}\sum_{j\in J} wv_{jt}q_{jt}}$		*Glg. 3-14: Mögliche Zielfunktion zur Renditemaximierung*
Restriktionen		
$q_{j,t-1} - q_{jt} + \sum_{h\in H} q_{ht} + \sum_{i\in I} g_{ij}q_{it} - \sum_{k\in K} g_{jk}q_{kt} - \sum_{l\in L} q_{lt} = 0$	$j = 1,\dots,J$ $t = 1,\dots,T$	*Glg. 3-15: Materialbilanzen*
$q_{lt} \le B_{lt}$	$l = 1,\dots,L$ $t = 1,\dots,T$	*Glg. 3-16: Aufwärtslimitierte Bedarfserfüllung*
$q_{ht}, q_{it}, q_{jt}, q_{kt}, q_{lt} \ge 0$	$\forall h, \forall i, \forall j, \forall k, \forall l$ $t = 1,\dots,T$	*Glg. 3-17: Nichtnegativitätsbedingungen*
$x_{it}, y_{rt} \in \{0,1\}$	$i = 1,\dots,I$ $r = 1,\dots,R$ $t = 1,\dots,T$	*Glg. 3-18: Binärisierung der Schaltvariablen*

Tab. 3-9: Zielfunktion und Restriktionen zur Renditemaximierung

Allerdings ist bei entsprechender Definition des „Gewinns“ bereits die Formulierung der Gewinnmaximierung dazu geeignet, die Kapitalbindung, genauer: die Veränderungen des für die Finanzierung des Umlaufvermögens benötigten Kapitals, direkt zu berücksichtigen, nämlich über Ausgaben für Rohmaterial und Einnahmen aus Umsatz. Denn in einem zentral gesteuerten Logistiknetz wird Kapital zur Beschaffung von Vorprodukten nur an den Eingängen aufgewendet, und nur an den Ausgängen fließt es durch Umsätze zurück. Die Abbildung der „Kapitalbindung“ durch einen die Materialbestände abbildenden Nenner dürfte insofern eine Doppelerfassung bewirken. Ferner ist zu berücksichtigen, dass die Bewertung der Materialbestände problematisch sein kann, insbesondere wenn für sie weder Einkaufs- noch Verkaufspreise zur Verfügung stehen. Schließlich sei darauf hingewiesen, dass mit der angegebenen Formulierung offensichtlich eine nicht-lineare Zielfunktion vorliegt, deren optimaler Wert zwar von Standardprogrammen grundsätzlich - und bei einem konvexen Lösungsraum möglicherweise relativ problemlos - bestimmt werden kann, jedoch nur unter größerem Zeitaufwand als bei linearen Problemen. Die Erfassung der Kapitalbindung im Nenner eines Quotienten erscheint also nicht uneingeschränkt sinnvoll.

3.2.1.6 Barwertmaximierung

Wird die Kapitalbindung, genauer: werden Ausgaben für z. B. Rohmaterial und Einnahmen durch Umsätze, in der Zielfunktion berücksichtigt, so können bei längeren Planungszeiträumen Zinseffekte zu beachten sein. Dies erfordert die Verwendung eines investitionstheoretischen Ansatzes, in dem Einnahmen und Ausgaben abgezinst werden, um deren Barwert zu bestimmen.[1] Derartige Ansätze finden sich vereinzelt in der Literatur, etwa in Form einer Zielfunktion, welche Schalt- bzw. Rüst- und Lagerkosten bzw. die hiermit verbundenen Ausgaben in üblicher Weise auf einen Bezugszeitpunkt abzinst.[2] Ein solcher Ansatz ist aber offensichtlich nur dann sinnvoll, wenn es sich sowohl bei den Schaltkosten als auch bei den Lagerkosten um ausgabenwirksame Grund- und nicht um kalkulatorische Kosten handelt, deren Entscheidungsrelevanz zu hinterfragen ist.[3] Aber auch in Fällen, in denen der kalkulatorische Charakter der in das Modell aufgenommenen Kosten akzeptiert wird, stellt sich die Frage, ob die betriebswirtschaftliche Planungssituation durch die Abzinsung kalkulatorischer Kosten angemessen abgebildet wird.

Nachfolgend werden zwei Beispiele für alternative Zielfunktionsformulierungen zur Erfassung abgezinster Einnahmen aus Umsatz und Ausgaben für die Beschaffung von Rohmaterial (Beispiel 1) bzw. zusätzlich zur Erfassung ausgabenwirksamer Schaltkosten sowie Bereitschaftskosten für Ressourcen (Beispiel 2) unter Verwendung des Monozinswertes angeführt.[4] Im Beispiel 1 sind ferner Zahlungsfristen TZ für Einnahmen und Ausgaben abgebildet. Analog zur Gewinnmaximierung können sowohl die unbedingte als auch die hier verwendete aufwärtslimitierte Bedarfserfüllung gelten. Da der Zinssatz einen Parameter darstellt, handelt es sich im Beispiel 1, in dem keine Schaltvariable verwendet wird, offensichtlich um eine lineare Funktion:

---

1 vgl. Kap. 2.1.3.2

2 vgl. Helber, St.: Cash-Flow Oriented Lot Sizing in MRP II Systems, in: Drexl, A. / Kimms, A. (Hrsg.): Beyond manufacturing resource planning, 1998, S. 147 ff.; vgl. Helber, St.: Kapitalwertorientierte Pufferallokation, in ZfbF, Mai 2000, S. 211 ff.

3 vgl. Kap. 2.1.3 und Kap. 2.4.4

4 vgl. Kap. 2.1.3.2 und Kap. 2.4.3.4

Zielfunktionen		
$\max \sum_{t \in T} \frac{\sum_{i \in I} ks_i x_{it} + \sum_{j \in J} km_j q_{jt}}{(1+i_v)^t}$		*Glg. 3-19: Herkömmliche Zielfunktion zur Barwertmaximierung*[1]
$\max \sum_{t \in T} \frac{\sum_{l \in L} wv_{lt} q_{l,t-TZ\#l} - \sum_{h \in H} we_{ht} q_{h,t-TZ\#h}}{(1+i_v)^t}$		*Glg. 3-20: Alternative Zielfunktion zur Barwertmaximierung (Bsp. 1)*
$\max \sum_{t \in T} \frac{\sum_{l \in L} wv_{lt} q_{lt} - \sum_{h \in H} we_{ht} q_{ht} - \sum_{i \in I} ks_{it} x_{it} - \sum_{r \in R} kb_{rt} y_{rt}}{(1+i_v)^t}$		*Glg. 3-21: Alternative Zielfunktion zur Barwertmaximierung (Bsp. 2)*
Restriktionen		
$q_{j,t-1} - q_{jt} + \sum_{h \in H} q_{ht} + \sum_{i \in I} g_{ij} q_{it} - \sum_{k \in K} g_{jk} q_{kt} - \sum_{l \in L} q_{lt} = 0$	$j = 1,\dots,J$ $t = 1,\dots,T$	*Glg. 3-22: Materialbilanzen*
$q_{lt} \le B_{lt}$	$l = 1,\dots,L$ $t = 1,\dots,T$	*Glg. 3-23: Aufwärtslimitierte Bedarfserfüllung*
$q_{ht}, q_{it}, q_{jt}, q_{kt}, q_{lt} \ge 0$	$\forall h, \forall i, \forall j, \forall k, \forall l$ $t = 1,\dots,T$	*Glg. 3-24: Nichtnegativitätsbedingungen*
$x_{jt}, y_{rt} \in \{0,1\}$	$j = 1,\dots,J$ $r = 1,\dots,R$ $t = 1,\dots,T$	*Glg. 3-25: Binärisierung der Schaltvariablen*

Tab. 3-10: Zielfunktionen und Restriktionen zur Barwertmaximierung

[1] in Anlehnung an Helber, St.: Cash-Flow Oriented Lot Sizing in MRP II Systems, in: Drexl, A. / Kimms, A. (Hrsg.): Beyond manufacturing resource planning, 1998, S. 147 ff.

3.2.1.7 Zykluszeitminimierung

Ein Ziel der Produktionsplanung kann es sein, Produkte so schnell wie möglich bereit zu stellen. Bei der Produktion (von Serien) unterschiedlicher Produkte bezeichnet man die Zeit zur Erfüllung aller Produktionsaufträge, d. h. die Zeit zwischen dem Eintreffen der Aufträge und der Beendigung des letzten Arbeitsgangs am gesamten Auftragsbestand, welche bei gleichzeitigem Eintreffen der Aufträge auch mit der längsten Durchlaufzeit eines Einzelauftrags identisch ist, als Zykluszeit.[1] Die Minimierung der Zykluszeit, bei der sich viele Analogien zur Projektoptimierung ergeben,[2] ist nur sinnvoll formulierbar, wenn vorgegebene Bedarfe nach der Höhe unbedingt, jedoch nach dem Zeitpunkt variabel zu erfüllen sind. Somit handelt es sich um ein Problem der Ablaufplanung. Bei aufwärtslimitierter Bedarfserfüllung wäre die Menge der Aufträge, für welche die Zykluszeit zu minimieren ist, nicht vorgegeben und die Definition einer Zykluszeit daher nicht möglich. Für das Ziel der Minimierung der Projektdauer - bzw. der Zykluszeit - werden häufig die folgenden Argumente angeführt:[3]

1) Eine frühe Beendigung des Projekts oder des Produktionsauftrags setzt die verwendeten Ressourcen wieder früh zur Bearbeitung weiterer Aufträge frei. Dies kann ein Ansatz zur Umsatz- bzw. Renditesteigerung sein.
2) Die Mehrzahl der Einnahmen eines Projekts bzw. eines Produktionsauftrags erfolgt üblicherweise zu dessen Abschluss. Auch ohne Folgeaufträge ist eine kurze Projektdauer bzw. Zykluszeit daher ein Vorteil, da so die Kapitalbindung vermindert bzw. ein Zinsgewinn erzielt wird.
3) Die Sicherheit von Prognosen für zukünftige Daten nimmt üblicherweise mit der zeitlichen Entfernung von der Gegenwart ab. Eine kurze Projektdauer oder Zykluszeit erhöht daher die Planungssicherheit.
4) Sofern dies technisch oder vertraglich möglich ist, erlaubt die Erzielung einer kurzen Projektdauer oder Zykluszeit, das Projektende oder die Auslieferung vor dem zugesagten Fertigstellungszeitpunkt zu erreichen. Damit wird die Gefahr vermindert, durch unvorhergesehene Verzögerungen den vereinbarten Fertigstellungszeitpunkt zu überziehen.

---

1 vgl. Hansmann, K.-W.: Industrielles Management, 1997, S. 348

2 vgl. Cleland, D. / King, W.: Systems Analysis and Project Management, 1983; vgl. Sprecher, A.: Resource-Constrained Project Scheduling, 1994

3 vgl. Drexl, A. / Kolisch, R.: Produktionsplanung und -steuerung, in: WiSt, 22. Jg., 1993, S. 60 f.

Ferner wird im Zusammenhang mit der Diskussion um das „Supply Chain Management" häufig darauf hingewiesen, dass für viele Kunden der schnellstmöglichen Lieferung eines Produkts ein hoher Stellenwert zukomme. So erklärt sich die Prägung der Begriffe „available to promise" (ATP) bzw. „capable to promise" (CTP), die ausdrükken sollen, dass ein gewünschtes Produkt bis zu einem vereinbarten oder noch zu vereinbarenden Termin lieferbar bzw. herstellbar ist.[1] Allerdings ist für industrielle Abnehmer oft nicht unbedingt eine schnelle Lieferung des Produkts ausschlaggebend, sondern eine verlässliche Lieferzusage, für welche auch eine längere Lieferzeit akzeptiert wird.[2] Dies öffnet den Raum für andere Ziele der Optimierung.

Zur Entwicklung einer Modellformulierung zur Zykluszeitminimierung sollen kurz Ansätze aus dem Bereich der Projektoptimierung ausgewertet werden, denn analog zu dieser ist zur Minimierung der Zykluszeit ein Vorgangsnetz zu komprimieren. In der Projektoptimierung besteht die Aufgabe häufig in der Durchführung eines oder mehrerer Projekte unter Beachtung eines gegebenen Starttermins und unter Einhaltung eines spätestmöglichen Endtermins,[3] der bei der Zykluszeitminimierung einen Liefertermin darstellen könnte, oder aber der Minimierung der Dauer eines Projekts ohne gleichzeitige Vorgabe von Start- und Endtermin.

Der erste Fall ist aufgrund des gegebenen Endtermins dem vorliegenden Problem der Zykluszeitminimierung, bei dem vorgegebene Bedarfe zu erfüllen sind, scheinbar ähnlicher als der zweite Fall. Allerdings geben im ersten Fall die Modellformulierungen i. d. R. eine Situation wieder, in der von einem gegebenen Starttermin aus ein Projekt „vorwärts" geplant wird, wobei als eine Restriktion der späteste Endtermin einzuhalten ist. Da somit sowohl der Start- als auch der Endtermin fixiert sind, besteht hier das Problem darin, einen Plan unter Einhaltung einer maximalen Projektdauer zu finden. Ist die maximale Projektdauer zu kurz für die Durchführung des Projekts unter Nutzung der „normalen" Kapazitäten, so bleibt in dieser Entscheidungssituation nur die Möglichkeit der Nutzung zusätzlicher Kapazitäten, was meist zusätzliche Kosten verursacht.[4]

---

1 vgl. Fleischmann, B.: Distribution and Transport Planning, in: Stadtler, H. / Kilger, Chr. (Hrsg.): Supply Chain Management, 2000, S. 170

2 vgl. Christopher, M.: Logistics and supply chain management, 1998, S. 150 ff.

3 vgl. stellvertretend Sprecher, A.: Resource-Constrained Project Scheduling, 1994

4 vgl. Kap. 2.4.3.3

Diese Situation wird in der Literatur aufgegriffen, um unter dem Begriff des Projektoptimierungsmodells „with given deadline" - tatsächlich also mit maximaler Projektdauer bei fixierten Start- und Endterminen - eine Lösung mit minimalen Zusatzkosten zu bestimmen.[1] Zwar sind in der Produktionsplanung durchaus „zusätzliche" Kapazitäten, z. B. in Form von Überstunden, definierbar. Vor dem Hintergrund der Zykluszeitminimierung wird man aber die unter Ausnutzung aller „Zusatzkapazitäten" maximale Kapazität als Eingangsgröße für die Planung verwenden. Reicht die maximale Kapazität nicht aus, so ist das Planungsproblem nicht lösbar. Der Kern dieses Ansatzes der Projektoptimierung, nämlich die Nutzung zusätzlicher Kapazitäten, findet sich in der Produktionsplanung mit dem Ziel der Zykluszeitminimierung also nicht wieder.

Auch im zweiten Fall setzt die Planungsaufgabe einen gegebenen Starttermin (Endtermin) voraus, jedoch keinen gegebenen Endtermin (Starttermin). Vielmehr gilt es, in einer „Vorwärtsplanung" („Rückwärtsplanung") den frühestmöglichen Endtermin (spätestmöglichen Starttermin) zu bestimmen. Die Situation ähnelt daher stark dem Problem der Zykluszeitminimierung. Im Gegensatz zur Projektoptimierung aber, bei der es gilt, den Termin *eines* diskreten Ereignisses, nämlich des Projektendes oder Projektbeginns, zu bestimmen, besteht bei der Zykluszeitminimierung das Ziel darin, den spätestmöglichen Termin für den Beginn möglicherweise *mehrerer* Start- oder Endvorgänge zu finden, nämlich für die Produktionen der „ersten" oder „letzten" Teiletypen in einem gegebenen Produktnetz („Startteile" bzw. „Endteile"). Die Startvorgänge können über mehrere Perioden verteilt sein, so dass eine einfache Zielfunktion, wie sie in der Projektplanung zur Dauerminimierung verwendet wird, zur Lösung des gegebenen Produktionsplanungsproblems nicht ausreicht.

Allerdings kann ein Hilfsteiletyp eingeführt werden, wie er auch bei der Mehrprojektplanung zum Einsatz kommt.[2] Bei fixiertem Starttermin der Produktion und einer „vorwärts" durchgeführten Zykluszeitminimierung kann eine Hilfs- (End-) Variable q_{Et} definiert werden, die einen binären Wertebereich aufweist und über Gozintofaktoren an alle realen Endteiletypen des Logistiknetzes gebunden wird (vgl. Abbildung 3-4, linke Hälfte).

---

1 vgl. Kolisch, R.: Project Scheduling under Resource Constraints, 1995, S. 28 ff.

2 vgl. Kurtulus, I. / Narula, S.: Multi project scheduling, in: IIE Trans., Vol. 17, 1985, S. 58 ff.; vgl. Lawrence, S. / Morton, T.: Multi-project scheduling, in: EJOR, Vol. 64, 1993, S. 168 ff.

Durch eine Restriktion wird die „Einzigartigkeit der Hilfsvariablen" garantiert, d. h. erzwungen, dass die Hilfsvariable in nur genau einer Periode des Planungszeitraums den Wert eins aufweist, in allen anderen Perioden aber den Wert null. Die Gozintofaktoren - im Beispiel der Abbildung 3-4 die Faktoren g_{3E}, g_{6E} und g_{7E} - sind so auszulegen, dass zur Herstellung einer Einheit der binärwertigen Hilfsvariablen genau der exogen vorgegebene Bedarf an realen Endteilen - hier die Teiletypen 3, 6 und 7 - erforderlich ist. Die Gozintofaktoren entsprechen daher den zwar nach der Höhe, jedoch nicht nach dem Termin exogen vorgegebenen Primärbedarfen B_l.

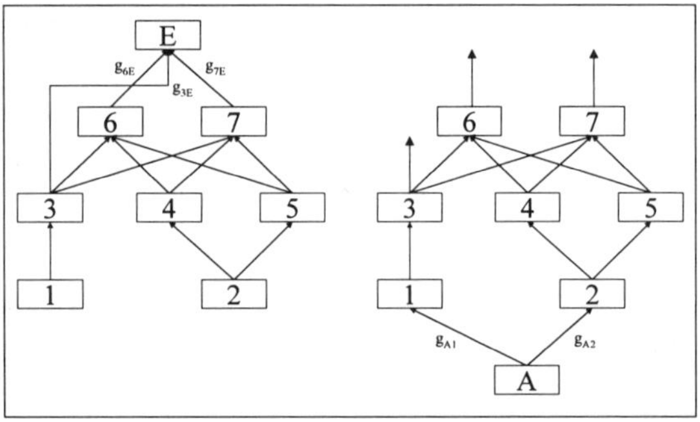

Abb. 3-4: Beispiele für (Hilfs-) End- bzw. (Hilfs-) Anfangsvariable

Außer auf der letzten Stufe des aufzustellenden Logistiknetzes kommen Materialbilanzen in Standardform, ggfs. unter Berücksichtigung von Kuppelmengenrelationen, zur Anwendung.[1] Auf der letzten Stufe erfolgt eine Zerlegung der Entscheidungsvariablen für die Absatzmengen q_{lt}, die zwar nach den Beträgen, jedoch nicht nach den Terminen vorgegeben sind, in Produkte aus den Beträgen B_l und der Hilfsvariablen q_{Et}. Die Zielfunktion kann nun in einem Produkt aus der Menge der Hilfsvariablen (nämlich eins) und der Periode, in welcher diese Menge zu erzeugen ist, bestehen. Als Ergebnis liefert die Hilfsvariable den frühesten Termin, zu dem alle Aufträge in vorgegebener Höhe geliefert werden können. Man beachte, dass nicht alle Aufträge unmittelbar vorher fertiggestellt worden sein müssen. Denn die Materialbilanzen - Kapazitätsrestriktionen werden hier vernachlässigt - erlauben eine Lagerung auch der kompletten Liefermengen über beliebig viele Perioden, in denen gelten würde: $q_{j,t-1} = q_{j,t}$ und $q_{ht} = q_{it} = q_{kt} = q_{lt} = 0$.

[1] vgl. auch Kap. 3.3.2.4 und Kap. 3.3.2.6

Schließlich sei angefügt, dass die Komplexität dieser Formulierung durch die Verwendung binärer Variabler nur gering gesteigert wird, weil die Anzahl der binären Hilfsvariablen nur der Anzahl der Perioden im Planungszeitraum entspricht.[1]

Zielfunktion		
$\min \sum_{t \in T} t * q_{Et}$		*Glg. 3-26: Zielfunktion zur Zykluszeitminimierung bei fixiertem Starttermin*
Restriktionen		
$q_{j,t-1} - q_{jt} + \sum_{h \in H} q_{ht} + \sum_{i \in I} g_{ij} q_{it} - \sum_{k \in K} g_{jk} q_{kt} - \sum_{l \in L} q_{lt} = 0$	$j = 1,...,J$ $t = 1,...,T$	*Glg. 3-27: Materialbilanzen, vorgelagerte Stufen*
$q_{lt} = g_{lE} q_{Et} = B_l q_{Et}$	$l = 1,...,L$ $t = 1,...,T$	*Glg. 3-28: Materialbilanzen, letzte Stufe*
$q_{ht}, q_{it}, q_{jt}, q_{kt}, q_{lt} \geq 0$	$\forall h, \forall i, \forall j, \forall k, \forall l$ $t = 1,...,T$	*Glg. 3-29: Nichtnegativitätsbedingungen*
$\sum_{t \in T} q_{Et} = 1$		*Glg. 3-30: Einzigartigkeit der Hilfsvariablen*
$q_{Et} \in \{0,1\}$	$t = 1,...,T$	*Glg. 3-31: Binärisierung der Hilfsvariablen*

Tab. 3-11: Zykluszeitminimierung bei fixiertem Starttermin

Ein analoger Ansatz ist für eine „rückwärts" durchgeführte Zykluszeitminimierung möglich, bei der für einen fixierten End- (Liefer-) Termin die spätestmöglichen Beschaffungstermine für gegebene Vorproduktmengen B_h (bei etwas modifizierter Formulierung auch die spätestmöglichen Produktionstermine für „Startteile") zu bestimmen sein könnten, wobei als Zielfunktion das Produkt aus einer Hilfs- (Anfangs-) Variablen q_{At} und der Periode, in welcher diese den Wert eins annimmt, zu maximieren sein könnte (vgl. Abbildung 3-4, rechte Hälfte). Auch hier beachte man, dass die Beschaffung nicht unmittelbar vor Verarbeitung der Teile erfolgen muss.

[1] vgl. auch Kap. 3.3.1.1 und Kap. 3.3.1.2

Denn die Materialbilanzen - Kapazitätsrestriktionen werden wiederum vernachlässigt - erlauben auch hier eine Lagerung der ggfs. kompletten Beschaffungsmengen über beliebig viele Perioden, in denen gelten würde: $q_{j,t-1} = q_{j,t}$ und $q_{ht} = q_{it} = q_{kt} = q_{lt} = 0$. Auch für die Komplexität dieser Formulierung gilt das bei der Zykluszeitminimierung mit fixiertem Starttermin Gesagte.[1]

Zielfunktion		
$\max \sum_{t \in T} t * q_{At}$		*Glg. 3-32: Zielfunktion zur Zykluszeitminimierung bei fixiertem Endtermin*
Restriktionen		
$q_{j,t-1} - q_{jt} + \sum_{h \in H} q_{ht} + \sum_{i \in I} g_{ij} q_{it} - \sum_{k \in K} g_{jk} q_{kt} - \sum_{l \in L} q_{lt} = 0$	$j = 1,...,J$ $t = 1,...,T$	*Glg. 3-33: Materialbilanzen, nachgelagerte Stufen*
$q_{ht} = g_{Ah} q_{At} = B_h q_{At}$	$l = 1,...,L$ $t = 1,...,T$	*Glg. 3-34: Materialbilanzen, erste Stufe*
$q_{ht}, q_{it}, q_{jt}, q_{kt}, q_{lt} \geq 0$	$\forall h, \forall i, \forall j, \forall k, \forall l$ $t = 1,...,T$	*Glg. 3-35: Nichtnegativitätsbedingungen*
$\sum_{t \in T} q_{At} = 1$		*Glg. 3-36: Einzigartigkeit der Hilfsvariablen*
$q_{At} \in \{0,1\}$	$t = 1,...,T$	*Glg. 3-37: Binärisierung der Hilfsvariablen*

Tab. 3-12: Zykluszeitminimierung bei fixiertem Endtermin

[1] vgl. auch Kap. 3.3.1.1 und Kap. 3.3.1.2

3.2.1.8 Kapazitätsbelastungsausgleich

Häufig findet sich in der Produktionsplanung das Bestreben, die Kapazität einer bestimmten Ressource gleichmäßig auszulasten, bei der es sich meist um ein Element handelt, welches aus kostenintensiven Maschinen besteht oder für welches kostenintensives Personal vorzuhalten ist. Der Ausgleich der Kapazitätsbelastung kann zur Ermöglichung eines gleichmäßigen Materialstroms und zur Vermeidung ungenutzter „Überkapazitäten" durchaus ein sinnvolles Ziel darstellen. Allerdings wird es manchmal dadurch erreicht, dass der Bedarf „geglättet" wird, etwa in der Automobilindustrie, in welcher die Auslieferung von Pkw regelmäßig nicht zu von den Kunden gewünschten, sondern zu von den Herstellern bestimmten Terminen erfolgt, weil die Hersteller ihre Montagelinien gleichmäßig auslasten wollen. Insofern wird bei diesem Ansatz auf Modellebene von einer unbedingten Bedarfserfüllung auszugehen sein, die sich aus der kapazitiv maximal möglichen Ausbringungsmenge ergibt. Aus formaler Sicht steht der Verwendung einer aufwärtslimitierten Bedarfserfüllung zwar nichts entgegen, doch scheinen nur sehr wenige sinnvolle Fälle einer Kombination aus Kapazitätsbelastungsausgleich und aufwärtslimitierter Bedarfserfüllung denkbar zu sein. Als Vereinfachung soll ferner angenommen werden, dass die Kapazität der fraglichen Ressource über alle Perioden konstant ist.

Ein Kapazitätsbelastungsausgleich läßt sich durch die - nichtlineare - Minimierung der Quadrate der Abweichungen zwischen der mittleren und der periodenspezifischen Kapazitätsbelastung durch die relevanten Teiletypen $i \in JR$ über alle Perioden erreichen. Die Quadrierung ist erforderlich, um eine Kompensation „positiver" Abweichungen (mittlere Kapazitätsbelastung größer spezifische Kapazitätsbelastung) und „negativer" Abweichungen (mittlere Kapazitätsbelastung kleiner spezifische Kapazitätsbelastung) zu vermeiden. Kapazitätsbelastungen durch Schalthergänge seien hier ausgenommen.

Zielfunktion		
$\min \sum_{t \in T} \left(\frac{1}{T} \sum_{t \in T} \sum_{i \in JR} ca_i q_{it} - \sum_{i \in JR} ca_i q_{it} \right)^2$		*Glg. 3-38:* *Mögliche Zielfunktion zum Kapazitätsbelastungsausgleich*
Restriktion		
$q_{it} \geq 0$	$i = 1,...,I$ $t = 1,...,T$	*Glg. 3-39:* *Nichtnegativitätsbedingungen*

Tab. 3-13: Zielfunktion und Restriktion zum Kapazitätsbelastungsausgleich

3.2.1.9 Blindzieloptimierung

Ist die Erhebung der in einer umfangreichen Zielfunktion verwendeten Daten nicht möglich oder zu aufwändig oder wird vermutet, dass die Sensitivität des Ergebnisses einer Optimierung bei Variablenvariationen sehr gering ist („flaches Optimum"), so kann auch auf die Optimierung einer „realen" Zielgröße verzichtet und die mathematische Planungsrechnung lediglich zur Bestimmung eines *möglichen* Produktionsplans eingesetzt werden. Dieser Ansatz, bei dem der Zielfunktion des Modells keine reale Größe gegenübersteht und der deshalb als „Blindzieloptimierung" bezeichnet werden soll, entspricht dem Planungsansatz des MRP II.[1] Die Blindzielfunktion kann hierbei im einfachsten Fall aus einer realwertigen, nicht-negativen Entscheidungsvariablen bestehen, deren Wert zu minimieren ist, also durch die Optimierung auf null eingestellt wird. Kapazitätstreibende binäre Schaltvariable sind in der Blindzielfunktion folglich nicht enthalten. Methodisch ist bei diesem Ansatz zwar auch die Vorgabe einer aufwärtslimitierten Bedarfserfüllung möglich, jedoch wird in den meisten realen Planungssituationen nur die unbedingte Bedarfserfüllung sinnvoll sein, anders formuliert: Wird auf die Optimierung einer bestimmten Größe verzichtet, so wird i. d. R. nur die Ablaufplanung, nicht die Programmplanung, durchzuführen sein.

Zielfunktion	
$\min qbv$	*Glg. 3-40:* *Mögliche Blindzielfunktion*
Restriktion	
$qbv \geq 0$	*Glg. 3-41:* *Nichtnegativitätsbedingung*

Tab. 3-14: Zielfunktion und Restriktion zur Blindzieloptimierung

[1] vgl. Kap. 2.3.2

3.2.2 Mögliche Optimierungsziele im Überblick

Wesentliche Implikationen der Planungsziele entstehen hinsichtlich der Vorgaben zur Bedarfserfüllung sowie hinsichtlich der Verwendung binärer Schaltvariabler in der Zielfunktion. Offensichtlich bedingen alle Zielfunktionen, welche auch die Absatzmenge als Entscheidungsvariable einstellen wollen, die Verwendung der aufwärtslimitierten Bedarfserfüllung, wenn vom Spezialfall der unbedingten Bedarfserfüllung mit periodenabhängigen Verkaufspreisen abgesehen wird. Ferner schließt die Verwendung einiger Zielfunktionen die Aufnahme binärer Schaltvariabler, denen ein Merkmal der realen Planungssituation entspricht, insbesondere auch der binären Schalthergangsvariablen, in die Zielfunktion aus. Da bei den herkömmlichen Modellen die Steuerung der Schaltzustände von Ressourcen in diesem Fall nicht möglich ist, wird unten eine zielfunktionsunabhängige Schaltsteuerung entwickelt.[1]

	Bedarfserfüllung	**Schaltvariable in Zielfunktion**
Kostenminimierung	unbedingt, aufwärtslimitiert nicht möglich	möglich
Absatzmaximierung	aufwärtslimitiert, unbedingt nicht sinnvoll	nicht möglich
Umsatzmaximierung	aufwärtslimitiert, unbedingt in Sonderfällen	nicht möglich
Gewinnmaximierung	aufwärtslimitiert, unbedingt nicht sinnvoll	möglich
Renditemaximierung	aufwärtslimitiert, unbedingt in Sonderfällen	möglich
Barwertmaximierung	aufwärtslimitiert, unbedingt in Sonderfällen	möglich
Zykluszeitminimierung	unbedingt, aufwärtslimitiert nicht möglich	nicht möglich
Kapazitätsbelastungsausgleich	unbedingt, aufwärtslimitiert nicht sinnvoll	nicht möglich
Blindzieloptimierung	unbedingt, aufwärtslimitiert nicht sinnvoll	nicht möglich

Tab. 3-15: Implikationen der Planungsziele

[1] vgl. auch Kap. 3.3.1.4

3.3 Gestaltung und Implikationen der wesentlichen Restriktionen

3.3.1 Modellierung der Ressourcenschaltungen

3.3.1.1 Komplexitätssteigerung durch binäre Schaltvariable

Aufgrund der möglichen Kosten- oder Kapazitätswirkungen von *Schalthergängen* und der möglichen Kostenwirkung von *Schaltzuständen* ist eine Modellierung der Schaltsteuerung**Fehler! Textmarke nicht definiert.** in den Optimierungsmodellen von großer Wichtigkeit. Zwar nimmt die Bedeutung der Modellierung von Schalthergängen in der Stückgüterproduktion sowohl hinsichtlich der Kosten- als auch hinsichtlich der Kapazitätswirkung, d. h. der erforderlichen Schaltzeiten, stark ab, wenn automatische Werkzeugwechsel oder ähnliche Rationalisierungsmaßnahmen zum Einsatz kommen. Hingegen haben in der Prozessindustrie (z. B. der chemischen, pharmazeutischen oder Lebensmittelindustrie) Schalthergänge und insbesondere Schaltreihenfolgen unvermindert hohe Bedeutung, da hier häufig aufwändige Reinigungsarbeiten durchzuführen oder Produktionsanlagen für neue Lose bzw. Chargen „einzufahren" sind. Zudem können Schaltzustände in Logistiknetzen als verteilten Produktionssystemen von großer Bedeutung sein, wenn Ressourcen, außer Transportmitteln zunehmend auch Läger oder Produktionsanlagen,[1] zwecks Kapazitätserweiterung für bestimmte Phasen zum Produktionsnetz „zugeschaltet" werden, so dass zeitabhängige (Bereitschafts-) Kosten, etwa für Mieten, anfallen.

Werden bestimmte Schaltzustände über mehrere Perioden benötigt, so müssen die Optimierungsmodelle diese *Schaltzustandserhaltung* abbilden können. Im einfachsten Fall wird die Schaltzustandserhaltung dargestellt, indem in den aufeinander folgenden Perioden des Schaltzeitraums jeweils ein neuer Schalthergang erzeugt, d. h. indem im Modell jeweils die binäre Schalthergangsvariable auf eins gesetzt wird ($x_{jt} = 1$). Zu beachten ist, dass durch Einführung der binären Schalthergangsvariablen ein zuvor lineares - und damit auch bei sehr großem Umfang und konvexem Lösungsraum leicht lösbares - Optimierungsmodell in ein gemischt-ganzzahliges Modell überführt wird, dessen Komplexität entscheidend von der Anzahl der verwendeten Binärvariablen abhängt.[2]

---

[1] vgl. Ockens, K.: Finanzierungsmodelle, Mieten statt kaufen, in: LH, 23. Jg., 12/2001; vgl. Bellmann, K.: Pay-as-Built - Innovative Organisationsmodelle, 2001

[2] vgl. Kap. 2.3.4.3

Bei Reihenfolgeunabhängigkeit der Schaltkosten und -zeiten ergibt sich die komplexitätstreibende Gesamtzahl der Schaltvariablen $N_{ges,\,unabhängig}$ aus dem Produkt aus der Anzahl der Schalthergangsvariablen für die Teiletypen N_J und der Anzahl der abgebildeten Perioden N_T. Bei Reihenfolgeabhängigkeit hingegen ergibt sich die Gesamtzahl der Schaltvariablen $N_{ges,\,abhängig}$ aus dem Produkt aus der Anzahl der Schalthergangsvariablen für die Teiletypen N_J, der Anzahl der Schalthergangsvariablen für die Teiletypen N_J minus eins und der Anzahl der abgebildeten Perioden N_T.

$$N_{ges,unabhängig} = N_J * N_T$$

Glg. 3-42: Anzahl der Schalthergangsvariablen bei Reihenfolgeunabhängigkeit

$$N_{ges,abhängig} = N_J * (N_J - 1) * N_T = (N_J^2 - N_J) * N_T$$

Glg. 3-43: Anzahl der Schalthergangsvariablen bei Reihenfolgeabhängigkeit

Wenn schalthergangsbedingte Kosten oder Kapazitätsbelastungen entscheidungsrelevant sind, erscheint dieser Ansatz jedoch nur solange sinnvoll, wie mit den Schalthergängen weder eine Kosten- noch eine Kapazitätswirkung verbunden ist. Sind die Ressourcen dazu geeignet, den Schaltzustand ohne neuen Schalthergang über Periodengrenzen hinweg zu erhalten, und sind mit den Schalthergängen entscheidungsrelevante Kosten- oder Kapazitätswirkungen verbunden, so empfiehlt es sich, zur Vermeidung überflüssiger Schalthergänge den Schaltzustand in den aufeinander folgenden Perioden des Schaltzeitraums mittels einer ebenfalls binären Schaltzustandsvariablen y_{jt} abzubilden, was mit dem in Tabelle 3-16 dargestellten Beispiel verdeutlicht werden soll, in dem der Schaltzustand von j auf k und wieder zurück auf j gesetzt wird.

	Periode t						
	1	**2**	**3**	**4**	**5**	**6**	**7**
x_{jt}	1	0	0	0	0	1	0
y_{jt}	1	1	0	0	0	1	1
x_{kt}	0	0	1	0	0	0	0
y_{kt}	0	0	1	1	1	0	0

Tab. 3-16: Schalthergangs- und Schaltzustandsvariablen für zwei Teiletypen

Es ist einsichtig, dass die Schaltzustandsvariable y_{jt} nur für Mikroperiodenmodelle sinnvoll interpretiert werden kann, weil bei Makroperiodenmodellen mehrere subperiodisch mögliche Schaltzustände nicht mit periodenbezogenen Variablen kontrollierbar sind.[1] Bei Makroperiodenmodellen kann eine „Schaltzustandsvariable" nur den Schaltzustand am Ende einer Makroperiode dokumentieren.[2] Die nachfolgenden Ausführungen beziehen sich daher nur auf Mikroperiodenmodelle.

Durch die neue binäre Schaltzustandsvariable wird die Komplexität des Modells erneut stark erhöht und damit die Lösbarkeit erschwert.[3] Denn da sowohl eine Schalthergangs- als auch eine Schaltzustandsvariable für alle Teiletypen j zu berücksichtigen ist, ergibt sich bei Reihenfolgeunabhängigkeit der Schaltkosten und -zeiten die komplexitätstreibende Gesamtzahl der Schaltvariablen $N_{ges,\ unabhängig}$ nun aus dem doppelten Produkt der Anzahl der Teiletypen N_J und der Anzahl der abgebildeten Perioden N_T. Bei Reihenfolgeabhängigkeit hingegen ergibt sich die Gesamtzahl der Schaltvariablen $N_{ges,\ abhängig}$ aus dem Produkt aus der quadrierten Anzahl der Teiletypen N_J und der Anzahl der Perioden N_T.

$N_{ges,unabhängig} = (N_J + N_J) * N_T = 2 * N_J * N_T$	*Glg. 3-44: Anzahl der Schaltvariablen bei Reihenfolgeunabhängigkeit*
$N_{ges,abhängig} = [N_J * (N_J - 1) + N_J] * N_T = N_J^2 * N_T$	*Glg. 3-45: Anzahl der Schaltvariablen bei Reihenfolgeabhängigkeit*

Der Vergleich der komplexitätstreibenden Gesamtzahl binärer Variabler beim Übergang von einer reihenfolgunabhängigen auf eine reihenfolgeabhängige Formulierung einerseits bzw. beim Übergang von einer nur Schalthergangsvariable verwendenden auf eine Schalthergangs- und Schaltzustandsvariable verwendende Formulierung andererseits soll hier mittels entsprechender Quotienten vorgenommen werden und führt zu folgenden Ergebnissen:

[1] vgl. Kap. 2.2.2.4
[2] vgl. Kap. 2.4.1.7
[3] vgl. Kap. 2.3.4.3

Werden nur Schalthergangsvariable eingesetzt, so liegt die Gesamtzahl der binären Schaltvariablen bei Reihenfolgeabhängigkeit um den Faktor $((N_J^2 - N_J) * N_T) / (N_J * N_T) = N_J - 1$ über der Gesamtzahl bei Reihenfolgeunabhängigkeit. Werden Schalthergangs- und Schaltzustandsvariable eingesetzt, so liegt die Gesamtzahl der binären Schaltvariablen bei Reihenfolgeabhängigkeit um den Faktor $(N_J^2 * N_T) / (2 * N_J * N_T) = N_J / 2$ über der Gesamtzahl bei Reihenfolgeunabhängigkeit. Bei Reihenfolgeunabhängigkeit führt der Übergang von einer nur Schalthergangsvariable verwendenden auf eine Schalthergangs- und Schaltzustandsvariable verwendende Formulierung zur Verdoppelung der Gesamtzahl der binären Schaltvariablen. Bei Reihenfolgeabhängigkeit erhöht sich beim Übergang von einer nur Schalthergangsvariable verwendenden auf eine Schalthergangs- und Schaltzustandsvariablen verwendende Formulierung die Gesamtzahl der binären Schaltvariablen um den mit der Anzahl der Schaltvariablen abnehmenden Faktor $1 / (1 - (1 / N_J))$.

		Verwendung von Schalthergangs-variablen	**Verwendung von Schalthergangs- und Schaltzustandsvariablen**	**Vervielfa-chungsfaktor**
		(1)	(2)	(2)/(1)
Reihenfolge-unabhängigkeit	(a)	$N_J * N_T$	$2 * N_J * N_T$	2
Reihenfolge-abhängigkeit	(b)	$(N_J^2 - N_J) * N_T$	$N_J^2 * N_T$	$\frac{1}{1 - \frac{1}{N_J}}$
Vervielfa-chungsfaktor	(b)/(a)	$N_J - 1$	$\frac{N_J}{2}$	

Tab. 3-17: Gesamtzahlen binärer Variabler und Vervielfachungsfaktoren

Offensichtlich erhöht sowohl bei der ausschließlichen Verwendung von Schalthergangsvariablen als auch bei der Verwendung von Schalthergangs- und Schaltzustandsvariablen der Übergang von einer reihenfolgeunabhängigen zu einer reihenfolgeabhängigen Formulierung die Gesamtzahl der binären Schaltvariablen beträchtlich, nämlich um die Vervielfachungsfaktoren $N_J - 1$ bzw. $N_J / 2$.

Hingegen führt sowohl bei reihenfolgeunabhängigen als auch bei reihenfolgeabhängigen Schalthergangsvariablen die Einführung von Schaltzustandsvariablen zusätzlich zu den Schalthergangsvariablen „nur“ zu einer Verdoppelung der Gesamtzahl der binären Variablen bzw. zu einer Vermehrung um den mit zunehmender Variablenzahl N_J abnehmenden Faktor $1 / (1 - (1 / N_J))$.

Vor diesem Hintergrund muss der Ansatz des KLMSRK,[1] das sowohl Schalthergangs- als auch Schaltzustandsvariable verwendet und eine Lossequenzoptimierung bei Verwendung (relativ langer und damit weniger) Makroperioden durch Einsatz reihenfolgeabhängiger Schalthergangsvariabler erzielen will, kritisch gesehen werden. Denn sofern die Reihenfolgeabhängigkeit nur zur Lossequenzoptimierung abgebildet wird, deren Kosten- und Kapazitätswirkungen sonst aber gering erscheinen, könnte es ausreichen, hierfür ein Mikroperiodenmodell einzusetzen, in dem die Anzahl der Perioden $N_{T, Mikro}$ einerseits zwar höher ist als die Anzahl der Perioden $N_{T, Makro}$ bei einem Makroperiodenmodell, andererseits aber die Gesamtzahl der binären Schaltvariablen aufgrund des Verzichts auf reihenfolgeabhängige Schalthergangsvariable insgesamt weniger stark ansteigt als bei jenem. Bei Verwendung von Schalthergangs- und Schaltzustandsvariablen wie beim KLMSRK ist dies der Fall, wenn beim Übergang vom Makro- zum Mikroperiodenmodell für die Anzahl der Perioden im Planungshorizont $N_{T, Mikro} / N_{T, Makro} < N_J / 2$ gilt. Kommen nur Schalthergangsvariable zur Anwendung, so ist dies der Fall, wenn beim Übergang vom Makro- zum Mikroperiodenmodell für die Anzahl der Perioden im Planungshorizont $N_{T, Mikro} / N_{T, Makro} < N_J - 1$ gilt.

[1] vgl. Kap. 2.4.1.7

3.3.1.2 Komplexitätsreduktion durch Schaltvariablenverminderung

Der einfachste Ansatz zur Reduktion der durch die binären Schaltvariablen verursachten Modellkomplexität besteht offensichtlich in deren Verminderung, d. h. in der Verminderung der Anzahl der verschiedenen Teiletypen N_J, für die Schalthergänge bzw. Schaltzustände zu erfassen sind, der Verminderung der Anzahl der im Modell abgebildeten Perioden N_T oder der Verminderung der Anzahl der Schalthergangs- und Schaltzustandsvariablen, die pro Teiletyp und Periode abzubilden sind, insbesondere einem Verzicht auf Schaltzustandsvariable. Hierbei kann die Verminderung entweder durch die Eliminierung der Variablen selbst erfolgen oder durch Änderung des Definitionsbereiches von den beiden binären Werten in die Menge der (positiven) reellen Zahlen.

	$x_{jt} \in$	$y_{jt} \in$
(a)	$\{0, 1\}$	$\{0, 1\}$
(b)	$\Re^+$	$\{0, 1\}$
(c)	$\{0, 1\}$	$\Re^+$
(d)	$\Re^+$	$\Re^+$

Tab. 3-18: Mögliche Definitionsbereiche der Schaltvariablen

Die Möglichkeiten zur Verminderung der Anzahl der Variablen selbst richten sich natürlich nach deren Funktion. Die Verminderung der Anzahl der Teiletypen N_J bietet sich dann an, wenn für bestimmte Teiletypen derselbe Schaltzustand hergestellt werden kann (Schaltfamilien) oder wenn Umschalthergänge innerhalb bestimmter Teiletypfamilien vernachlässigbar sind, weil sie mit vernachlässigbar geringer Kapazitätsbelastung und zu vernachlässigbar geringen Kosten durchgeführt werden können. Ferner kann die Analyse der Planungssituation ergeben, dass Schaltvariable möglicherweise nicht, wie in den herkömmlichen Optimierungsmodellen üblich, für die (große) Anzahl von Teiletypen definiert zu werden brauchen, sondern nur für die (geringere) Anzahl von Ressourcen, was der Zusammenfassung aller Teiletypen in einer Schaltfamilie entspricht. Ein Beispiel für diese Situation wäre mit der Zuschaltung eines Lagers zu einem Produktionsnetz gegeben.

Restriktionen		
$\sum_{i \in IR} c_i q_{it} \leq C_{rt} y_{rt}$	$t = 1,...,T$	*Glg. 3-46: Schaltzustandsvoraussetzung für Ressource r*
$x_{rt}, y_{rt} \in \{0,1\}$	$r = 1,...,R$ $t = 1,...,T$	*Glg. 3-47: Binärisierung der Schaltvariablen*
$q_{it}, x_{rt}, y_{rt} \geq 0$	$i = 1,...,I$ $r = 1,...,R$ $t = 1,...,T$	*Glg. 3-48: Nichtnegativitätsbedingungen*

Tab. 3-19: Beispiel einer Modellierung von Schaltvariablen für Ressourcen

Eine Möglichkeit zur Verminderung der Anzahl der im Modell abgebildeten Perioden N_T besteht in der Einführung eines zweiten Periodenrasters für die Schaltvariablen. Dieser Ansatz liegt z. B. im GLSM vor.[1] Im Gegensatz zum GLSM, bei dem eine Komplexitätsreduktion jedoch *nicht* erfolgt, weil neue binäre Schaltvariable für die subperiodischen Positionen eingeführt werden, müsste dieses zweite Raster gröber sein als das erste Raster, so dass für die geringere Anzahl an Perioden im gegebenen Planungszeitraum eine geringere Anzahl Schaltvariabler erforderlich ist als sie bei deren Definition für alle Perioden des feineren Rasters notwendig wäre. Die Verwendung eines derartigen gröberen Rasters wäre z. B. dann sinnvoll, wenn einerseits durch kurze Perioden des feinen Rasters die Durchlaufzeiten kurz gehalten werden sollen,[2] andererseits jedoch bestimmte Ressourcen - etwa Läger oder ganze Produktionsanlagen - nur in längeren Zeitabschnitten, die mit dem gröberen Raster erfasst werden, zuzuschalten sind. Denkbar wäre etwa ein feines Raster mit Perioden, die Stunden oder Schichten umfassen, und ein grobes Raster mit Perioden, die Tage oder Wochen umfassen.

1 vgl. Kap. 2.4.1.6
2 vgl. auch Kap. 3.3.2.1

3.3.1.3 Komplexitätsreduktion durch quadratische Binärisierung

Zur Komplexitätsreduktion kann es auch hilfreich sein, die Methode der Erzwingung binärer Werte zu ändern. Denn in Abhängigkeit der Modellformulierung kann die Geschwindigkeit von in Standardprogrammen verwendeten Standardverfahren ggfs. durch die Reduzierung der Anzahl expliziter Definitionen von binären Variablen gesteigert werden. In diesem Fall bietet sich eine Substitution der expliziten Definitionen durch eine quadratische „Binärisierungsrestriktion" an, welche den binären Charakter der Schaltvariablen erzwingt und lediglich die übliche Definition der Nichtnegativität erfordert:

Restriktionen		
$y_{jt}(y_{jt}-1)=y_{jt}^2-y_{jt}=0$	$j=1,...,J$ $t=1,...,T$	*Glg. 3-49: Quadratische Binärisierungsrestriktion*
$y_{jt}\geq 0$	$j=1,...,J$ $t=1,...,T$	*Glg. 3-50: Nichtnegativitätsbedingungen*

Tab. 3-20: Quadratische Binärisierungsrestriktion

Zwar wirkt die Verwendung eines Quadrats von Entscheidungsvariablen in einer Restriktion komplexitätssteigernd, jedoch existieren Standardverfahren zur Lösung quadratischer Optimierungsprobleme,[1] welche quadratische Restriktionen linearisieren. In Standardprogramme implementierte Verfahren verarbeiten daher quadratische Restriktionen i. d. R. relativ schnell.[2]

---

1 vgl. Simmons, D.: Nonlinear programming for Operations Research, 1975;
vgl. Eiselt, H. / Pederzoli, G. / Sandblohm, C.: Continuous optimization models, 1987;
vgl. Domschke, W. / Drexl, A.: Operations Research, 1991, S. 170 ff.

2 vgl. Schrage, L.: Optimization Modeling with Lingo, 2000, S. 343

3.3.1.4 Zielfunktionsunabhängige Schaltsteuerung

Die Freigabe der Ressourcen erfolgt in der Restriktion der Rüst- bzw. Schaltzustandsvoraussetzungen mittels der Schalthergangs- bzw. der Schaltzustandsvariablen, wie anhand des KLM, des DLSMRE und des PLSM erläutert wurde.[1] Zur Steuerung des Zusammenhangs der Schalthergangs- und der Schaltzustandsvariablen, der *Schaltsteuerung*, kommt bei vielen herkömmlichen Losoptimierungsmodellen ein Ansatz zur Anwendung, welcher den erforderlichen binären Wert der Schalthergangsvariablen mittels einer schalthergangsminimierenden Zielfunktion erzwingt, so dass nur die Schaltzustandsvariable binär definiert zu werden braucht.[2] Indessen reicht die reelle und nichtnegative Definition der Schalthergangsvariablen aus. Dies soll kurz am Beispiel des PLSM erläutert werden.

Zielfunktion		
$\min \sum_{t=1}^{T} \sum_{j=1}^{J} \left(ks_j x_{jt} + km_j qm_{jt} \right)$		*Glg. 3-51: Zielfunktion PLSM*
Restriktionen		
$\sum_{j=1}^{J} cp_j qp_{jt} \leq C_t$	$t = 1,\ldots,T$	*Glg. 3-52: Kapazitätsbegrenzungen*
$cp_j qp_{jt} \leq C_t \left(y_{j,t-1} + y_{jt} \right)$	$j = 1,\ldots,J$ $t = 1,\ldots,T$	*Glg. 3-53: Schaltzustandsvoraussetzungen*
$x_{jt} \geq y_{jt} - y_{j,t-1}$	$j = 1,\ldots,J$ $t = 1,\ldots,T$	*Glg. 3-54: Schaltvariablenrelation*
$\sum_{j=1}^{J} y_{jt} \leq 1$	$t = 1,\ldots,T$	*Glg. 3-55: Schaltzustandsexklusivität*
$y_{jt} \in \{0,1\}$	$j = 1,\ldots,J$ $t = 1,\ldots,T$	*Glg. 3-56: Binärisierung der Rüst- bzw. Schaltzustandsvariablen*
$qm_{jt}, qp_{jt}, x_{jt} \geq 0$	$j = 1,\ldots,J$ $t = 1,\ldots,T$	*Glg. 3-57: Nichtnegativitätsbedingungen*

Tab. 3-21: Schaltsteuerung beim Mikroperiodenmodell PLSM[3]

[1] vgl. Kap. 2.4.1.2, Kap. 2.4.1.4, Kap. 2.4.1.5
[2] vgl. Kap. 3.3.1.2;
vgl. Drexl, A. / Kimms, A.: Lot sizing and scheduling, in: EJOR, Vol. 99, 1997, S. 225 f.
[3] vgl. Kap. 2.4.1.5

Damit die Schaltsteuerung beim PLSM korrekt dargestellt werden kann, sind außer der Restriktion zur Schaltvariablenrelation weitere Restriktionen erforderlich, nämlich eine Nebenbedingung für die Binärisierung der Schaltzustandsvariablen y_{jt}, eine Nebenbedingung für die Schaltzustandsexklusivität sowie Nichtnegativitätsbedingungen für die Schalthergangsvariable x_{jt}. Wie zuvor bereits angedeutet, stellt insbesondere die schalthergangsminimierende Zielfunktion eine notwendige Komponente dieser Schaltsteuerungskonstruktion dar.

Für die Schalthergangsvariable x_{jt} sind somit Nichtnegativitätsbedingungen ausreichend, denn sie muss aufgrund der Schaltvariablenrelation mindestens einen Wert annehmen, welcher der in dieser enthaltenen Differenz entspricht, aufgrund der zu minimierenden Zielfunktion aber so klein wie möglich sein. Dies führt für die Schalthergangsvariable x_{jt} zu dem binären Wert 0 in zwei Fällen, in denen kein Schalthergang erfolgt, und zu dem binären Wert 1 im Falle eines (An-) Schalthergangs für den Teiletyp j. In Verbindung mit den Nichtnegativitätsbedingungen führt dies zum Wert 0 im Falle eines (Ab-) Schalthergangs auf einen anderen Teiletyp.

	$y_{j,t-1}$	y_{jt}	$y_{jt} - y_{j,t-1}$	$x_{jt} \geq y_{jt} - y_{j,t-1}$	**Bemerkungen**
(a)	0	0	0	0	Ressource ungeschaltet für j in t-1 und t, kein Schalten für j in t, Zielfunktionsminimierung zwingt x_{jt} auf 0
(b)	1	1	0	0	Ressource geschaltet für j in t-1 und t, kein überflüssiges Schalten für j in t, Zielfunktionsminimierung zwingt x_{jt} auf 0
(c)	0	1	1	1	(An-) Schalten der Ressource von jv, jv ≠ j, auf j in t, Zielfunktionsminimierung zwingt x_{jt} auf 1 als kleinsten Wert größer oder gleich 1
(d)	1	0	- 1	0	(Ab-) Schalten der Ressource von j auf einen anderen Teiletyp jn, jn ≠ j, in t, Zielfunktionsminimierung und Nichnegativitätsbedingungen zwingen x_{jt} auf 0

Tab. 3-22: Erläuterung der Schaltsteuerung beim Mikroperiodenmodell PLSM

Die Konstruktion dieser herkömmlichen Schaltsteuerung ist also offenbar von einer Zielfunktion abhängig, welche die Schalthergangsvariablen minimiert. Diese ist aber letztlich nur in Sonderfällen - nämlich sofern schalthergangsbedingte Kosten Teil der Zielfunktion sind - als sinnvolle Komponente in der Zielfunktion enthalten. Sollen schalthergangsbedingte Kosten nicht abgebildet werden, könnte eine Schalthergangsvariable ferner als zusätzliche „Blindvariable" in die Zielfunktion aufgenommen werden, was aber die Realitätsnähe des Modells vermindern würde. Auch wenn die Schalthergangsvariable nicht oder nicht sinnvoll in die Zielfunktion integrierbar ist, kann gleichwohl die Erfassung von Schalthergängen und damit die Aufnahme von Schalthergangsvariablen in die Restriktionen des Modells erforderlich sein, wenn die Kapazitätswirkung von Schalthergängen abgebildet werden soll. Aber auch wenn die Schalthergänge weder kosten- noch kapazitätswirksam sind und z. B. nur schaltzustandsabhängige (Bereitschafts-) Kosten im Modell erfasst werden sollen,[1] ist die Abbildung von Schalthergangsvariablen im Rahmen der hier diskutierten Modellierungsansätze erforderlich, um Beginn und Ende von Schaltzuständen zu erfassen.

Liegt eine schalthergangsminimierende Zielfunktion nicht vor, so ist demzufolge eine zielfunktionsunabhängige Konstruktion der Schaltsteuerung erforderlich, für welche nachfolgend ein Gestaltungsvorschlag unterbreitet wird. Zunächst wird die „Grundform" angegeben, die verschiedene Schaltzustände für die Teiletypen j abbildet. Dabei wird die Anwendung von Mikroperiodenmodellen vorausgesetzt, weil bei Makroperiodenmodellen, wie oben erwähnt, die Definition der Schaltzustandserhaltung nicht in gleicher Weise wie bei Mikroperiodenmodellen möglich ist.

Restriktionen		
$x_{jt} = (1 - y_{j,t-1}) * y_{jt} = y_{jt} - y_{j,t-1} * y_{jt}$	$j = 1,...,JR$ $r = 1,...,R$ $t = 1,...,T$	*Glg. 3-58:* *Zielfunktionsunabhängige Schaltsteuerung, Grundform*
$y_{jt} \in \{0,1\}$	$j = 1,...,JR$ $r = 1,...,R$ $t = 1,...,T$	*Glg. 3-59:* *Binärisierung der Schaltzustandsvariablen*
$\sum_{j=1}^{JR} y_{jt} = 1$	$r = 1,...,R$ $t = 1,...,T$	*Glg. 3-60:* *Schaltzustandsexklusivität*

Tab. 3-23: Zielfunktionsunabhängige Schaltsteuerung, Grundform

[1] vgl. Kap. 2.4.4.2

Die in der zielfunktionsunabhängigen Schaltsteuerung verwendete Gleichung bewirkt, dass durch den binären Definitionsbereich der Schaltzustandsvariablen y_{jt} der jeweils passende binäre Wert der Schalthergangsvariablen x_{jt} erzwungen wird. Hieraus ergibt sich der Vorteil, dass weitere Nebenbedingungen zum Definitionsbereich der Schalthergangsvariablen x_{jt} , insbesondere eine eigene Nebenbedingung zur Erzwingung ihrer Binärisierung, aber auch Nichtnegativitätsbedingungen, nicht erforderlich sind, was komplexitätsmindernd wirkt. Anstatt einer Gleichung wären natürlich auch zwei Ungleichungen formulierbar. Natürlich ist auch hier eine Restriktion zur Erzwingung eines exklusiven Schaltzustands einzusetzen, wenn die Ressource nur für jeweils einen Teiletyp geschaltet werden kann. Diese Restriktion ist als Gleichung formuliert, womit angenommen wird, dass der Nullzustand, d. h. das Fehlen eines spezifischen Schaltzustands zur Verarbeitung eines Teils, formal als Schaltzustand definiert ist. Ist diese Restriktion - wie z. B. beim PLSM - als Ungleichung formuliert, so wird der Nullzustand nicht als eigener Schaltzustand aufgefasst. Die zielfunktionsunabhängige Schaltsteuerung lässt sich wie folgt erläutern:

	$y_{j,t-1}$	y_{jt}	$x_{jt} = y_{jt} - y_{j,t-1} * y_{jt}$	**Bemerkungen**
(a)	0	0	0	Ressource ungeschaltet für j in t-1 und t, kein Schalten für j in t, Gleichung zwingt x_{jt} auf 0
(b)	1	1	0	Ressource geschaltet für j in t-1 und t, kein überflüssiges Schalten für j in t, Gleichung zwingt x_{jt} auf 0
(c)	0	1	1	(An-) Schalten der Ressource von jv, jv $\neq$ j, auf j in t, Gleichung zwingt x_{jt} auf 1
(d)	1	0	0	(Ab-) Schalten der Ressource von j auf einen anderen Teiletyp jn, jn $\neq$ j, in t, Gleichung zwingt x_{jt} auf 0

Tab. 3-24: Erläuterung der zielfunktionsunabhängigen Schaltsteuerung

Insbesondere bei der Zuschaltung zusätzlicher Ressourcen wie Lägern oder Produktionsanlagen zu einem Produktionsnetz kann der Schaltzustand für alle über die zugeschaltete Ressource geführten Teiletypen eines Logistiknetzes identisch sein (Schaltfamilie). Um mit der Zuschaltung der Ressource verbundene Auswirkungen, etwa Mietkosten oder eine Kapazitätsbelastung, erfassen zu können, ist in diesem Fall also nur die Zuschaltung der Ressource an sich abzubilden, was zwei möglichen Schaltzuständen entspricht. Eine Restriktion zur Schaltzustandsexklusivität ist somit nicht erforderlich. Nachfolgend wird die diesen Sachverhalt erfassende „Ressourcenform" der zielfunktionsunabhängigen Schaltsteuerung vorgeschlagen:

Restriktionen		
$x_{rt} = (1 - y_{r,t-1}) * y_{rt} = y_{rt} - y_{r,t-1} * y_{rt}$	$r = 1,...,R$ $t = 1,...,T$	*Glg. 3-61: Zielfunktionsunabhängige Schaltsteuerung, Ressourcenform*
$y_{rt} \in \{0,1\}$	$r = 1,...,R$ $t = 1,...,T$	*Glg. 3-62: Binärisierung der Schaltvariablen*

Tab. 3-25: Zielfunktionsunabhängige Schaltsteuerung, Ressourcenform

Die Verwendung eines Produkts von Entscheidungsvariablen in einer Restriktion wie der zielfunktionsunabhängigen Schaltsteuerung kann komplexitätssteigernd wirken. Sollten Standardverfahren für nicht-lineare Modelle ein derartiges Problem nicht in vertretbarer Zeit lösen können, so bietet sich eine Variablensubstitution an, wie sie in der mathematischen Planungsrechnung zum Ersatz von Produkten von Entscheidungsvariablen häufig eingesetzt und hier für die Grundform der zielfunktionsunabhängigen Schaltsteuerung vorgeführt wird:[1]

[1] vgl. Schrage, L.: Optimization Modeling with Lingo, 2000, S. 259

Restriktionen		
$\alpha_{jt} = \frac{1}{2}\left(y_{j,t-1} + y_{jt}\right)$	$j = 1,...,J$ $t = 1,...,T$	*Glg. 3-63: Substitutionsgleichung I für die Schaltsteuerung*
$\beta_{jt} = \frac{1}{2}\left(y_{j,t-1} - y_{jt}\right)$	$j = 1,...,J$ $t = 1,...,T$	*Glg. 3-64: Substitutionsgleichung II für die Schaltsteuerung*
$y_{j,t-1} = \alpha_{jt} + \beta_{jt}$	$j = 1,...,J$ $t = 1,...,T$	*Glg. 3-65: Substitutionsgleichung III für die Schaltsteuerung*
$y_{jt} = \alpha_{jt} - \beta_{jt}$	$j = 1,...,J$ $t = 1,...,T$	*Glg. 3-66: Substitutionsgleichung IV für die Schaltsteuerung*
$y_{j,t-1} * y_{jt} = \alpha_{jt}^2 - \beta_{jt}^2$	$j = 1,...,J$ $t = 1,...,T$	*Glg. 3-67: Substitutionsgleichung V für die Schaltsteuerung*
$x_{jt} = y_{jt} - y_{j,t-1} * y_{jt} = y_{jt} - \left(\alpha_{jt}^2 - \beta_{jt}^2\right)$	$j = 1,...,J$ $t = 1,...,T$	*Glg. 3-68: Zielfunktionsunabhängige Schaltsteuerung mit Substitution*
$y_{jt} \in \{0,1\}$	$j = 1,...,J$ $t = 1,...,T$	*Glg. 3-69: Binärisierung der Schaltzustandsvariablen*
$\alpha_{jt}, \beta_{jt}, x_{jt} \geq 0$	$j = 1,...,J$ $t = 1,...,T$	*Glg. 3-70: Nichtnegativitätsbedingungen*
Entscheidungsvariable		
α_{jt}, β_{jt}	substituierende Entscheidungsvariable	
y_{jt}	Schaltzustandsvariable	

Tab. 3-26: Zielfunktionsunabhängige Schaltsteuerung mit Substitution

Die Substitution führt also zum Ersatz eines Produkts von Entscheidungsvariablen durch eine Differenz aus jeweils quadrierten Entscheidungsvariablen in einer Restriktion. Quadratische Restriktionen sind aber von Standardverfahren i. d. R. schnell lösbar.[1] Es ergibt sich die folgende Erläuterung:

[1] vgl. Schrage, L.: Optimization Modeling with Lingo, 2000, S. 343

	$y_{j,t-1}$	y_{jt}	α_{jt}	β_{jt}	$x_{jt} = y_{jt} - (\alpha_{jt}^2 - \beta_{jt}^2)$	**Bemerkungen**
(a)	0	0	0	0	0	Ressource ungeschaltet für j in t-1 und t, kein Schalten für j in t, Gleichung zwingt x_{jt} auf 0
(b)	1	1	1	0	0	Ressource geschaltet für j in t-1 und t, kein überflüssiges Schalten für j in t, Gleichung zwingt x_{jt} auf 0
(c)	0	1	1/2	-1/2	1	(An-) Schalten der Ressource von jv, jv ≠ j, auf j in t, Gleichung zwingt x_{jt} auf 1
(d)	1	0	1/2	1/2	0	(Ab-) Schalten der Ressource von j auf einen anderen Teiletyp jn, jn ≠ j, in t, Gleichung zwingt x_{jt} auf 0

Tab. 3-27: Erläuterung der Substitution

3.3.1.5 Mehrperiodische Schalthergänge

Bei der Zuschaltung neuer Ressourcen zu einem Logistiknetz, z. B. bei der Anmietung und Inbetriebnahme von Lägern oder Produktionsanlagen, können möglicherweise Anschaltzeiten TAN auftreten, die länger als die Periodendauern des verwendeten Periodenrasters sind, insbesondere wenn Mikroperiodenmodelle zu Grunde gelegt werden, deren Perioden häufig Schichten oder Stunden umfassen, oder wenn mit zwei Periodenrastern gearbeitet wird. In diesem Fall wird also eine bestimmte Anzahl ganzer Perioden - und nicht nur Periodenanteile - vom Schalthergang benötigt. Derartige mehrperiodische Anschaltzeiten sind in herkömmlichen Modellen nicht abbildbar.[1] Kann angenommen werden, dass die Anschaltzeit TAN_r einer Ressource in guter Näherung ein ganzzahliges Vielfaches der Periodendauer bildet, so lassen sich mehrperiodische Schalthergänge wie unten dargestellt formulieren. Hierbei kommt wieder die bereits zuvor eingeführte Substitution eines Produkts von Entscheidungsvariablen durch eine Quadratdifferenz zur Anwendung. In der nachfolgenden Formulierung wird nicht der Kapazitätsverbrauch des Anschalthergangs an sich modelliert, sondern die Menge der von der angeschalteten Ressource „verarbeiteten" Teile während aller vom Anschalthergang benötigten Perioden unter Berücksichtigung des Endes T des Planungszeitraums auf null gezwungen. In Phasen nach einer nicht gesetzten Schalthergangsvariablen ($x_{jt} = 0$) sind die Werte der Entscheidungsvariablen q_{jt} in dieser Restriktion beliebig.

[1] vgl. Kap. 2.4;
vgl. Meyr, H.: Simultane Losgrößen- und Reihenfolgeplanung, 1999, S. 81

Restriktionen		
$\sum_{\tau=t}^{\min\{t-1+TAN\#r\,;\,T\}} \sum_{j=1}^{JR} x_{jt} * q_{j\tau} = 0$	$t=1,\ldots,T$	*Glg. 3-71: Mehrperiodische Anschaltzeiten mit Variablenprodukt*
$\gamma_{jt} = \frac{1}{2}(x_{jt} + q_{jt})$	$j=1,\ldots,J$ $t=1,\ldots,T$	*Glg. 3-72: Substitutionsgleichung I für mehrperiodische Anschaltzeiten*
$\delta_{jt} = \frac{1}{2}(x_{jt} - q_{jt})$	$j=1,\ldots,J$ $t=1,\ldots,T$	*Glg. 3-73: Substitutionsgleichung II für mehrperiodische Anschaltzeiten*
$x_{jt} = \gamma_{jt} + \delta_{jt}$	$j=1,\ldots,J$ $t=1,\ldots,T$	*Glg. 3-74: Substitutionsgleichung III für mehrperiodische Anschaltzeiten*
$q_{jt} = \gamma_{jt} - \delta_{jt}$	$j=1,\ldots,J$ $t=1,\ldots,T$	*Glg. 3-75: Substitutionsgleichung IV für mehrperiodische Anschaltzeiten*
$x_{jt} * q_{jt} = \gamma_{jt}^2 - \delta_{jt}^2$	$j=1,\ldots,J$ $t=1,\ldots,T$	*Glg. 3-76: Substitution bei mehrperiodischen Anschaltzeiten*
$\sum_{\tau=t}^{\min\{t-1+TAN\#r\,;\,T\}} \sum_{j=1}^{JR} (\gamma_{jt}^2 - \delta_{jt}^2) = 0$	$t=1,\ldots,T$	*Glg. 3-77: Mehrperiodische Anschaltzeiten mit Substitution*
$\gamma_{jt}, \delta_{jt}, q_{jt}, x_{jt} \geq 0$	$j=1,\ldots,J$ $t=1,\ldots,T$	*Glg. 3-78: Nichtnegativitätsbedingungen*
Entscheidungsvariable		
γ_{jt} , δ_{jt}	substituierende Entscheidungsvariable	
q_{jt}	Entscheidungsvariable, Menge an j in t	

Tab. 3-28: Restriktionen für mehrperiodische Anschaltzeiten

3.3.1.6 Definierte Schaltzustandsdauern

Auf der Grundlage der zielfunktionsunabhängigen Schaltsteuerung und unter Verwendung von Schalthergangs- und Schaltzustandsvariablen lassen sich leicht Formulierungen für definierte - d. h. für minimale, maximale und fixierte - Schaltzustandsdauern entwickeln. Eine *minimale Schaltzustandsdauer* $TMIN_r$ einer Ressource könnte sich, z. B. bei der Anmietung eines Lagers, aus vertragsrechtlichen Gründen ergeben. Die angeführte Formulierung einer entsprechenden Restriktion arbeitet mit der Summierung der Schaltzustandsvariablen y_{jt} über alle Perioden der minimalen Schaltzustandsdauer $TMIN_r$, beginnend in der Periode des Schalthergangs ($x_{jt} = 1$). In dieser Phase muss die Schaltzustandsvariable durchweg gleich eins gesetzt sein, so dass sich mit der Summierung der Wert der minimalen Schaltzustandsdauer in Perioden ergibt. Perioden nach der minimalen Schaltzustandsdauer, in denen die Schaltzustandsvariable y_{jt} auch weiterhin gleich eins gesetzt sein kann, müssen nicht überprüft werden. Eine *maximale Schaltzustandsdauer* $TMAX_r$ kann aus technischen Gründen, etwa zwecks Durchführung von Wartungsarbeiten, erforderlich sein. Die angeführte Formulierung einer entsprechenden Restriktion arbeitet wiederum mit einer Summierung der Schaltzustandsvariablen y_{jt}, die allerdings hier in eine Ungleichung eingebettet ist, da die maximale Schaltzustandsdauer $TMAX_r$ nur die Obergrenze der Schaltzustandsdauer darstellt. Zu beachten ist, dass diese Restriktion eine (minimale) Pausendauer $TPAUSE_r$ von mindestens einer Periode erfordert. Wäre die Pausendauer gleich null, so könnte ein neuer Schalthergang in der an die maximale Schaltzustandsdauer anschließenden Periode entgegen der Intention dieser Restriktion eine unterbrechungsfreie Fortsetzung des Schaltzustands erwirken. Eine *fixierte Schaltzustandsdauer* $TFIX_r$ ist durch die Kombination beider Restriktionen darstellbar, die natürlich auch in einer einzigen Gleichung ausgedrückt werden kann. Zu beachten ist auch hier die Notwendigkeit einer minimalen Pausendauer von mindestens einer Periode.

Restriktionen		
$x_{jt} * TMIN_r = \sum_{\tau=t}^{(t-1+TMIN\#r)} y_{j\tau}$	$j = 1,...,JR$ $t = 1,...,T$	*Glg. 3-79:* *Minimale Schaltzustandsdauer*
$x_{jt} * TMAX_r \geq \sum_{\tau=t}^{(t-1+TMAX\#r)+TPAUSE\#r} y_{j\tau}$	$j = 1,...,JR$ $t = 1,...,T$	*Glg. 3-80:* *Maximale Schaltzustandsdauer*
$x_{jt} * TFIX_r = \sum_{\tau=t}^{(t-1+TFIX\#r)+TPAUSE\#r} y_{j\tau}$	$j = 1,...,JR$ $t = 1,...,T$	*Glg. 3-81:* *Fixierte Schaltzustandsdauer*

Tab. 3-29: Definierte Schaltzustandsdauern

Sollen auch zur Abbildung einer Schaltzustandserhaltung nur Schalthergangsvariable verwendet und soll demzufolge auf Schaltzustandsvariable verzichtet werden,[1] so sind zur Erzeugung definierter Schaltzustandsdauern die folgenden Formulierungen anwendbar:

Restriktionen		
$TMIN_r \leq \sum_{\tau=t}^{(t-1+TMIN\#r)} x_{j\tau}$	$j = 1,...,JR$ $t = 1,...,T$	*Glg. 3-82:* *Minimale Schaltzustandsdauer*
$TMAX_r \geq \sum_{\tau=t}^{(t-1+TMAX\#r)+TPAUSE\#r} x_{j\tau}$	$j = 1,...,JR$ $t = 1,...,T$	*Glg. 3-83:* *Maximale Schaltzustandsdauer*
$TFIX_r = \sum_{\tau=t}^{(t-1+TFIX\#r)+TPAUSE\#r} x_{j\tau}$	$j = 1,...,JR$ $t = 1,...,T$	*Glg. 3-84:* *Fixierte Schaltzustandsdauer*

Tab. 3-30: Definierte Schaltzustandsdauern mit Schalthergangsvariablen

[1] vgl. Kap. 3.3.1.2

3.3.2 Modellierung der Beschränkungen

3.3.2.1 Skalierung des Planungszeitraums

Die in dieser Arbeit diskutierten Ansätze dynamischer Planung setzen die Festlegung eines Planungszeitraums voraus, der in mehrere Perioden zu unterteilen ist. Alle Perioden verfügen über jeweils eigene Parameter bzw. Entscheidungsvariable, die zwar gleiche Werte annehmen können, jedoch getrennt zu definieren bzw. zu bestimmen sind. Zwar könnte man aus praktischer Sicht versucht sein, die „Modellperioden" für einen gegebenen Planungszeitraum in Anlehnung an „reale" Perioden wie Tage oder Wochen zu gestalten, was etwa dann naheliegend erscheint, wenn Produktionsanlagen an jedem Tages- oder Schichtanfang nachzujustieren, also quasi zu rüsten, sind. Da jedoch die Anzahl und die Dauer der „Modellperioden" so gewählt werden sollten, dass sie einen möglichst günstigen Einfluss auf die Modelleigenschaften haben, können auch Modellperioden in Erwägung gezogen werden, die über intuitiv zunächst nicht naheliegende reale Dauern verfügen, z. B. 2,5 Tage oder 3 Wochen. An dieser Stelle sei erstens daran erinnert, dass die Ressourcenkapazitäten meist als Zeitbudget pro Periode angegeben werden, womit eine Steigerung der Periodendauer c. p. zu einer Steigerung der Ressourcenkapazitäten pro Periode führt. Zweitens sei darauf hingewiesen, dass die vorliegende Arbeit die Gestaltung der untersten Planungsebene zum Ziel hat, so dass nachgelagerte, über die zu gestaltenden Modelle hinausgehende Planungen nicht erforderlich sein sollen, auch wenn diese im Rahmen eines hierarchischen Planungssystems leicht realisierbar wären.[1] Deshalb muss der Beginn aller Vorgänge, z. B. der Produktionsbeginn von Produktionslosen, entweder am Periodenanfang oder innerhalb einer Periode am Ende des vorausgehenden Vorgangs erfolgen, weil andere unabhängige Steuerungssignale nicht zur Verfügung stehen. Aus diesen beiden Gründen hat die Skalierung des Periodenrasters bedeutsame Konsequenzen für wesentliche Eigenschaften der zu entwerfenden Modelle. Denn in einem gegebenen Planungszeitraum ermöglicht eine Erhöhung der Periodenzahl im Modell in vielen Fällen - c. p. - eine geringere reale Durchlaufzeit, eine höhere Kapazitätsauslastung sowie geringere reale Lagerzeiten und damit geringere durchschnittliche Lagerbestände.

---

[1] vgl. Kap. 2.1.2

Ferner ergibt sich die Lossequenzoptimierung bei einer ausreichend hohen Periodenzahl mit geringer Periodendauer, nämlich bei Mikroperioden, simultan mit der Losgrößenoptimierung.[1] Andererseits nimmt mit der Periodenzahl die Modellkomplexität zu, weil für jede Periode eigene - ggfs. binäre - Entscheidungsvariable einzuführen sind. Vor diesem Hintergrund ist zu klären, wieviele Perioden in einem gegebenen Planungszeitraum mindestens erforderlich sind und welche Konsequenzen eine weitere Erhöhung der Periodenzahl bewirkt. Ein einfaches Beispiel kann dies verdeutlichen:

Gegeben sei ein Bedarf B, der in einer Periode liege, welche sich an einen gegebenen Zeitpunkt t_B anschließe. Um B zu decken, sei der Vorgang V1 auszuführen, für den wiederum die Vorgänge V2, V3 und V4 erforderlich seien. Die Vorgänge V1 bis V4 könnten z. B. Produktionslose darstellen und bilden einen einfachen Gozintographen. Zur Herstellung dieses Produktnetzes mit zwei Dispositionsstufen stehe eine ebenfalls zweistufiges Produktionsnetz mit den beiden Ressourcen R1 und R2 zur Verfügung.

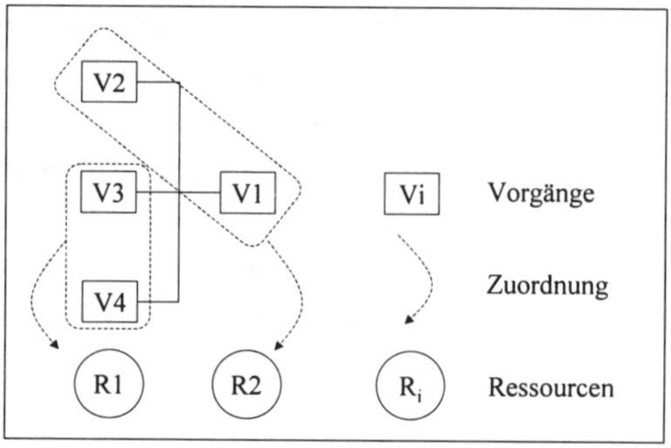

Abb. 3-5: Ressourcenzuordnung im Beispiel zur Periodenrastergestaltung

Es werde angenommen, dass die Vorgänge V3 und V4 nacheinander in zunächst beliebiger Sequenz von der Ressource R1 bearbeitet werden müssen. Ferner sei Vorgang V2 von der Ressource R2 durchzuführen. Sind die Vorgänge V2, V3 und V4 abgeschlossen, kann Vorgang V1 auf Ressource R2 bearbeitet werden.

---

[1] vgl. Kap. 2.4.1.1

Um die Sequenz der Vorgänge auf den verschiedenen Dispositionsstufen des Produktnetzes planen zu können, sind offenbar mindestens so viele (Mikro-) Perioden erforderlich wie Dispositionsstufen existieren. Da die abzubildende Sequenz vom Produktnetz vorgegeben ist, gilt dies unabhängig von der Anzahl der zur Verfügung stehenden Ressourcen. So werden im gegebenen Beispiel zwei Perioden benötigt, um die Durchführung der Vorgänge V2, V3 und V4 vor V1 abzubilden (vgl. Abbildung 3-6, Fall 1).

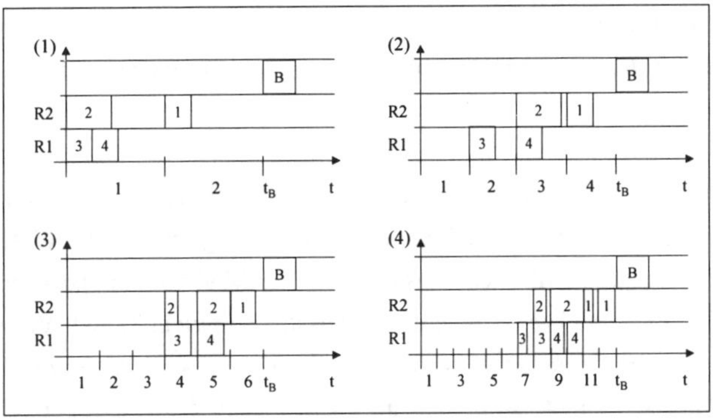

Abb. 3-6: Beispiel für vier Periodenraster

Um ferner die Sequenz der Vorgänge innerhalb der Dispositionsstufen planen zu können, sind außerdem mindestens soviele Perioden erforderlich wie Vorgänge auf den einzelnen Dispositionsstufen existieren, wenn nur eine Ressource zur Durchführung der Vorgänge zur Verfügung steht. In diesem Fall entspricht also die Gesamtzahl der erforderlichen Perioden der Anzahl aller Vorgänge. Stehen aber mehrere Ressourcen in einem mehrstufigen Produktionsnetz zur Verfügung, so können möglicherweise, je nach Zuordnung der Vorgänge zu den Ressourcen,[1] mehrere Vorgänge parallel durchgeführt werden. Die mindestens erforderliche Anzahl der für die Sequenzoptimierung erforderlichen Perioden ergibt sich dann offenbar als die über alle Dispositionsstufen gebildete Summe der maximal auf ein und derselben Ressource einzulastenden Vorgänge. Benötigen die Vorgänge jeweils mehr als eine Periode, so erhöht sich die mindestens erforderliche Periodenzahl entsprechend.

[1] vgl. Kap. 2.2.3

Im gegebenen Beispiel sind deshalb auf der ersten zu bearbeitenden Dispositionstufe nur zwei Perioden erforderlich, um die Sequenz der Vorgänge V2, V3 und V4 zu planen, denn nur V3 und V4 werden auf Ressource R1 eingelastet, während V2 auf der in dieser Situation zu R1 parallelen Ressource R2 einzulasten ist. Da auf der zweiten Dispositionsstufe nur eine Periode für V1 erforderlich ist, ergeben sich für eine vollständige Sequenzplanung aller Vorgänge insgesamt drei notwendige Perioden (Fall 2). Dies gilt unabhängig davon, ob die Produktion „offen“ oder „geschlossen“ ist,[1] denn auch bei offener Produktion wird eine Sequenzplanung für die aufeinander folgenden Dispositionsstufen des Produktnetzes benötigt, da mindestens ein Teil einer vorgelagerten Stufe hergestellt worden sein muss, um ein Teil einer nachgelagerten Stufe herstellen zu können.

Sind viele Vorgänge auf wenigen Ressourcen durchzuführen, so kann eine hohe Anzahl an (Mikro-) Perioden erforderlich sein, welche aufgrund der für diese zu bestimmenden - ggfs. binären - Entscheidungsvariablen die Modellkomplexität erhöht. Daher wurden in der Literatur verschiedentlich Ansätze entwickelt, die Vorgangs- bzw. Lossequenz auf einer Ressource innerhalb einer (Makro-) Periode zu planen.[2] Eine Möglichkeit hierzu besteht darin, wie im GLSM über das Makroperiodenraster ein zweites, feineres Raster von „Positionen“ zu legen, mit dem die Schalthergänge terminiert werden.[3] Allerdings wird der Nachteil der Verwendung von Mikroperioden, die hohe Anzahl von Entscheidungsvariablen und insbesondere binärer Schaltvariabler, hierdurch nicht eliminiert, weil die Schaltvariablen im GLSM zwar nicht für die geringe Anzahl der Makroperioden, jedoch für die hohe Anzahl der Positionen zu bestimmen sind. Ein Ansatz zur subperiodischen Lossequenzoptimierung bei Makroperioden unter Vermeidung eines zusätzlichen Positionenrasters wird mit dem KLMSRK realisiert.[4] Hier entsteht eine Komplexitätssteigerung allerdings durch eine hohe Anzahl von Schalthergangsvariablen aufgrund reihenfolgeabhängiger Schaltkosten.[5]

Wie erwähnt, hat die Wahl des Periodenrasters außer auf die Möglichkeiten der Optimierung der Vorgangssequenz auch Einfluss auf andere Eigenschaften der Planungssituation.

---

1 vgl. Kap. 2.3.4.2
2 vgl. Kap. 2.4.1
3 vgl. Kap. 2.4.1.6
4 vgl. Kap. 2.4.1.7
5 vgl. Kap. 3.3.1.1, 3.3.1.2

Sofern die Periodenkapazitäten durch die Vorgänge nicht ausgeschöpft sind, verkürzt eine Erhöhung der Anzahl der Modellperioden, d. h. eine Verfeinerung des Periodenrasters, offenbar die reale Durchlaufzeit (vgl. Fall 1 und Fall 2), weil die Anteile ungenutzter Periodenkapazität abnehmen. Hierdurch steigt während der Durchlaufzeit die Kapazitätsauslastung an. Ferner reduzieren sich die realen Lagerzeiten und damit die durchschnittlichen Lagerbestände (vgl. z. B. Fall 1, Periode 2 und Fall 2, Periode 4). Durch eine weitere Verfeinerung des Periodenrasters kann die Durchlaufzeit so lange verkürzt werden wie die Periodenkapazitäten ausreichen, um die Vorgänge durchzuführen. Reichen die Periodenkapazitäten hierzu nicht mehr aus, sind die Vorgänge periodenübergreifend durchzuführen. Wird bei diesem Übergang von einperiodischer zu zunächst zweiperiodischer Durchführung von Vorgängen die Periodenzahl nicht mindestens verdoppelt, werden die realen Periodendauern also nicht mindestens halbiert, so führt dies in den entsprechenden Perioden zu einer Durchlaufzeitverlängerung (vgl. Vorgang 2 in Fall 2, Periode 3 und Fall 3, Perioden 4 und 5), weil von den Periodengrenzen unabhängige Steuerungssignale - s. o. - nicht zur Verfügung stehen. Beim Übergang zu periodenübergreifenden Vorgängen erhöht sich außerdem die Modellkomplexität, da für die zusätzlichen Perioden der periodenübergreifenden Vorgänge zusätzliche - ggfs. binäre - Entscheidungsvariable in das Modell aufzunehmen sind.

Eine noch weitere Verfeinerung des Periodenrasters führt nun so lange zu einer Verkürzung der Durchlaufzeit und den weiteren o. g. Effekten, wie ungenutzte Periodenkapazitäten reduziert werden können, allerdings um den Preis einer zunehmenden Modellkomplexität durch die steigende Anzahl an Entscheidungsvariablen für die neuen Perioden (vgl. Vorgänge 1, 3 und 4 in Fall 3 und Fall 4). Die Einteilung eines gegebenen Planungszeitraums in viele kurze Perioden erscheint also durchaus interessant, wenn es gelingt, die Modellkomplexität, insbesondere die Anzahl binärer Schaltvariabler, zu beherrschen. Möglichkeiten zur Verminderung der Anzahl binärer Schaltvariabler zwecks Komplexitätsreduzierung werden daher in einem eigenen Abschnitt behandelt.[1]

Es sei darauf hingewiesen, dass eine simultane Bestimmung der optimalen Werte der Entscheidungsvariablen für die Losgrößen und -sequenzen sowie der Periodenzahl und -dauern im Rahmen der hier diskutierten Ansätze nicht möglich ist.

---

[1] vgl. Kap. 3.3.1.2

Denn einerseits ist die Vorgabe eines Periodenraster erforderlich, um die Parameter eines Optimierungsmodells zu bestimmen. Dies gilt insbesondere für die Lagerkosten, die herkömmlich als Lagerkostenkoeffizienten in der Dimension „Geldeinheiten pro Periode und Stück" angegeben werden oder, was ggfs. realitätsnäher sein könnte, als periodenfixe Kosten abgebildet werden könnten. In beiden Fällen hängen die Lagerkostenkoeffizienten von der „realen" Länge der Perioden ab. Andererseits ergibt sich jedoch erst nach Lösung des Optimierungsmodells, d. h. nach Aufstellung des Produktionsplans, welche Kapazitätsanteile ungenutzt sind, so dass eine Variation des Periodenrasters eine Verkürzung der Durchlaufzeiten und die übrigen genannten Wirkungen erlauben würde. Mit einer Variation des Periodenrasters aber wäre eine Änderung der Lagerkostenkoeffizienten und damit der Parameter des Optimierungsmodells verbunden. Vor dem Hintergrund dieser Problematik könnte in der praktischen Planung unter Einsatz von (Standard-) Programmen geprüft werden, ob ein gegebener Planungszeitraum mehrfach planbar ist. Schrittweise könnte in aufeinander folgenden Planungen die Periodenskalierung verfeinert werden, um die Auswirkungen auf die verwendete Zielgröße zu beobachten, solange die hierbei zunehmenden Rechenzeiten dies zulassen. In diesem Verfahren werden also zuvor aggregierte Parameter schrittweise horizontal disaggregiert.[1]

[1] vgl. Kap. 2.1.2

3.3.2.2 Bedarfsschätzung mittels Block- und rollierender Planung

Die zukünftigen Bedarfe stellen möglicherweise den wichtigsten Parameter einer dynamischen Produktionsplanung dar, und genaue Schätzungen dieser Größe sind von entsprechender Bedeutung. Allerdings sind genaue Schätzungen nicht erforderlich, wenn die geschätzten Bedarfe größer sind als die zur Verfügung stehenden Kapazitäten. Das Planungsproblem ist hier nur lösbar, wenn die wichtige Restriktion der Materialbilanzengleichungen in Materialbilanzen*un*gleichungen umgewandelt werden. Ferner ist hier die Verwendung einer Zielfunktion zur Minimierung der Kosten nicht mehr möglich, da die Höhe der zu deckenden Bedarfe nicht als Parameter vorgegeben wird. Es wird vielmehr eine geeignete Zielfunktion, z. B. zur Maximierung des Gewinns, benötigt.[1] Für das Folgende soll aber angenommen werden, dass die geschätzten Bedarfe im Mittel kleiner sind als die mit den zur Verfügung stehenden Kapazitäten herstellbaren Produktmengen. Grundsätzlich setzt die vorliegende Arbeit in allen diskutierten Modellen die Annahme der „Datensicherheit“, d. h. bekannte Daten auch für die Bedarfe voraus, woraus sich der Ansatz der Blockplanung ergibt. Da aber das von der Blockplanung an sich abzugrenzende Konzept der rollierenden Planung in der praktischen Produktionsplanung über große Bedeutung verfügt[2] und auch, allerdings hauptsächlich für den unkapazitierten Fall, in der Literatur behandelt wird,[3] soll nachfolgend kurz dargestellt werden, wie beide Ansätze kombiniert werden könnten.

Bei der rollierenden Planung ist zunächst ein Planungszeitraum bzw. Planungshorizont zu definieren. Über dessen Länge ist sorgfältig zu entscheiden,[4] da mit zunehmender Entfernung von der Gegenwart die Unsicherheit zukünftiger Daten ansteigt.

---

1 vgl. Kap. 3.2
2 vgl. Derstroff, M.: Mehrstufige Losgrößenplanung, 1995, S. 196 ff.;
vgl. Domschke, W. / Scholl, A. / Voß, St.: Produktionsplanung, 1997;
vgl. Kimms, A.: Multi-Level Lot Sizing and Scheduling, 1997, S. 239 ff.;
vgl. Tempelmeier, H.: Material-Logistik, 1999, S. 334 ff.
3 vgl. Chand, S. / Morton, T. / Proth, J.: Forecast horizons, in: OR, Vol. 38, 1990, S. 884 ff.;
vgl. Denardo, E. / Lee, C.: Error bound, in: AOR, Vol. 2, 1991, S. 213 ff.;
vgl. Federgruen, A. / Tzur, M.: Minimal forecast horizons, in: OR, Vol. 42, 1994, S. 456 ff.;
vgl. Chen, H. / Hearn, D. / Lee, C.: Minimizing the error bound, in: ORL, Vol. 17, 1995, S. 57 ff.;
vgl. Federgruen, A. / Tzur, M.: Fast solution, in: MS, Vol. 41, 1995, S. 874-893;
vgl. de Matta, R. / Guignard, M.: Rolling production schedules, in: IIET, Vol. 27, 1995, S. 564-573
4 vgl. Baker, K.: Rolling Schedules, in: DS, Vol. 8, 1977, S. 19 ff.;
vgl. Stadtler, H.: Hierarchische Produktionsplanung bei losweiser Fertigung, 1988, S. 56 ff.;
vgl. Russel, R. / Urban, T.: Horizon extension, in: IJPE, Vol. 29, 1993, S. 111 ff.

Der Planungshorizont wird sodann in zwei Abschnitte eingeteilt, das „Entscheidungsfenster" und die „Projektion".[1] Nur für das Entscheidungsfenster, d. h. die nächstliegenden Perioden - manchmal nur die nächstliegende Periode - des Planungshorizonts wird ein detaillierter Plan ausgearbeitet. Der Plan für die restlichen Perioden des Planungshorizonts, d. h. für die Projektion, ist grob und vorläufig. Die Perioden, für die der Plan nicht mehr geändert bzw. ausgeführt wird, bilden den „eingefrorenen Horizont". Bei jedem Übergang des gegenwärtigen Zeitpunkts vom bestehenden eingefrorenen Horizont in das Entscheidungsfenster wird dieses „eingefroren", und ein neues Entscheidungsfenster sowie eine neue Projektion werden gebildet. Das Konzept impliziert, dass die Projektion mindestens so lang ist wie das Entscheidungsfenster, da andernfalls Perioden im Entscheidungsfenster abschließend detailliert geplant werden, die zuvor in der Projektion nicht vorgeplant worden waren. Ist die Projektion länger als das Entscheidungsfenster, werden deren letzte Perioden mehrmals grob vor- und einmal detailliert endgültig geplant. Bei gleicher Länge von Entscheidungsfenster und Projektion werden alle Perioden genau einmal vor- und einmal endgültig geplant.

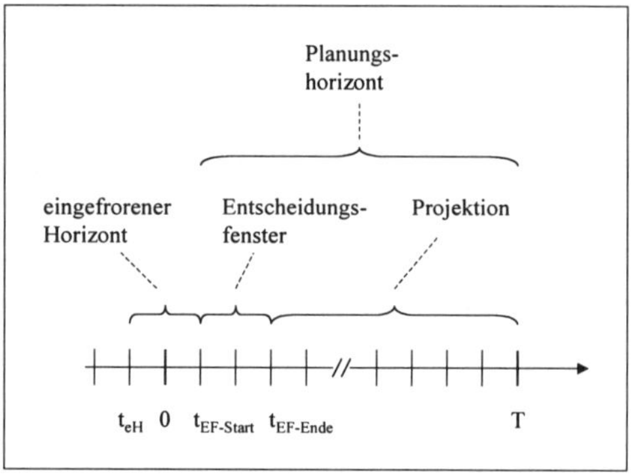

Abb. 3-7: Unterteilung des Planungshorizonts bei rollierender Planung[2]

[1] vgl. Günther, H.: Hierarchical Model for Production Planning and Scheduling, in: Axsäter S. / Schneeweiss, C. / Silver, E. (Hrsg.): Production, 1986, S. 227 ff.; vgl. Russel, R. / Urban, T.: Horizon extension, in: IJPE, Vol. 29, 1993, S. 114

[2] in Anlehnung an Derstroff, M.: Mehrstufige Losgrößenplanung, 1995, S. 10

Für die Kombination der Block- mit der rollierenden Planung ergeben sich zwei einfache Varianten. Eine Variante könnte darin bestehen, das Entscheidungsfenster der rollierenden Planung, für das relativ verlässliche Datenschätzungen möglich sein sollten, als „Block" der Blockplanung zu interpretieren, so dass für diese Phase ein Optimierungsmodell aufgestellt werden könnte. Damit wird der Blick auf die Wahl einer geeigneten Länge des Entscheidungsfensters gelenkt. Ein langes Entscheidungsfenster verbessert offenbar den mittleren optimierten Zielwert, erhöht aber auch das Risiko von Fehlschätzungen der im Optimierungsmodell benötigten Daten. Für bestimmte Produktionssituationen könnte eine zweite Variante darin bestehen, den Planungshorizont der rollierenden Planung als Block der Blockplanung zu interpretieren und die Schätzung der Bedarfe in eine „Grundschätzung" für den „Grundbedarf" und eine „Zusatzschätzung" für den „Zusatzbedarf" aufzuspalten. Ausgehend von einer konservativen Schätzung für einen mit hoher Wahrscheinlichkeit eintretenden Grundbedarf, könnte ein optimales „Grundproduktionsprogramm" für den gesamten Planungshorizont bestimmt werden. Um der mit zunehmender Entfernung von der Gegenwart wachsenden Unsicherheit Rechnung zu tragen, könnte es dabei nützlich sein, die Schätzwerte für den Grundbedarf für spätere Perioden zu vermindern. Nur für das Entscheidungsfenster wird sodann mit einer relativ verlässlichen Schätzung der Zusatzbedarf bestimmt, für den ein „Zusatzproduktionsprogramm" auf den nach Aufstellung des Grundproduktionsprogramms noch freien Kapazitäten eingelastet werden könnte.

Eine optimale Planung ist bei diesem Vorgehen natürlich nicht möglich, weil das Grundproduktionsprogramm und das Zusatzproduktionsprogramm nicht auf einander abgestimmt sind. Jedoch werden bei ausreichend verlässlicher Schätzung des Zusatzbedarfs alle Bedarfe gedeckt und Verluste durch Überproduktion vermieden. Bei einem günstigen Verhältnis von Grundbedarf und Zusatzbedarf könnte das Ergebnis bei diesem Vorgehen daher besser ausfallen als bei einer „Optimalplanung" auf der Grundlage einer endgültigen Schätzung des Bedarfs für den gesamten Planungshorizont, die bei der Blockplanung vorgenommen wird und bei der Verluste durch Fehlschätzungen nicht vermeidbar sind.

Abschließend sei darauf hingewiesen, dass bei der Anwendung der Blockplanung möglicherweise Anfangs- oder Endlagerbestände als Parameter vorzugeben sind. Manche Autoren setzen per definitionem Anfangs- und Endmaterialbestände von null voraus.[1] Zwar sind Anfangsmaterialbestände bei der Blockplanung in jedem Fall als Parameter vorzugeben, allerdings müssen sie natürlich nicht zwingend gleich null sein, auch wenn dies in der Literatur als der Normalfall gelten kann. Hinsichtlich der Notwendigkeit zur Vorgabe von Endmaterialbeständen ist eine Fallunterscheidung erforderlich. Wird nur eine einzige Blockplanung durchgeführt, so sind die Endmaterialbestände ohne Bedeutung, und eine besondere Vorgabe als Parameter, z. B. ein Endmaterialbestand von null, ist nicht erforderlich. Auch wenn dies kontraintuitiv sein sollte, sind dabei nach erfolgter Optimierung des Planungsproblems auch Endmaterialbestände größer null, also eine Produktion über den Bedarf hinaus, optimal. Folgen mehrere Blockplanungen aufeinander, so stellen die als Entscheidungsvariable bestimmten Endmaterialbestände des vorausgehenden Planungsblocks natürlich die als Parameter vorzugebenden Anfangsmaterialbestände des nachfolgenden Planungsblocks dar.

KIMMS weist in diesem Zusammenhang auf einen zunächst unerwarteten Effekt von Anfangsmaterialbeständen in mehrstufigen Systemen hin.[2] Befinden sich bei Blockplanung in einem mehrstufigen System Anfangsmaterialbestände auf Stufen, die nicht die letzte Wertschöpfungsstufe darstellen, so kann die Durchführung von Produktionsvorgängen auch dann wirtschaftlicher sein als deren Unterlassung, wenn kein Primärbedarf vorliegt. Dies gilt, wenn die Lagerkosten auf nachgelagerten Stufen geringer sind als auf vorgelagerten, so dass bei Betrachtung des gesamten Planungszeitraums die Kosten der Produktionsvorgänge und der Lagerung auf nachgelagerten Stufen geringer ausfallen als die Unterlassung der Produktionsvorgänge und die Lagerung auf vorgelagerten Stufen. Auf den nachgelagerten Stufen - ggfs. inklusive der letzten Wertschöpfungsstufe - stehen dann Produkte bereit, die mangels Nachfrage nicht abgesetzt, aber im Planungszeitraum kostenminimal gelagert werden können.

---

1 vgl. Derstroff, M.: Mehrstufige Losgrößenplanung, 1995, S. 32;
vgl. Tempelmeier, H.: Material-Logistik, 1999, S. 191

2 vgl. Kimms, A.: Multi-Level Lot Sizing and Scheduling, 1997, S. 42

3.3.2.3 Vor- und Nachlieferungen bei unbedingter Bedarfserfüllung

Die meisten Modelle der operativen Produktionsplanung, so auch die in dieser Arbeit analysierten Optimierungsmodelle,[1] setzen eine Planungssituation mit speziellen Annahmen, insbesondere einer unbedingten Bedarfserfüllung, voraus. Im Folgenden soll untersucht werden, welche Implikationen mit einer Planung bei aufwärtslimitierter Bedarfserfüllung, d. h. bei Durchführung einer Produktionsprogramm-, nicht nur einer Produktionsablaufplanung, verbunden sind. Zwar wird das Problem von Vor- und Nachlieferungen in der Literatur durchaus erkannt,[2] jedoch nicht umfassend behandelt. Zur Annäherung an diese Problematik sollen nachfolgend die für Vor- und Nachlieferungen offensichtlich bedeutsamen Eigenschaften der Planungssituation kommentiert werden:

(1) Möglichkeit der Bedarfsdisaggregation,
d. h. der Auflösung der Bedarfe in abnehmerindividuelle Aufträge
(2) Vorgabe zur Bedarfserfüllung,
die unbedingt oder aufwärtslimitiert sein kann
(3) Einhaltung der Kapazitätsgrenze,
d. h. der Höhe der Bedarfe in Relation zur Kapazität in den einzelnen Perioden
(4) Möglichkeit zur Vor- bzw. Nachproduktion,
d. h. zur Vorproduktion und Lagerung bzw. Nachproduktion und Nachlieferung in Perioden, in denen die Bedarfe die Kapazitätsgrenze unterschreiten
(5) Umfang der für die Vor- bzw. Nachproduktion verfügbaren Zusatzkapazität,
d. h. der Differenzen aus verfügbarer Kapazität und Bedarf in den Perioden, in denen die Bedarfe die Kapazitäten unterschreiten

Die Beziehungen zwischen diesen Eigenschaften werden unten analysiert. Zuvor aber sind die beiden Eigenschaften der Bedarfsdisaggregation und der Vor- bzw. Nachproduktion kurz zu erläutern:

---

[1] vgl. Kap. 2.4
[2] vgl. Webster, F.: Back-order version, in: PIMJ, Vol. 30, 1989, S. 1 ff.;
vgl. Choo, E. / Chan, G.: Two-way eyeballing heuristics, in: C&OR, Vol. 17, 1990, S. 359 ff.;
vgl. Gupta, S. / Brennan, L.: Lot sizing and backordering, in: PIMJ, Vol. 33, 1992, S. 27 ff.;
vgl. Hsieh, H. / Lam, K. / Choo, E.: Comparative study, in: C&OR, Vol. 19, 1992, S. 393 ff.;
vgl. Federgruen, A. / Tzur, M.: Dynamic lot-sizing model, in: NRL, Vol. 40, 1993, S. 459 ff.

Eine Bedarfsdisaggregation in abnehmerindividuelle Aufträge ist bei Lieferung an einen einzigen Abnehmer oder bei Lieferung an einen anonymen Markt natürlich nicht möglich. Hingegen ist bei Lieferung an Abnehmer mit für den Lieferanten differenzierter Bedeutung eine Bedarfsdisaggregation möglicherweise erforderlich, um die Aufträge bedeutender Abnehmer priorisiert zu decken. Auch bei Lieferung an Abnehmer mit für den Lieferanten undifferenzierter Bedeutung kann eine Bedarfsdisaggregation erforderlich sein, wenn einzelne Aufträge unbedingt und daher nur diskret zu erfüllen sind, so dass auch hier eine sukzessive Bedarfserfüllung anzuwenden ist.

Die meisten Modelle der Losoptimierung gehen als „Standardfall" von Kapazitäten aus, die grundsätzlich ausreichen, um den Gesamtbedarf, d. h. die kumulierte Menge der einzelnen Periodenbedarfe, in einem gegebenen Planungszeitraum zu decken. Die Kapazitätsbegrenzungen sind hier nur insofern bedeutsam, als sie die für die Optimierung gewünschten Möglichkeiten der Losbildung beschränken. Liegen aber die Bedarfe in einigen Perioden des Planungszeitraums über den mit der maximalen Kapazität herstellbaren Teilemengen, so können sie natürlich nur periodengerecht gedeckt werden, wenn der Planungszeitraum vor der ersten derartigen Periode um Perioden erweitert wird, in denen die Bedarfe geringer sind als die mit der gegebenen Kapazität herstellbaren Teilemengen, so dass eine Vorproduktion und Lagerung möglich ist. Umgekehrt ist eine - verspätete - Deckung solcher Bedarfe durch Nachproduktion und Nachlieferung nur möglich, wenn der Planungszeitraum nach der letzten Periode, in welcher der Bedarf größer ist als die mit der gegebenen Kapazität herstellbaren Teilemengen, um Perioden erweitert ist, in denen die mit der gegebenen Kapazität herstellbaren Teilemengen größer sind als der Bedarf. Natürlich sind innerhalb des Planungszeitraums beliebige Mischungen von Perioden mit Bedarfen oberhalb oder unterhalb der Kapazitätsgrenze denkbar. Einen „Standardfall" der Bedarfsverteilung und einen Fall der Kapazitätsüberschreitung mit Vor- und Nachproduktionsmöglichkeit zeigt die Abbildung 3-8.

Die Möglichkeit der Vorproduktion und Lagerung ist häufig gegeben. Sie ist nicht gegeben, wenn kein Lagerraum verfügbar oder beschaffbar ist oder, was in der Praxis wahrscheinlicher sein wird, wenn die Produkte nicht lagerfähig sind. Eine Vorproduktion und Lagerung ist im Rahmen der bisher diskutierten Modelle problemos abbildbar bzw. Gegenstand der Planung.

Die Möglichkeit der Nachproduktion und Nachlieferung besteht jedoch seltener. Begrifflich wird in der Literatur herkömmlich zwischen einem „Erfüllungsverzug", bei dem Nachlieferungen möglich sind, und einem „Bedarfsverlust", bei dem sie grundsätzlich nicht möglich sind, differenziert.[1] Voraussetzung für eine Nachlieferung ist, dass für den Abnehmer, z. B. auch unter Berücksichtigung eines Preisnachlasses, keine unakzeptablen Nachteile bewirkt werden oder er nicht über die Macht verfügt, den Liefertermin zu bestimmen. Ein bekanntes Beispiel für den Ansatz der Nachproduktion und Nachlieferung findet sich daher in der Automobilindustrie, denn hier bestimmt nicht etwa der Kunde den Liefertermin für einen neu erworbenen Pkw. Vielmehr wird ihm ein Liefertermin genannt, der sich, etwas vereinfacht formuliert, aus dem Bestreben des Pkw-Herstellers ergibt, seine Kapazität gleichmäßig auszulasten, um so über die gesamte Wertschöpfungskette einen möglichst gleichmäßigen Materialstrom zu erreichen.[2]

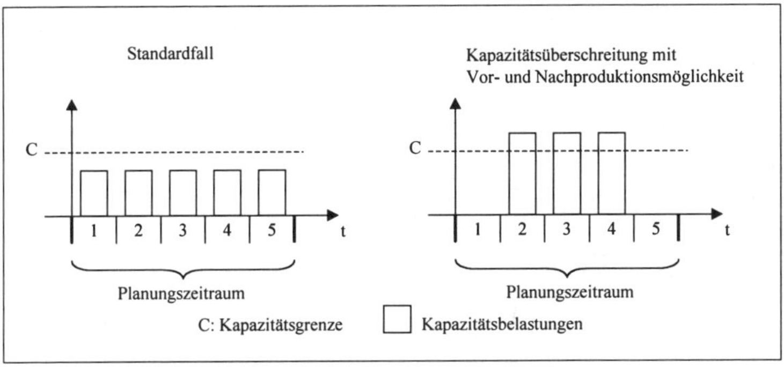

Abb. 3-8: Planungssituationen für Vor- bzw. Nachlieferungen

Auf strategischer bzw. taktischer Ebene wird der Hersteller hierbei versuchen, seine insbesondere durch die Produktionsanlagen definierte Kapazität so einzustellen, dass sie im langfristigen Mittel zur Bedarfsdeckung ausreicht. Um eine Nachproduktion und Nachlieferung abzubilden, müssen die bisher diskutierten Modelle ggfs. angepasst werden.

---

[1] vgl. stellvertretend Kilger, W.: Optimale Produktions- und Absatzplanung, 1973, S. 387
[2] vgl. Kap. 3.2.1.8

Die Zusammenhänge zwischen den genannten Eigenschaften der Planungssituation lassen sich nun wie folgt darstellen. Ist eine Bedarfsdisaggregation nicht möglich, der Bedarf also homogen, so ist das Planungsproblem bei aufwärtslimitierter Bedarfserfüllung lösbar, da Kapazitätsgrenzen hier nur Obergrenzen darstellen. Bei unbedingter Bedarfserfüllung jedoch ist zu unterscheiden, ob der Bedarf in allen Perioden unterhalb der Kapazitätsgrenze liegt oder nicht. Ist dies der Fall, so ist das Planungsproblem lösbar. Dies ist die in den meisten Modellen der Losoptimierung angenommene Standardsituation. Bestehende Kapazitätsbeschränkungen sind daher in den meisten Modellen nur insofern bedeutsam, als sie die möglicherweise aus Optimierungsgründen interessante Vorproduktion und Lagerung begrenzen. Liegen die Bedarfe in manchen Perioden aber oberhalb der Kapazitätsgrenze, so ist das Planungsproblem nur lösbar, wenn eine Vor- bzw. Nachproduktion möglich und die verfügbare Zusatzkapazität ausreichend ist. Ist hingegen eine Vorproduktion z. B. mangels Lagermöglichkeit oder eine Nachproduktion z. B. mangels Nachliefermöglichkeit nicht durchführbar oder ist eine Vor- bzw. Nachproduktion zwar möglich, die verfügbare Zusatzkapazität aber nicht ausreichend, so ist das Planungsproblem natürlich nicht lösbar.

<table>
<tr><td>Bedarfs-disaggregation</td><td colspan="5">nicht möglich</td></tr>
<tr><td>Bedarfs-erfüllung</td><td colspan="4">unbedingt</td><td>aufwärts-limitiert</td></tr>
<tr><td>Kapazitäts-grenze</td><td rowspan="3">eingehalten</td><td colspan="3">überschritten</td><td rowspan="3"></td></tr>
<tr><td>Vor- bzw. Nach-produktion</td><td colspan="2">möglich</td><td rowspan="2">nicht möglich</td></tr>
<tr><td>Zusatz-kapazität</td><td>ausreichend</td><td>nicht ausreichend</td></tr>
<tr><td>Planungs-problem</td><td>lösbar („Standard“)</td><td>lösbar</td><td>nicht lösbar</td><td>nicht lösbar</td><td>lösbar</td></tr>
</table>

Tab. 3-31: Eigenschaften und Lösbarkeit des Planungsproblems (1/2)

Ist eine Bedarfsdisaggregation möglich, der Bedarf also in die Aufträge von Abnehmern unterschiedlicher Bedeutung zerlegbar, so ergibt sich in einigen Fällen die Notwendigkeit zur Priorisierung von Aufträgen. Wird eine unbedingte Bedarfserfüllung vorgegeben und die Bedarfe liegen in allen Perioden unterhalb der Kapazitätsgrenze, so ist das Planungsproblem lösbar. Das Gleiche gilt natürlich, wenn die Kapazitätsgrenze zwar überschritten, eine Vor- bzw. Nachproduktion jedoch möglich und die Zusatzkapazität ausreichend ist. Liegen jedoch die Bedarfe oberhalb der Kapazitätsgrenze und eine Vor- bzw. Nachproduktion ist entweder nicht möglich oder zwar möglich, die Zusatzkapazität jedoch nicht ausreichend, so ist eine Priorisierung von Aufträgen erforderlich. Die gleiche Notwendigkeit ergibt sich bei aufwärtslimitierter Bedarfserfüllung.

<table>
<tr><td>Bedarfs-disaggregation</td><td colspan="5">möglich</td></tr>
<tr><td>Bedarfs-erfüllung</td><td colspan="4">unbedingt</td><td>aufwärts-limitiert</td></tr>
<tr><td>Kapazitäts-grenze</td><td rowspan="3">eingehalten</td><td colspan="3">überschritten</td><td rowspan="3"></td></tr>
<tr><td>Vor- bzw. Nach-produktion</td><td colspan="2">möglich</td><td rowspan="2">nicht möglich</td></tr>
<tr><td>Zusatz-kapazität</td><td>ausreichend</td><td>nicht ausreichend</td></tr>
<tr><td>Planungs-problem</td><td>lösbar</td><td>lösbar</td><td>Priorisierung erforderlich</td><td>Priorisierung erforderlich</td><td>Priorisierung erforderlich</td></tr>
</table>

Tab. 3-32: Eigenschaften und Lösbarkeit des Planungsproblems (2/2)

Die „Priorisierung“ bedeutet nichts anderes als die Auswahl bzw. Vernachlässigung von zu erfüllenden Aufträgen. Mögliche Kriterien für die Auswahl von Aufträgen bzw. der die Aufträge abgebenden Abnehmer sind nicht schwer zu erschließen. Die Abnehmer können entweder gleich oder ungleich behandelt werden. Werden sie gleich behandelt, so bietet sich z. B. eine Priorisierung der Aufträge nach der Eingangsreihenfolge an. Hauptnachteil dieses Vorgehens ist, dass aufgrund unterschiedlicher Bestellgewohnheiten bestimmte Abnehmergruppen dauernd benachteiligt werden. Dies soll durch Kontingentverfahren (s. u.) verhindert werden.

Möglich ist bei der Gleichbehandlung der Abnehmer auch deren Bedienung im Verhältnis des Einzelauftragsvolumens zum Gesamtauftragsvolumen. Bildet das Auftragsvolumen eines Abnehmers p Prozent des Gesamtauftragsvolumens, so erhält er nach diesem Verfahren auch p Prozent des Produktionsvolumens. Es ist einsichtig, dass bei Kenntnis dieses Verfahrens durch die Abnehmer leicht Fehlsteuerungen entstehen, weil die Abnehmer Bestellungen abgeben können, die den eigentlichen Bedarf weit übersteigen.

Werden die Abnehmer ungleich behandelt, so lässt sich z. B. nach eigens zu definierenden Kriterien eine Abnehmerrangliste aufstellen. Bei dauernd knapper Kapazität führt dies jedoch dazu, dass die Abnehmer am Ende der Rangliste niemals bedient werden und somit keine Abnehmer mehr sind. Möglich ist hier ferner eine Einteilung der Abnehmer in Kategorien, denen Kontingente des Produktionsvolumens zugeteilt werden. Innerhalb der Kategorien muss dabei die Verteilung des Kontingents geregelt erfolgen, z. B. nach dem Eingangsreihenfolgeverfahren. Einfache Kategorien sind das Abnahmevolumen, der erzielte Stückdeckungsbeitrag oder die geographische Region. Natürlich können verschiedene Kategorien hierarchisch angeordnet werden, z. B. auf der obersten Ebene nach der Region, auf der zweiten Ebene nach dem Abnahmevolumen usw. Hauptnachteil dieses Kontingentverfahrens ist, dass möglicherweise der über das Kontingent hinausgehende Bedarf in einer Kategorie nicht gedeckt werden kann, obwohl in anderen Kategorien die Kontingente noch nicht ausgeschöpft sind. Es kann die paradoxe Situation entstehen, dass die eigentlich knappen Produkte nicht vollständig abgesetzt werden können. Verfahren, welche diesen Nachteil eliminieren sollen, arbeiten letztlich noch nicht ohne situative Eingriffe eines Entscheidungsträgers.[1] Die bei Kenntnis des Zuteilungsverfahrens durch die Abnehmer entwickelbaren Bestellstrategien sowie spieltheoretische Effekte werden im Rahmen dieser Arbeit nicht weiter analysiert.

[1] vgl. Sadowski, D.: Supply Chain Management in der High-Tech Industrie, 2001, S. 79 ff.

3.3.2.4 Beschränkungen der Ressourcen

Wesentliche Restriktionen der in dieser Arbeit diskutierten Modelle beziehen sich auf die beschränkten Kapazitäten der Ressourcen, worunter i. d. R. das für die Ausführung von Aktivitäten pro Periode zur Verfügung stehende Zeitbudget verstanden wird. Die entsprechenden Formulierungen müssen daher einerseits berücksichtigen, welche Ressourcen überhaupt nur mit beschränkter Kapazität zur Verfügung stehen, und andererseits ausdrücken, wodurch ihre Kapazitäten belastet bzw. ge- oder verbraucht werden.[1] Bekanntlich lässt sich bei der Gestaltung größerer Optimierungsmodelle „in der Regel nicht vorhersagen, welche Restriktionen redundant sind. Es gibt aber Fälle, in denen die Beschäftigungsstatistik vergangener Perioden eindeutig zeigt, daß bestimmte Produktionsstellen über so große Kapazitätsreserven verfügen, dass sie beim Aufbau der Produktionsplanung nicht zu Engpässen werden können".[2] Folglich ist bei der Modellbildung auch hier im Einzelfall zu untersuchen, wie Beschränkungen der Ressourcen und wie die Kapazitätsbelastung im Optimierungsmodell abzubilden sind. Die Strukturelemente bzw. Ressourcen eines Logistiknetzes dürften i. d. R. den folgenden Kapazitätstypen zuzuordnen sein, deren Unterscheidung sich aus der Analyse sowohl der Produktions- als auch der Projektplanung ergibt:

Kapazitätstypen	**Ressourcen**
erneuerbar, ggfs. zusätzlich nicht-erneuerbar	Produktionselemente
	Transportelemente
	Lagerelemente
	Personal
nicht-erneuerbar, ggfs. zusätzlich erneuerbar	Rohstoffe bzw. Startteile
kumulativ, ggfs. zusätzlich erneuerbar	Materialbestände
	Zahlungsmittel

Tab. 3-33: Ressourcen und deren typische Kapazitätseigenschaften

Grundsätzlich lässt sich feststellen, dass bei Restriktionen für erneuerbare Ressourcen alle Perioden des Planungszeitraums getrennt zu betrachten sind. Die Verwendung zeitabhängiger Periodenkapazitäten C_{rt} für eine Ressource r ist zwar leicht möglich, jedoch wahrscheinlich wenig praxisrelevant.

---

1 vgl. Kap. 2.2.2.3

2 Kilger, W.: Optimale Produktions- und Absatzplanung, 1973, S. 103

Bei Restriktionen für nicht-erneuerbare Ressourcen ist der Planungszeitraum insgesamt zu untersuchen, weshalb nur eine Kapazität C_r anzusetzen ist. Bei doppelt restringierten Ressourcen erscheint es am transparentesten, sowohl eine Ungleichung für erneuerbare als auch eine Ungleichung für nicht-erneuerbare Ressourcen zu formulieren. Bei kumulativen Ressourcen kann eine Gleichung oder eine Ungleichung zur Anwendung kommen. Primär als erneuerbar beschriebene Ressourcen können zusätzlich nicht-erneuerbar sein, wenn auf einer vorgelagerten Planungsstufe nur ein bestimmtes „Kapazitätsbudget" bereitgestellt wurde. Primär als nicht-erneuerbar oder kumulativ beschriebene Ressourcen können, vor allem aus technischen Gründen, zusätzlich erneuerbar, also in jeder Periode beschränkt, sein.

Produktions-, *Transport-* und *Lagerelemente* sowie *Personal* werden i. A. über *erneuerbare Kapazitäten* verfügen. Bei allen Elementen kann eine schalthergangsbedingte Kapazitätsbelastung (Schaltzeit) durch die Herstellung der Arbeitsbereitschaft entstehen. Hierbei kann die Schaltzeit reihenfolgeabhängig sein, d. h. von der Abfolge der jeweils hergestellten Schaltzustände abhängen. Die vorgangsbedingten Belastungen sind bei den drei Strukturelementen natürlich unterschiedlich zu interpretieren. Die Begrenzung der Lagerkapazität wird, von wenigen Ausnahmen abgesehen,[1] von den in der Literatur diskutierten Modellen fast nie aufgegriffen. Die Notwendigkeit zu einer solchen Restriktion kann sich natürlich aus technischen Gründen ergeben, etwa wenn der Lagerraum oder die Lagerfläche begrenzt ist. Sie ist aber auch denkbar, wenn aufgrund geringer Liquidität die Begrenzung des im Materialbestand gebundenen Kapitals, also der für die Finanzierung des Umlaufvermögens zur Verfügung stehenden Zahlungsmittel, ohne eigene Restriktion modelliert werden soll. In diesem Fall wäre allerdings die Formulierung einer solchen eigenen Restriktion präziser (s. u.). Auch Restriktionen zur Kapazitätsbegrenzung der Transportelemente kommen in den in der Literatur behandelten Modellen, die sich bisher hauptsächlich mit innerbetrieblicher Produktionsplanung auseinandersetzen, meist nicht zur Anwendung. Eine Modellierung als erneuerbare Ressource ist jedoch, von Spezifika abgesehen, formal genauso leicht möglich wie bei Produktions- oder Lagerelementen. Da der Einsatz von Personal in der Industrie sehr häufig an bestimmte Produktionsanlagen, Transportmittel etc. gebunden ist, wird diese Ressource in der vorliegenden Arbeit nicht eigenständig modelliert.

[1] vgl. Pattloch, M.: Planung auf parallelen Maschinen, 1999, S. 41

Ein Beispiel für *nicht-erneuerbare Kapazitäten* ist mit *Rohstoffen* bzw. *Startteilen* gegeben. So kann es etwa bei der Herstellung informationstechnologischer Produkte wie Personalrechnern aufgrund der hohen Innovationsraten zu stark schwankenden Bedarfen und damit zu Engpässen bei der Zulieferung von Teilen oder Komponenten kommen.[1] Obwohl derartige Material- oder „Beschaffungsrestriktionen"[2] in der Praxis von großer Bedeutung sein können und sie sich sowohl für jede Periode als auch für den gesamten Planungszeitraum genauso leicht wie z. B. erneuerbare Kapazitätsbeschränkungen berücksichtigen lassen, werden sie auch in umfassenden Modellen zur Produktionsplanung oft nicht abgebildet. Grundsätzlich können alle Belastungen nicht-erneuerbarer Kapazitäten analog zu denjenigen erneuerbarer Kapazitäten formuliert werden.

Als Beispiele für *kumulative Kapazitäten* in Logistiknetzen seien *Materialbestände* und - gewissermaßen als Sonderfall von „Materialbeständen" - *Zahlungsmittel* angeführt. Die Kontrolle der unterbrechungsfreien Materialströme mittels *Materialbilanzen* für alle Bestandsteiletypen kann als zentrales Element der Optimierungsmodelle für Logistiknetze gelten. Im einfachsten Fall einer eindimensionalen Logistikkette erzwingen die „seriellen Materialbilanzen" für alle Teiletypen j in den (Puffer-) Lägern, dass sich die Bestände am Ende der Periode t-1 abzüglich der Bestände am Ende der Periode t zuzüglich der Zugänge an Teiletypen i, die dem Teiletyp j im Logistiknetz vorgelagert sind, und abzüglich der Abgänge an Teiletypen k, die dem Teiletyp j nachgelagert sind, zu null ausgleichen. Damit unterscheidet sich die Formulierung von derjenigen herkömmlicher Modelle, in welchen die Materialbestände und -veränderungen nicht durch unterschiedliche Indizes, sondern durch jeweils eigene Variablen ausgedrückt werden. Die Verwendung von Indizes zur Unterscheidung der Teiletypen erscheint jedoch konsistenter. Beim Übergang von einer eindimensionalen Logistikkette zu einem zweidimensionalen Logistiknetz sind die „seriellen" Materialbilanzen durch Aufnahme von Summen für alle vorgelagerten Teiletypen i bzw. nachgelagerten Teiletypen k in „generelle" Materialbilanzen zu überführen. An dieser Stelle sollen auch Gozintofaktoren g_{ij} bzw. g_{jk} eingesetzt werden, welche die Mengenverhältnisse zwischen den Teiletypen i und j bzw. j und k ausdrücken, und natürlich auch schon in einer eindimensionalen Logistikkette verwendet werden könnten.

---

1 vgl. Sadowski, D.: Supply Chain Management in der High-Tech Industrie, 2001
2 Kilger, W.: Optimale Produktions- und Absatzplanung, 1973, S. 76

Als Konsequenz aus der Kritik an den herkömmlichen Optimierungsmodellen[1] werden ferner Koeffizienten zur Materialverlustkompensation, nämlich von Ausschuss und Schwund, eingeführt, die in die Materialbilanzen aufzunehmen sind. Hierbei handelt es sich um dimensionslose Faktoren $0 < d \leq 1$, welche eine Erhöhung der erforderlichen Bruttoproduktionsmengen bzw. Bruttomaterialbestände erzwingen, so dass die Nettoproduktionsmengen an Gutteilen des im Logistiknetz vorgelagerten Teiletyps i in der Periode t bzw. die am Ende der Vorperiode t-1 zur Verfügung stehenden Nettomaterialbestände an Teiletyp j die Erfüllung der Materialbilanzen ermöglichen. Natürlich sind die während der Produktion bzw. Lagerung real eintretenden Größen der Materialverlustkoeffizienten unbekannt, so dass für diese insofern eine statistische Verteilung angegeben werden müsste, welche ex ante natürlich wiederum unbekannt ist. Hier soll aber angenommen werden, dass die Verwendung deterministischer Werte als gute Näherung möglich ist. Zur Berücksichtigung der vom Markt bezogenen bzw. an den Markt abgegebenen Teile empfiehlt sich eine Differenzierung in (externe) Zugänge durch Zukaufteiletypen h und (interne) Zugänge aus Produktions- oder Transportteiletypen i sowie eine Differenzierung in (externe) Abgänge an Verkaufteiletypen l zur Deckung des Primärbedarfs und (interne) Abgänge an Produktions- oder Transportteiletypen k zur Deckung des Sekundärbedarfs.

Wie bei allen kumulativen Ressourcen sind auch bei den Materialbilanzen die subperiodischen (Material-) Bewegungen zu beachten, die über eine *Materialstromvereinbarung* zu definieren sind. Erfolgen innerhalb der Perioden die Zugänge vor den Abgängen, so kann eine einfache Restriktion für die Materialbilanzen verwendet werden. Erfolgen innerhalb der Perioden die Abgänge vor den Zugängen, so ist als zusätzliche Restriktion eine „*Verfügbarkeitsgarantie*“ einzuführen. Wechselweise Zu- und Abgänge innerhalb einer Periode müssten durch eine Verfeinerung des Periodenrasters[2] oder durch eine zusätzliche subperiodische Überwachung kontrolliert werden. Für letztere wäre eine weitere nachgelagerte Planungsstufe einzuführen, um einen hierarchischen Planungsansatz zu realisieren, der im Rahmen dieser Arbeit jedoch nicht behandelt werden soll.[3]

---

1 vgl. Kap. 2.4.4.2
2 vgl. Kap. 3.3.2.1
3 vgl. Kap. 2.1.2

Die Formulierung von Restriktionen für *Zahlungsmittel* als kumulative Ressource erfolgt analog zu derjenigen für Materialbestände. Im einfachsten Fall kann daher eine Materialbilanz für nur einen Teiletyp, nämlich die Finanzmittel, zur Anwendung kommen. Zur Kopplung von Materialkosten und Umsatzerlösen an den Zahlungsmittelbestand erscheint allerdings eine weitere Ausdifferenzierung dieser Restriktion unter Abbildung der eingekauften und der verkauften Teilemengen, der jeweiligen, auch periodenabhängig formulierbaren, Einkaufs- bzw. Verkaufspreise sowie möglicher Zahlungsfristen TZ von Interesse zu sein, wofür auch eine Formulierung angegeben wird. Die Einkaufs- und Verkaufspreise sind hierbei natürlich nur bei solchen Teilen ungleich null, die vom Markt bezogen oder an diesen abgegeben werden, weshalb grundsätzlich über alle Teiletypen summiert werden kann. Eine Begrenzung der Summe auf bezogene oder abgegebene Teile wird jedoch den Problemumfang vermindern und damit die Lösungsgeschwindigkeit erhöhen. Ähnlich wie bei den Restriktionen für Materialbestände sind auch hier die subperiodischen Zahlungsmittelbewegungen zu beachten. Erfolgen innerhalb der Perioden die Zugänge vor den Abgängen, so kann die u. g. Restriktion für die „Zahlungsmittelbilanz" verwendet werden. Erfolgen innerhalb der Perioden die Abgänge vor den Zugängen, so ist auch hier als zusätzliche Restriktion eine „Verfügbarkeitsgarantie" einzuführen, in welche die Kreditlinie QZFMAX integriert sein kann. Bei wechselweisen Zu- und Abgängen wäre auch hier eine subperiodische Überwachung erforderlich.

Das für die Planung wesentliche Merkmal der Bedarfserfüllung kann bei Verwendung eigener Entscheidungsvariabler für Verkaufteile q_{lt} leicht mittels einer Gleichung (unbedingte Bedarfserfüllung) oder einer Ungleichung (aufwärts- bzw. abwärtslimitierte Bedarfserfüllung) modelliert werden. Natürlich ist der gleichzeitige Einsatz einer aufwärts- und einer abwärtslimitierenden Restriktion möglich, wenn sich der Absatz in einem „Korridor" bewegen soll.

Restriktionen für erneuerbare Ressourcen		
$\sum_{i\in IRE} cs_i x_{it} + c_i q_{it} \le C_r$	$r=1,...,RE$ $t=1,...,T$	*Glg. 3-85: Kapazitätsbeschränkung mit schalt- und vorgangsbedingter Belastung*
$\sum_{iv\in IRE} \sum_{i\in IRE} cs_{iv,i} x_{iv,i,t} \le C_{rt}$	$r=1,...,RE$ $t=1,...,T$	*Glg. 3-86: Zeitabh. Kapazitätsbeschränkung mit reihenfolgeabh. Schaltzeiten*
Restriktionen für nicht-erneuerbare Ressourcen		
$\sum_{t=1}^{T} \sum_{i\in IRN} c_i q_{it} \le C_r$	$r=1,...,RN$	*Glg. 3-87: Kapazitätsbeschränkung mit vorgangsbedingter Belastung*
Restriktionen für kumulative Ressourcen		
$q_{j,\,t-1} - q_{jt} + q_{it} - q_{kt} = 0$	$j=1,...,J$ $t=1,...,T$	*Glg. 3-88: Serielle Materialbilanzen*
$d_j q_{j,\,t-1} - q_{jt} + \sum_{i\in I} g_{ij} d_i q_{it} - \sum_{k\in K} g_{jk} q_{kt} = 0$	$j=1,...,J$ $t=1,...,T$	*Glg. 3-89: Generelle Materialbilanzen mit Gozintofaktoren u. Kompensation*
$d_j q_{j,\,t-1} - q_{jt} + \sum_{h\in H} q_{ht} + \sum_{i\in I} g_{ij} d_i q_{it}$ $- \sum_{k\in K} g_{jk} q_{kt} - \sum_{l\in L} q_{lt} = 0$	$j=1,...,J$ $t=1,...,T$	*Glg. 3-90: Generelle Materialbilanzen, zusätzlich mit Zu- und Verkauf-teilen*
$d_j q_{j,\,t-1} - \sum_{k\in K} g_{jk} q_{kt} - \sum_{l\in L} q_{lt} \ge 0$	$j=1,...,J$ $t=1,...,T$	*Glg. 3-91: Verfügbarkeitsgarantie mit Schwundkompensation und Verkaufteilen*
$qz_{t-1} - qz_t$ $+ \sum_{l\in L} wv_{lt} q_{l,\,t-TZ\#l} - \sum_{h\in H} we_{ht} q_{h,\,t-TZ\#h} = 0$	$t=1,...,T$	*Glg. 3-92: Zahlungsmittelbilanz mit Umsatzerlösen, Kosten u. Fristen*
$qz_{t-1} - \left(\sum_{l\in L} we_{lt} q_{l,\,t-TZ\#l} \right) - QZFMAX \ge 0$	$t=1,...,T$	*Glg. 3-93: Verfügbarkeitsgarantie für Zahlungsmittel mit Kreditgrenze*
$q_{lt} = B_{lt}$	$l=1,...,L$ $t=1,...,T$	*Glg. 3-94: Unbedingte Bedarfserfüllung*
$q_{lt} \le B_{lt}$	$l=1,...,L$ $t=1,...,T$	*Glg. 3-95: Aufwärtslim. Bedarfserfüllung*
$q_{lt} \ge B_{lt}$	$l=1,...,L$ $t=1,...,T$	*Glg. 3-96: Abwärtslim. Bedarfserfüllung*

Tab. 3-34: Mögliche Restriktionen für die Beschränkungen der Ressourcen

3.3.2.5 Abbildung von Zeitindexveränderungen und Stationszeiten

In vielen Modellen werden die Zeitindices von Entscheidungsvariablen verändert, namentlich durch Subtraktion oder Addition von Konstanten. So wird bei der Schaltsteuerung häufig die Schaltzustandsvariable y_{t-1} einer der gegebenen Periode t vorausgehenden Periode t-1 verarbeitet oder vom Zeitindex der Entscheidungsvariablen die Stationszeit TSTAT subtrahiert. Hierbei ist zu beachten, dass der Definitionsbereich der Variablen nicht verlassen werden darf. Insbesondere könnte, falls der Wert 1 von Zeitindices der Entscheidungsvariablen abgezogen wird, die Definition eines Planungszeitraums 0, 1, ... , T erforderlich sein, wenn in den Restriktionen der Modellformulierung Beschränkungen für die Perioden 1, ... , T aufgestellt werden. Die Werte der Entscheidungsvariablen für t = 0 sind dann ggfs. vorzugeben. Die Implikationen der Subtraktion der Stationszeit TSTAT vom Zeitindex werden im Anschluss an die folgenden Ausführungen kommentiert.

Die teiletypspezifische, ganzzahlig definierte Stationszeit $TSTAT_j$ ist beim Entwurf von Materialbilanzen zu berücksichtigen. Sie gibt den Teil des „Nachlaufs" einer einzelnen Aktivität an, welcher die Periode überschreitet, in der die Aktivität begonnen wird. Damit ist sie offensichtlich von der Skalierung des Periodenrasters abhängig.[1] Ob und in welcher Länge sich die Abbildung einer Stationszeit empfiehlt, ergibt sich aus den Prozesscharakteristika. Eine Stationszeit kann etwa anzusetzen sein, wenn Teile verklebt oder bei der Bearbeitung erhitzt werden und vor der nächsten Produktions-, Lager- oder Transportstufe aushärten oder abkühlen müssen. In herkömmlichen Modellen der innerbetrieblichen Produktion werden Stationszeiten auch verwendet, um die Transportzeit zwischen zwei Produktionsstufen abzubilden. Eine Stationszeit kann sich hingegen erübrigen, wenn z. B. in einer Fließfertigung, nur Teile eingelastet werden, die vor Ablauf der Periode vollständig die Produktionsstufe durchlaufen haben. Diese Beispiele verdeutlichen, dass die Stationszeit nicht mit den Kapazitätsbelastungskoeffizienten c_j zu verwechseln ist.[2] So könnte etwa das Verkleben eines gegebenen Teils j c_j Zeiteinheiten, die Aushärtung jedoch $TSTAT_j >> c_j$ Zeiteinheiten beanspruchen, wobei während der Aushärtung bereits andere Teile verklebt werden können. Die Differenzierung der Stationszeit vom Kapazitätsbelastungskoeffizienten begründet auch, warum die Stationszeit zwar notwendigerweise in den Materialbilanzen, nicht aber in Lagerkapazitätsrestriktionen zu berücksichtigen ist.

---

[1] vgl. Kap. 3.3.2.1
[2] vgl. Kap. 3.3.2.4

Die Stationszeit ist folglich auch nicht mit der Duchlaufzeit eines Produktionsauftrags als Folge von Vorgängen zu verwechseln, die sich durch die Planung ex post ergibt. Sie beschreibt auch nicht die Bearbeitungszeit eines Vorgangs als Folge von Aktivitäten, die sich aus dem Vorgangsumfang, d. h. aus der Anzahl der Aktivitäten je Vorgang, anders formuliert: aus der Losgröße, ergibt, welche als Entscheidungsvariable zu bestimmen ist. In wesentlichen in der Literatur dokumentierten Losoptimierungsmodellen wird die Stationszeit auf drei verschiedene Arten erfasst:

Restriktionen		
$qm_{j,t-1} - qm_{jt} + q_{j,t-TSTAT\#j} - \sum_{jn \in JN} g_{j,jn} q_{jn,t}$ $= B_{jt}$	$j = 1,...,J$ $t = 1,...,T$	*Glg. 3-97: Stationszeitberücksichtigung beim MKLM*
$qm_{j,t-1+TSTAT\#j} - qm_{j,t+TSTAT\#j}$ $+ q_{jt} - \sum_{jn \in JN,\ t\#jn \le t+TSTAT\#j,\ jn \le t\#jn+T} g_{j,jn} q_{jn,t+TSTAT\#j,jn}$ $= B_{j,t+TSTAT\#j}$	$j = 1,...,J$ $t = t_j,...,t_{j+T}$	*Glg. 3-98: Stationszeitberücksichtigung beim MKLMSRK*
$qm_{j,t-1} - qm_{jt} + q_{jt} - \sum_{jn \in JN_j} g_{j,jn} q_{jn,t} = B_{jt}$	$j = 1,...,J$ $t = 1,...,T$	*Glg. 3-99: MPLSM: Stationszeitberücksichtigung durch ...*
$qm_{jt} \ge \sum_{\tau=t+1}^{\min\{t+TSTAT\#j,T\}} \sum_{jn \in JN} g_{j,jn} q_{jn,\tau}$	$j = 1,...,J$ $t = 0,...,T-1$	*Glg. 3-100: MPLSM (Forts.): ... eine zusätzliche Restriktion*
$d_j q_{j,t-1} - q_{jt} + \sum_{h \in H} q_{h,t-TSTAT\#h} + \sum_{i \in I} g_{ij} d_i q_{it}$ $- \sum_{k \in K} g_{jk} q_{k,t-TSTAT\#k} - \sum_{l \in L} q_{lt} = 0$	$j = 1,...,J$ $t = 1,...,T$	*Glg. 3-101: Stationszeitberücksichtigung für Logistiknetze*

Tab. 3-35: Stationszeitberücksichtigung im MKLM, MKLMSRK und MPLSM

Im MKLM wird der Zeitindex der Produktionsmenge q um die Stationszeit korrigiert.[1] Ein Los, das in der Periode t zur Verfügung stehen soll, muss also in der Periode t-$TSTAT_j$ aufgelegt werden. Die Zeitindizes des Materialbestands sowie des Primär- und des Sekundärbedarfs werden nicht verändert.

[1] vgl. Kap. 2.4.2.1

Im MKLMSRK (Mehrstufiges kapazitiertes Losgrößenproblem mit lossequenzabhängigen Rüstkosten, engl. Multi Level Sequence dependent Lot sizing and Scheduling Problem, MLSLSP),[1] das in dieser Arbeit nicht ausführlich zitiert wird, besteht ein gerade umgekehrter Ansatz: Der Zeitindex der Produktionsmenge q wird nicht verändert, jedoch werden die Zeitindizes des Materialbestands sowie des Primär- und des Sekundärbedarfs um die Stationszeit $TSTAT_j$ korrigiert. Somit findet sich der Korrekturfaktor nicht nur in einer, sondern in einer Vielzahl von Variablen. Im MPLSM schließlich werden die Materialbilanzen nicht verändert.[2] Statt dessen kommt eine zusätzliche Restriktion zur Anwendung, welche für den Sekundärbedarf sicherstellt, dass die Stationszeit beachtet wird. Die zusätzliche Restriktion stellt sicher, dass der Materialbestand für jeden Teiletyp j in jeder Periode t so bemessen ist, dass der Sekundärbedarf, welcher in einem Horizont von $t+STAT_j$ anfällt, in welchem er durch Produktion nicht gedeckt werden könnte, befriedigt wird. Begrenzt wird dieser Horizont durch das Ende des Planungszeitraums T. Die zusätzliche Restriktion zwingt also letztlich in den „Materialbilanzen“ den Materialbestand qm_{jt} auf einen Wert, der ausreicht, um sowohl den Sekundärbedarf in Periode t als auch die Sekundärbedarfe in den zukünftigen Perioden des Horizonts $TSTAT_j$ zu decken. Der „Blick“ richtet sich in der zusätzlichen Restriktion des MPLSM also von einer gegebenen Periode t in die Zukunft auf dort bestehende Sekundärbedarfe, im MKLM hingegen von einer gegebenen Periode t in die Vergangenheit, und zwar durch die Änderung des Index der Entscheidungsvariablen q_{jt} für die Produktionsmenge des Teiletyps j in Periode t. Da der Ansatz des MKLM die klarste Formulierung zu sein scheint, wird er hier für die Modellierung von Logistiknetzen übernommen.

In der Planung sind - s. o. - die Implikationen der Stationszeit insbesondere für die „frühen“ Perioden im Planungszeitraum von Bedeutung. Es ist einsichtig, dass bei Indizierung des Planungszeitraums von 1 bis T ein Bedarf an einem Teiletyp j in einer Periode t dann nicht durch Produktion gedeckt werden kann, wenn für die Bedarfsperiode $t < TSTAT_j$ gilt. Der Bedarf muss also in der Periode t verzugsfrei vom Markt beschaffbar oder als Anfangsmaterialbestand vorhanden sein.

---

1 vgl. Grünert, T.: Lotsizing and Scheduling, 1998, S. 50 ff.
2 vgl. Kap. 2.4.2.2

3.3.2.6 Konstellationen paralleler Ressourcen

In vielen gegenwärtigen Konzepten zur Planung von „Supply Chains“ bzw. von Logistiknetzen wird noch die klassische klare Trennung zwischen der taktischen Investitionsplanung einerseits und der operativen Produktionsplanung andererseits beibehalten, wie in jüngeren Konzepten wie etwa der „Supply Chain Planning Matrix“ deutlich wird. Auch in dieser wird nämlich zwischen dem „Strategic Network Planning“, das u. a. der Entscheidung über den Auf- und Abbau von Lager- und Produktionskapazitäten dient, und dem eigentlichen „Production Planning“ unterschieden.[1] In der Industrie ist aber zu beobachten, dass sich die Grenze zwischen diesen beiden Planungsbereichen auflöst, da in neueren Investitionskonzepten Ressourcen wie Läger und auch Produktionsanlagen - also Strukturelemente im Produktionsnetz - vom Lieferanten der Ressourcen durch den eigentlichen Hersteller bzw. Logistiknetzbetreiber „gemietet“ werden. Hierbei können unterschiedliche Ansätze zur Mietzahlung realisiert sein, nämlich herkömmliche periodenfixe Mieten, aber auch ausbringungsmengenabhängige Gebühren, durch welche für den Hersteller rein proportionale Kosten bei Nutzung einer gemieteten Ressource entstehen.[2] Für den Hersteller bzw. Logistiknetzbetreiber ergeben sich bei der Anmietung von Ressourcen die Vorteile aus einer deutlichen Risikominderung, denn im Falle ausbringungsmengenabhängiger Gebühren wird das Investitionsrisiko - inklusive dem „Marktrisiko“ - auf den Anlagenlieferanten überwälzt, im Falle periodenfixer Mieten werden die Mindestmietdauern i. d. R. deutlich unter den üblichen Amortisationsdauern der Investitionen liegen. Die Anmietung von Ressourcen ist aber nicht nur für die Bereitstellung der erforderlichen Kapazitäten an sich interessant, sondern auch für deren Skalierung. Denn je nach Bedarf können angemietete Strukturelemente stufenweise zum Produktionsnetz hinzugeschaltet werden, so dass parallele Ressourcen zur Durchführung derselben Aufgaben zur Verfügung stehen. Daher ist offenkundig, dass sich mit der Möglichkeit der Anmietung von Ressourcen die taktische Investitionsentscheidung des Kapazitätsaufbaus in eine operative Entscheidung der Nutzung der Kapazität ggfs. paralleler Ressourcen wandelt, welche systematisch in der operativen Planung zu berücksichtigen ist.

---

1 vgl. Rohde, J. / Meyr, H. / Wagner, M.: Planning Matrix, in: PPSM, 4. Jg., 5 (2000), S. 10 ff.; vgl. Meyr, H. / Wagner, M. / Rohde, J.: Structure of Advanced Planning Systems, in: Stadtler, H. / Kilger, Chr. (Hrsg.): Supply Chain Management, 2000, S. 75 ff.

2 vgl. Bellmann, K.: Pay-as-Built - Innovative Organisationsmodelle, 2001; vgl. Ockens, K.: Finanzierungsmodelle, Mieten statt kaufen, in: LH, 23. Jg., 12/2001, S. 54 ff.

Dabei ist zu beachten, dass es sich i. d. R. nicht um *identische* parallele Ressourcen handelt, die identische Parameter aufweisen und damit gleiche Schaltzeiten und Schaltkosten sowie Stückbearbeitungszeiten und -kosten verursachen. Häufig werden vielmehr *uniforme* Ressourcen, deren Parameter sich bei allen Teiletypen in gleicher Weise von einander unterscheiden, oder *heterogene* Ressourcen, deren Parameter bei allen Teiletypen in unterschiedlicher Weise von einander abweichen, gegeben sein.[1]

Natürlich könnte angeführt werden, die Anzahl paralleler Strukturelemente sei in der Praxis meist begrenzt und daher ein „Probierverfahren“ ausreichend. Jedoch steigt die Anzahl möglicher Kombinationen auch bei kleinen Zahlen paralleler Ressourcen schnell an, wie sich aus den Überlegungen zu den „singulär-variablen“, „variabel-variablen“ oder „komplett-variablen“ Zuordnungen ergibt,[2] die auf den Fall parallel einzusetzender Ressourcen zutreffen können. So entstehen bei der „singulär-variablen“ Zuordnung mit einem Vorgang ($v = 1$) und drei parallelen Ressourcen ($R = 3$), von denen mindestens eine und maximal alle auszuwählen sind, 7 mögliche Kombinationen. Bei $R = 5$ parallelen Ressourcen sind es 31 und bei $R = 6$ parallelen Ressourcen sind es bereits 63 mögliche Kombinationen. Offensichtlich ist es vorteilhaft, die Auswahl der Ressourcen unter Beachtung gegebener Kosten- und Kapazitätsbelastungskoeffizienten in das Optimierungsmodell zu integrieren.

In der Literatur wird die Planung für parallele Ressourcen grundsätzlich bereits seit langem diskutiert. Allerdings werden herkömmlich „parallele Maschinen“ vor allem in der Auftragseinlastung, d. h. nicht der Programm- sondern nur der Ablaufplanung, auf *identischen* Maschinen, berücksichtigt.[3] Die jüngere Literatur zur Losoptimierung greift die Planung für parallele Ressourcen hingegen noch relativ selten auf. CARRENO untersucht das Problem der ökonomischen Lossequenz (engl. Economic Lot Scheduling Problem, ELSP).[4]

---

[1] zu den Begriffen vgl. stellv. Kimms, A.: Multi-Level Lot Sizing and Scheduling, 1997, S. 226 f.

[2] vgl. Kap. 2.2.3

[3] vgl. Conway, R. / Maxwell, W. / Miller, L.: Theory of Scheduling, 1967;
vgl. Baker, K. R.: Introduction to Sequencing and Scheduling, 1974;
vgl. Blazewicz, J. / Cellary, W. / Slowinski, R. et al.: Scheduling, in: AOR, Vol. 7, 1986, S. 11 ff.;
vgl. Blazewicz, J.: Selected Topics in Scheduling Theory, in: ADM, Vol. 31, 1987, S. 1 ff.;
vgl. Cheng, T. / Sin, C.: Parallel-Machine Research, in: EJOR, Vol. 47, 1990, S. 271 ff.;
vgl. Blazewicz, J. / Dror, M. / Weglarz, J.: Machine Scheduling, in: EJOR, Vol. 51, 1991, S. 283 ff.;
vgl. Brucker, P.: Scheduling Algorithms, 1995;
vgl. Pinedo, M.: Scheduling Theory, 1995

[4] vgl. Carreno, J.: Scheduling on parallel identical processors, in: MS, Vol. 36, 1990, S. 348 ff.

SALOMON,[1] SALOMON et al.,[2] CAMPBELL[3] und POPP[4] untersuchen das Diskrete Losgrößen- und Lossequenzoptimierungsmodell (engl. Discrete Lot sizing and Scheduling Problem, DLSP). „Parallele Maschinen" in der Losgrößenplanung ohne Lossequenzplanung werden z. B. von DIABY et al.,[5] DERSTROFF,[6] oder HINDI[7] behandelt, um reguläre Arbeitszeit und Überstunden zu modellieren. Auch KIMMS erweitert seine mehrstufige Variante des PLSM um „parallel machines".[8] In der jüngeren Literatur finden sich auch Modelle, die parallele Ressourcen in einer „gozinto-structure of general type"[9] - gemeint ist ein generelles Produktnetz, welches Konvergenzen und Divergenzen enthält - abbilden können sollen. Dabei werden sowohl Materialbilanzen mit einem Zugang und mehreren Abgängen (vgl. Tabelle 3-36, Beispiel 1) als auch Materialbilanzen mit mehreren Zugängen und mehreren Abgängen (Beispiel 2) eingesetzt.

Restriktionen		
$q_{j,t-1} - q_{jt} + q_{it} - \sum_{k \in K} g_{jk} q_{kt} = B_{jt}$	$j = 1,...,J$ $t = 1,...,T$	*Glg. 3-102:* *Beispiel 1: Materialbilanzen, ein Zugang und mehrere Abgänge*[10]
$q_{j,t-1} - q_{jt} + \sum_{i \in I} g_{ij} q_{it} - \sum_{k \in K} g_{jk} q_{kt} = B_{jt}$	$j = 1,...,J$ $t = 1,...,T$	*Glg. 3-103:* *Beispiel 2: Materialbilanzen, mehrere Zugänge und Abgänge*[11]
Entscheidungsvariable		
q_{jt}	Materialbestand an j am Ende von t	
q_{it}, q_{kt}	Zugangsmenge (Teiletyp i) bzw. Abgangsmenge (Teiletyp k) in t	

Tab. 3-36: Materialbilanzen bei parallelen Ressourcen

1 vgl. Salomon, M.: Deterministic Lotsizing Models for Production Planning, 1991
2 vgl. Salomon, M. / Kroon, L. / Kuik, R. et al.: Some Extensions of the DLSP, in: MS, Vol. 37, 1991, S. 801 ff.
3 vgl. Campbell, G.: Scheduling multiple products on parallel machines, in: POM, 1992, S. 295 ff.
4 vgl. Popp, T.: Kapazitätsorientierte dynamische Losgrößen- und Ablaufplanung, 1992
5 vgl. Diaby, M. / Bahl, H. / Karwan, M. et al.: A Lagrangean Relaxation, in: MS, Vol. 38, 1992, S. 1329 ff.
6 vgl. Derstroff, M.: Mehrstufige Losgrößenplanung, 1995
7 vgl. Hindi, K.: Algorithms for Lot-Sizing, in: JORS, Vol. 46, 1995, S. 465 ff.
8 vgl. Kimms, A.: Multi-Level Lot Sizing and Scheduling, 1997, S. 225 ff.
9 derselbe: Multi-Level Lot Sizing and Scheduling, 1997, S. 29
10 vgl. ebenda, S. 29, S. 32 und S. 225
11 vgl. Derstroff, M.: Mehrstufige Losgrößenplanung, 1995, S. 31; vgl. Haehling von Lanzenauer, C. / Pilz-Glombik, K.: Decisions, in: ORS, Vol. 24, 2002, S. 63

Um die Eignung dieser Restriktionen zur Abbildung paralleler Ressourcen beurteilen zu können, muss kurz untersucht werden, welche Grundkonstellationen sich für parallele Teiletypen in Logistiknetzen ergeben. Offensichtlich wird es sich dabei häufig nicht um einfache parallele Teiletypen, sondern um ganze parallele Zweige handeln. Methodisch ist dies aber ohne Belang, weil in den Materialbilanzen lediglich die Materialströme an den Verzweigungen von Interesse sind und die in den Zweigen bestehenden Kapazitätsbeschränkungen in entsprechenden Restriktionen sowie die ggfs. entstehenden Kosten in der Zielfunktion erfasst werden.

Da ein herkömmlicher Gozintograph für diese Untersuchung nicht geeignet ist, werden nachfolgend Teiletypen, die Bestände darstellen (Bestandsteiletypen), mit dem Symbol für Läger und Teiletypen, die zu produzieren oder zu transportieren sind (Produktions- oder Transportteiletypen), mit dem Symbol für Produktionsanlagen versehen.[1] Grundsätzlich ist nun zu unterscheiden, ob parallele Bestandsteiletypen oder parallele Produktions- (bzw. Transport-) Teiletypen untersucht werden sollen, ob der Materialstrom zu den parallelen Teiletypen hin oder von ihnen fort gerichtet ist und ob die parallelen Teiletypen wahlfrei oder zwingend gemeinsam einzusetzen sind. Letzteres ist durch Balken gekennzeichnet, welche die zwingend einzusetzenden Teiletypen verbinden. Es ergeben sich so formal acht mögliche Grundkonstellationen, von denen die Kuppellagerung und die Kuppelbeschaffung ohne große praktische Bedeutung zu sein scheinen.

	parallele Staubestände	**parallele Sogbestände**	**parallele Teilesenken**	**parallele Teilequellen**
wahlfrei	Wahllagerung 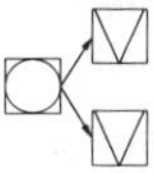	Wahlbedarf 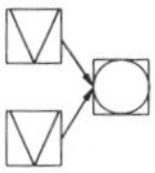	Wahlproduktion 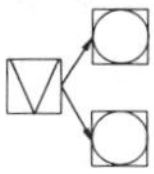	Wahlbeschaffung 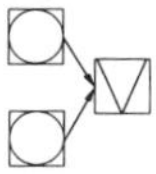
zwingend	Kuppellagerung 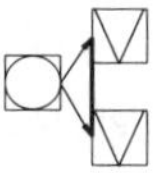	Kuppelbedarf 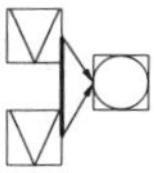	Kuppelproduktion 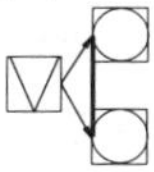	Kuppelbeschaffung 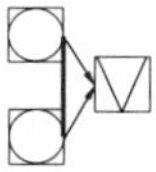

Tab. 3-37: Grundkonstellationen paralleler Teiletypen in Logistiknetzen

[1] vgl. Kap. 3.1.2

Da hier Mengen von Teiletypen dargestellt werden, erscheinen die Begriffe „Stau"- bzw. „Sogbestände" geeigneter als die Begriffe „Aufstau"- bzw. „Zerreißlager".[1]

Die wahlfreien Konstellationen sind leicht zu erläutern: *Wahlfrei parallele Staubestände* (*Wahllagerung*) liegen vor, wenn produzierte oder transportierte Teiletypen wahlfrei in mehreren Beständen abgelegt werden können. *Wahlfrei parallele Sogbestände* (*Wahlbedarf*) sind gegeben, wenn zu bearbeitende oder zu transportierende Teiletypen mehreren Beständen entnommen werden können. Man beachte, dass es sich bei der *Wahllagerung* bei den parallelen Beständen um physisch identische Teiletypen handeln muss, während beim *Wahlbedarf* auch physisch unterschiedliche Teiletypen in einen Produktionsteiletyp einfliessen können. *Wahlfrei parallele Teilesenken (Wahlproduktion)* liegen vor, wenn Bestandsteiletypen in mehrere Produktions- oder Transportteiletypen eingehen können. *Wahlfrei parallele Teilequellen (Wahlbeschaffung)* liegen vor, wenn ein bestimmter Bestandsteiletyp mehreren Produktions- oder Transportteiletypen nachfolgt. Hier ist zu beachten, dass es sich bei der *Wahlproduktion* bei den parallelen Produktionsteiletypen auch um physisch unterschiedliche Teiletypen, also eine Variantenproduktion, handeln kann, während bei der *Wahlbeschaffung* physisch identische Produktions- oder Transportteiletypen vorliegen. Bei allen wahlfreien Konstellationen entspricht die Situation der „singulär-variablen Zuordnung", für welche oben die Anzahl der möglichen Wahlkombinationen bestimmt wurde.[2]

Unter den zwingend parallelen Konstellationen finden sich bekannte Begriffe: Bei *zwingend parallelen Teilesenken* entstehen in der Produktion simultan verschiedene Produktionsteiletypen, d. h. es liegt eine Zwangs- oder *Kuppelproduktion* vor. Umgekehrt ist es bei *zwingend parallelen Sogbeständen* erforderlich, für eine Produktion oder ggfs. einen Transport verschiedene Teiletypen aus mehreren Beständen zu entnehmen, was hier als Zwangs- oder *Kuppelbedarf* bezeichnet werden soll und z. B. bei der Montage der Fall ist. Dass bei *zwingend parallelen Staubeständen (Kuppellagerung)* einem Produktions- oder Transportteiletyp zwingend mehrere Bestandsteiletypen nachfolgen oder dass bei *zwingend parallelen Teilequellen (Kuppelbeschaffung)* einem Bestandsteiletyp zwingend mehrere Produktions- oder Transportteiletypen vorausgehen, scheint in der Praxis ohne große Bedeutung zu sein.

---

1 vgl. Pfaffenberger, U.: Losreihenfolgeabhängige Kosten, 1960, S. 31,
zit. nach Kilger, W.: Optimale Produktions- und Absatzplanung, 1973, S. 385;
vgl. Kap. 3.1.2

2 vgl. Kap. 2.2.3

Offensichtlich sind nicht alle wahlfrei parallelen Konstellationen mit den o. g. herkömmlichen Materialbilanzen, welche die Materialbestände abbilden, darstellbar. Zunächst ist festzuhalten, dass sich parallele Teiletypen sowohl auf der Zugangs- als auch auf der Abgangsseite eines Bestands, also ein generelles Produkt- bzw. Logistiknetz, nur mit dem o. g. Beispiel 2 abbilden lassen. Ferner lassen sich mit den herkömmlichen Materialbilanzen zwar die wahlfrei parallelen Teilesenken oder Teilequellen aufgrund der summarischen Erfassung mehrerer Abgänge oder Zugänge zu einem einzigen Materialbestand darstellen. Bei wahlfrei parallelen Stau- oder Sogbeständen aber führt die Verwendung derselben Variablen für die zu- oder abströmenden Produktions- oder Transportteiletypen in den Formulierungen eigener Materialbilanzen für alle parallelen Materialbestände zu einer mehrfachen Erfassung von Zugängen oder Abgängen in allen Beständen, auch wenn diese gerade nicht für alle Bestände vorgesehen sind.

Zur Überwindung dieses Mangels unter Beibehaltung des bisherigen Konzepts der Materialbilanzen ist es möglich, die wahlfrei parallelen Bestandsteiletypen, mithin das Logistiknetz, um Scheinteiletypen zu ergänzen, um so die parallelen Stau- oder Sogbestände in parallele (Schein-) Teilesenken oder (Schein-) Teilequellen mit jeweils eigenen Variablen umzuwandeln. In die Modellformulierung müssen dabei zusätzliche Materialbilanzen für die ergänzten (Schein-) Bestandsteiletypen aufgenommen werden.

	parallele Staubestände	**parallele Sogbestände**
wahlfrei	Wahllagerung 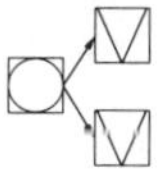	Wahlbedarf 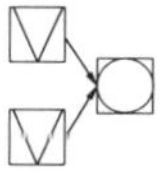
wahlfrei mit Scheinteiletypen	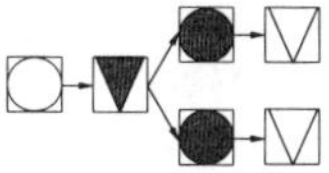	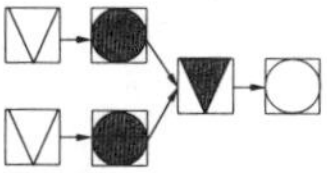

Tab. 3-38: Wahlfrei parallele Konstellationen mit Scheinteiletypen

Auch die zwingend parallelen Konstellationen können offensichtlich nicht vollständig mit den o. g. üblichen Materialbilanzen abgebildet werden. Zwar verwandelt sich die mehrfache Erfassung von Zugängen und Abgängen in den Materialbilanzen aller parallelen Bestände von einem Nachteil bei *Wahllagerung* und *Wahlbedarf* in einen Vorteil bei *Kuppellagerung* und *Kuppelbedarf*, jedoch erfolgt bei *Kuppelproduktion* und *Kuppelbeschaffung* in den herkömmlichen Modellen keine Verbindung zwischen den gekoppelten Produktions- bzw. Transportteiletypen. Im Falle konstanter Mengenverhältnisse der gekoppelten Teiletypen ist eine Verbindung zwischen zwei Teiletypen q_a und q_b leicht mittels des Kuppelmengenfaktors f_{ab} in einer „Kuppelmengenrelation" herstellbar, die nachfolgend vorgeschlagen wird:

Restriktion		
$f_{ab}q_{bt} = q_{at}$	$a,b = 1,\ldots,J$ $t = 1,\ldots,T$	*Glg. 3-104:* *Kuppelmengenrelation*

Tab. 3-39: Kuppelmengenrelation mit Kuppelmengenfaktor

3.4 Komponenten für Optimierungsmodelle

3.4.1 Komponenten im Überblick

Die nachfolgende Übersicht listet die in den vorangehenden Kapiteln diskutierten Komponenten, aus denen Optimierungsmodelle für Logistiknetze konstruiert werden können, zusammenfassend auf. Nach Kenntnis des Autors stellen bei den Zielfunktionen die Absatz- und Umsatzmaximierung, die Zykluszeitminimierung, der Kapazitätsbelastungsausgleich und die Blindzieloptimierung sowie bei den Restriktionen die Gestaltungsvorschläge zur abwärts- und aufwärtslimitierten Bedarfserfüllung, zur zielfunktionsunabhängigen Schaltsteuerung, zu mehrperiodischen Schalthergängen, zu definierten Schaltzustandsdauern, zur Berücksichtigung von Materialverlusten und zur Abbildung verschiedener Konstellationen paralleler Strukturelemente - wenigstens in ihren Formulierungen zur Optimierung mehrstufiger Produktionssysteme mittels der mathematischen Planungsrechnung - neue Ansätze bzw. vollständig neue Konzepte dar.

Welche Entscheidungsvariablen und Parameter sowie welche Restriktionen einer realen Planungssituation mittels des vorgeschlagenen Modellierungsinstrumentariums sinnvollerweise in einem Optimierungsmodell abgebildet werden sollten, kann natürlich nur im Einzelfall aufgrund einer Markt-, Kosten- und Kapazitätsanalyse entschieden werden. Dabei ist nicht nur zu berücksichtigen, ob die für das gewünschte Modell benötigten Daten aus technischer Sicht grundsätzlich verfügbar sind, sondern auch, ob deren Erhebung aus betriebswirtschaftlicher Sicht rational ist, d. h. ob die Erhebungskosten, z. B. für die Beschaffung automatischer Zähleinrichtungen oder für zusätzliches Personal etc., geringer sind als der durch die Verwendung der Daten in einem Optimierungsmodell voraussichtlich erzielbare Nutzen. Sollte dies nicht der Fall sein, so gilt es, ein Modell auf der Grundlage der vorhandenen oder einfach beschaffbaren Daten aufzustellen. Die Aufstellung eines umfassenden und damit entsprechend komplexen Modells für alle Varianten der mehrstufigen Produktionsplanung mit dem Ziel der Herstellung vollständiger Planungssicherheit ist nicht nur bisher unerreicht, sondern erscheint auch weder möglich noch erstrebenswert. Denn es ist gerade das Ziel eines jeden Modells, die Komplexität der realen Planungssituation zu reduzieren.

Komponenten	Kapitel	Bemerkungen
Zielfunktion	3.2	
Kostenminimierung	3.2.1.2	
Absatz- und Umsatzmaximierung	3.2.1.3	Neuer Ansatz der Formulierung.
Gewinnmaximierung	3.2.1.4	
Renditemaximierung	3.2.1.5	
Barwertmaximierung	3.2.1.6	
Zykluszeitminimierung	3.2.1.7	Neuer Ansatz der Formulierung.
Kapazitätsbelastungsausgleich	3.2.1.8	Neuer Ansatz der Formulierung.
Blindzieloptimierung	3.2.1.9	Neuer Ansatz der Formulierung.
Restriktionen zur Ressourcenschaltung	3.3.1	
Zielfunktionsunabhängige Schaltsteuerung	3.3.1.4	Neues Konzept.
Mehrperiodische Schalthergänge	3.3.1.5	Neues Konzept.
Definierte Schaltzustandsdauern	3.3.1.6	Neues Konzept.
Restriktionen für Beschränkungen	3.3.2	
Beschränkungen erneuerbarer Ressourcen	3.3.2.4	
Beschränkungen nicht-erneuerbarer Ressourcen	3.3.2.4	
Beschränkungen kumulativer Ressourcen	3.3.2.4	
Berücksichtigung von Materialverlusten	3.3.2.4	Neues Konzept.
Berücksichtigung von Stationszeiten	3.3.2.5	
Konstellationen paralleler Ressourcen	3.3.2.6	Neues Konzept.
Restriktionen zur Variablendefinition	(3.)	
Nichtnegativitätsbedingungen		
Binärisierungsbedingungen		

Tab. 3-40: Komponenten von Optimierungsmodellen für Logistiknetze

3.4.2 Beispiele spezieller Konfigurationen von Logistiknetzen

3.4.2.1 Beispiel I: Variante des MRP II

Als erstes Beispiel für eine spezielle Konfiguration eines Logistiknetzes soll eine Variante des herkömmlichen Planungsansatzes nach MRP II angeführt werden, der für die operative Planung auf Anlagenebene eingesetzt wird. Diesem Ansatz entsprechend, sind vorgegebene Bedarfe nach einem Produkt (l=1) unbedingt zu decken, allerdings existiert kein spezifisches Optimierungsziel. Da der Inhalt der Planung vielmehr in der Bestimmung eines *möglichen* Produktionsplans besteht, wird eine Blindzielfunktion eingesetzt, um Standardprogramme verwenden zu können. Es werde ein mehrstufiges eindimensionales, also unverzweigtes, Produktionssystem unter Verwendung von Gozintofaktoren zu Grunde gelegt. Für die Bereitstellung der Vorprodukte für die erste Stufe ist, z. B. mittels eines stets gefüllten Lagers, zu sorgen. Der Primärbedarf (Teil l) ist nur auf der letzten Stufe zu berücksichtigen. Die Produktionsanlagen sollen über beschränkte und, wie üblich, erneuerbare Kapazitäten verfügen. Gemäß der Kritik werden für die Schalthergänge keine kalkulatorischen Kosten angesetzt,[1] außerdem sei davon auszugehen, dass auch keine nennenswerten Grundkosten anfallen. Im Gegensatz zu herkömmlichen Ansätzen soll jedoch angenommen werden, dass die Schalthergänge nennenswerte Zeit beanspruchen und daher kapazitätswirksam sind. Es entsteht so die Notwendigkeit zur Abbildung von Schalthergangs- und Schaltzustandsvariablen sowie der Verwendung einer zielfunktionsunabhängigen Schaltsteuerung. Die wesentlichen Eigenschaften dieser Konstellation ergeben sich wie folgt:

- Planungsansatz nach MRP II
- Blindzieloptimierung bei unbedingter Bedarfserfüllung
- mehrstufiges, eindimensionales Produktionssystem mit Gozintofaktoren
- beschränkte (erneuerbare) Ressourcenkapazitäten
- Schalthergänge erneuerbarer Ressourcen nicht kosten-, aber kapazitätswirksam
- Abbildung von Schalthergangs- und Schaltzustandsvariablen erforderlich
- Notwendigkeit für zielfunktionsunabhängige Schaltsteuerung in Grundform

---

[1] vgl. Kap. 2.4.4.2

Zielfunktion		
$\min qbv$		*Glg. 3-105: Mögliche Blindzielfunktion*
Restriktionen		
$x_{it} = (1 - y_{i,t-1}) * y_{it}$	$i = 1,...,I$ $t = 1,...,T$	*Glg. 3-106: Zielfunktionsunabhängige Schaltsteuerung*
$\sum_{i=1}^{IR} y_{it} = 1$	$r = 1,...,RE$ $t = 1,...,T$	*Glg. 3-107: Schaltzustandsexklusivität*
$\sum_{i \in IRE} cs_i x_{it} + cp_i q_{it} \leq C_r$	$r = 1,...,RE$ $t = 1,...,T$	*Glg. 3-108: Kapazitätsbeschränkungen erneuerbarer Ressourcen*
$q_{j,t-1} - q_{jt} + g_{ij} q_{it} - g_{jk} q_{kt} - q_{lt} = 0$	$j = 1,...,J$ $l = 1$ $t = 1,...,T$	*Glg. 3-109: Materialbilanzen*
$q_{lt} = B_{lt}$	$l = 1$ $t = 1,...,T$	*Glg. 3-110: Unbedingte Bedarfserfüllung*
$qbv \geq 0$		*Glg. 3-111: Nichtnegativitätsbedingung für die Blindzielvariable*
$y_{it} \in \{0,1\}$	$j = 1,...,J$ $t = 1,...,T$	*Glg. 3-112: Binärisierung der Schaltzustandsvariablen*
Entscheidungsvariable		
q_{ht}, q_{it}, q_{jt}, q_{kt}, q_{lt}	Mengen an Zukauf- (h), Produktions- bzw. Transport- (i), Bestandsteilen (j), Sekundärbedarf (k) und Verkaufteilen (l) in t	
x_{it}	binäre Schalthergangsvariable	
y_{it}	binäre Schaltzustandsvariable	

Tab. 3-41: Beispiel I: Variante des MRP II

3.4.2.2 Beispiel II: Kapazitätsanpassung zur Gewinnmaximierung

Als zweites Beispiel einer speziellen Logistiknetz-Konfiguration soll von einem Unternehmen ausgegangen werden, das über eigene erneuerbare Ressourcen verfügt sowie ebenfalls erneuerbare Produktions- und Lagerkapazitäten anmietet, um Bedarfe bis zu einer gegebenen Absatzgrenze gewinnmaximal decken zu können. Als Optimierungsziel wird deshalb die Gewinnmaximierung bei aufwärtslimitierter Bedarfserfüllung eingesetzt. Zu berücksichtigen seien Umsatzerlöse und Beschaffungskosten mit jeweils periodenabhängigen Preisen sowie Bereitschafts- (Miet-) Kosten für die angemieteten Ressourcen und Aktivitäts- bzw. Produktionsstückkosten mit jeweils periodenunabhängigen Preisen. Es werde von einem generellen Logistiknetz ausgegangen. Schwund und Ausschuss seien über eine deterministische Kompensation zu berücksichtigen. Bestimmte Ressourcen seien zur Kapazitätserweiterung wahlfrei parallel verschaltbar, was die Abbildung von Scheinteiletypen erfordert, die allerdings in der Modellformulierung als solche nicht erkennbar sind. Ferner sei Kuppelproduktion mittels einer Kuppelmengenrelation zu erfassen. Die eigenen Ressourcen sollen über erneuerbare, periodenunabhängige Kapazitäten verfügen, für anmietbare Ressourcen soll eine Mindestbereitschafts- (Mindestmiet-) Dauer bestehen. Aufgrund des begrenzten Angebots seien bestimmte Zukaufteile als nicht-erneuerbare Ressourcen abzubilden. Die Schalthergänge seien weder kosten- noch kapazitätswirksam. Da für die Schaltzustände Bereitschaftskosten anfallen, entsteht jedoch auch hier die Notwendigkeit zur Abbildung von Schalthergangs- und Schaltzustandsvariablen sowie der Verwendung einer zielfunktionsunabhängigen Schaltsteuerung, und zwar in der Ressourcenform. Die wesentlichen Eigenschaften dieser Konstellation ergeben sich wie folgt:

- Gewinnmaximierung mit periodenabhängigen Verkaufs- und Beschaffungspreisen
- periodenunabhängige Bereitschafts- und Produktionsstückkosten
- Logistiknetz mit genereller Struktur
- Abbildung wahlfrei paralleler Ressourcen (Scheinteiletypen)
- Abbildung zwingend paralleler Ressourcen (Kuppelmengenrelation)
- Ressourcen mit erneuerbarer, periodenunabhängiger Kapazität
- Mindestbereitschaftsdauern für (Miet-) Ressourcen
- Zukaufteile als nicht-erneuerbare Ressource
- Schalthergänge der Ressourcen weder kosten- noch kapazitätswirksam
- Notwendigkeit für zielfunktionsunabhängige Schaltsteuerung in Ressourcenform

Zielfunktion		
$\max \sum_{t \in T} \left(\sum_{l \in L} wv_{lt} q_{lt} - \sum_{r \in R} kb_r y_{rt} - \sum_{h \in H} we_{ht} q_{ht} - \sum_{i \in I} ka_i q_{it} \right)$		*Glg. 3-113: Zielfunktion zur Gewinnmaximierung*
Restriktionen		
$x_{rt} = \left(1 - y_{r,t-1}\right) * y_{rt}$	$r = 1,\ldots,RM$ $t = 1,\ldots,T$	*Glg. 3-114: Zielfunktionsunabhängige Schaltsteuerung*
$x_{rt} * TMIN_r = \sum_{\tau = t}^{(t-1+TMIN\#r)} y_{r\tau}$	$r = 1,\ldots,RM$ $t = 1,\ldots,T$	*Glg. 3-115: Mindestbereitschaftsdauern*
$\sum_{i \in IRE} c_i q_{it} \leq C_r$	$r = 1,\ldots,RE$ $t = 1,\ldots,T$	*Glg. 3-116: Kapazitätsbeschränkungen erneuerbarer Ressourcen*
$\sum_{t=1}^{T} q_{ht} \leq QMAX_h$	$h = 1,\ldots,H$	*Glg. 3-117: Zukaufteile als nicht-erneuerbare Ressourcen*
$d_j q_{j,t-1} - q_{jt} + \sum_{h \in H} q_{ht} + \sum_{i \in I} g_{ij} d_i q_{it} - \sum_{k \in K} g_{jk} q_{kt} - \sum_{l \in L} q_{lt} = 0$	$j = 1,\ldots,J$ $t = 1,\ldots,T$	*Glg. 3-118: Generelle Materialbilanzen mit Kompensation*
$q_{lt} \leq B_{lt}$	$l = 1,\ldots,L$ $t = 1,\ldots,T$	*Glg. 3-119: Aufwärtslimitierte Bedarfserfüllung*
$f_{ab} q_{bt} = q_{at}$	$a,b = 1,\ldots,J$ $t = 1,\ldots,T$	*Glg. 3-120: Kuppelmengenrelation*
$q_{it} \geq 0$	$j = 1,\ldots,J$ $t = 1,\ldots,T$	*Glg. 3-121: Nichtnegativitätsbedingungen*
$y_{rt} \in \{0,1\}$	$r = 1,\ldots,RM$ $t = 1,\ldots,T$	*Glg. 3-122: Binärisierung der Schaltvariablen*
Entscheidungsvariable		
q_{ht}, q_{it}, q_{jt}, q_{kt}, q_{lt}	Mengen an Zukauf- (h), Produktions- bzw. Transport- (i), Bestandsteilen (j), Sekundärbedarf (k) und Verkaufteilen (l) in t	
x_{rt}	binäre Schalthergangsvariable	
y_{rt}	binäre Schaltzustandsvariable	

Tab. 3-42: Beispiel II: Kapazitätsanpassung zur Gewinnmaximierung

4 Forschungsfortschritt und Forschungspotenzial

4.1 Fortentwicklung der Modellierungsansätze

Ausgehend von der vom Autor identifizierten Aufgabe, ein Konzept zur Optimierung mehrstufiger Produktionssysteme - anders formuliert: von Logistiknetzen - zu gestalten, analysiert die vorliegende Arbeit zunächst mit Hilfe des eigens hierzu entwickelten Beschreibungsrahmens für Vorgangsnetze jüngere Optimierungsmodelle der mehrstufigen Produktionsplanung sowie einige Optimierungsmodelle der Projektplanung. Auf der Grundlage dieser Analyse wird dann ein Instrumentarium entwickelt, um Optimierungsmodelle für Logistiknetze entwerfen zu können, wobei als wesentliche Fortentwicklung bestehender Modelle, neben anderen Gesichtspunkten, den drei Aspekten der Gestaltung unterschiedlicher Optimierungsziele, der Gestaltung der Schaltsteuerung von Ressourcen sowie der Gestaltung von Konstellationen paralleler Ressourcen besonderes Augenmerk zukommt. Da die vorliegende Arbeit natürlich nicht alle mit Logistiknetzen verbundenen Probleme abdecken kann, werden nachfolgend mögliche Untersuchungsgegenstände aufgeführt, die weiteres Forschungspotenzial beinhalten.

4.2 Forschungspotenzial in Modellierung und Implikationen

Weiteres Forschungspotenziel liegt einerseits in den Ansätzen der Modellierung. Denn die vorliegende Arbeit beschäftigt sich mit Modellen, welche - im Vergleich zu den herkömmlichen Ansätzen unverändert - deterministische Daten, diskrete Ressourcen, reihenfolgeunabhängige Schaltkosten und die Optimierung eines einzigen Ziels abbilden, weshalb sie - in Anlehnung an die Projektplanung - als „klassische“ Modelle bezeichnet werden könnten.[1] Noch wenig bearbeitete Forschungsthemen sind mit den Eigenschaften der neueren, „nicht-klassischen“ Modelle gegeben, welche stochastische Daten, kontinuierliche Ressourcen und die Optimierung mehrfacher Ziele sowie, hiermit kombiniert, reihenfolgabhängige Schaltkosten formulieren könnten.

[1] vgl. Weglarz, J. (Hrsg.): Project Scheduling, 1998, S. ix

Letztere werden allerdings in der Literatur zu den klassischen Modellen bereits intensiv untersucht.[1] Hinsichtlich der Modellformulierungen dürfte ferner eine weitere, bisher erst wenig beachtete Forschungsrichtung, nämlich die Kombination der Annahme einer kontinuierlichen Zeitachse mit der Annahme dynamischer Bedarfe, von Bedeutung sein.[2] Wie in dieser Arbeit dargestellt, erlaubt eine hohe Anzahl von Schaltvariablen die komfortable Abbildung der in realen Planungssituationen zu treffenden Entscheidungen. Im Rahmen der bisher verwendeten Methodik erhöht jedoch die Verwendung binärer Schaltvariabler die Modellkomplexität und erschwert so die Lösbarkeit der Modelle, weshalb mit dieser Arbeit auch Vorschläge zur Vermeidung der Definition binärer Variabler entwickelt werden. Ansätze für Modellformulierungen, welche die in realen Planungssituationen zu treffenden Entscheidungen ohne binäre Schaltvariable abzubilden erlauben, würden jedoch diese Problematik gänzlich vermeiden.

Weiteres Forschungspotenzial könnte andererseits auch in den Implikationen einer systematischen Logistiknetzoptimierung liegen, etwa hinsichtlich spieltheoretischer Aspekte. Erstreckt sich ein Logistiknetz über mehrere Unternehmen, so setzt dies voraus, dass die Unternehmen bereit sind, sich den zentral gefundenen Gestaltungsanweisungen und Steuerungssignalen zu fügen. Hierbei wird der bei zentraler Koordination eingestellte Betriebspunkt des einzelnen Unternehmens eher regelmäßig statt ausnahmsweise zu suboptimalen Ergebnissen im Vergleich zum bei isolierter Planung bestimmten Betriebspunkt führen. Unternehmen, bei denen dies der Fall ist, akzeptieren also durch die Teilnahme am Netz zunächst einen Nachteil, wodurch die Forderung nach der Verteilung des Gesamtergebnisses des Netzes an die Netzteilnehmer motiviert wird.

---

1 vgl. Dilts, D. / Ramsing, K.: Lot sizing of multiple items, in: DS, Vol. 20, 1989, S. 120 ff.;
vgl. Dobson, G.: Cyclic lot scheduling problem, in: OR, Vol. 40, 1992, S. 736 ff.;
vgl. Fleischmann, B.: Discrete Lot-Sizing Problem with Sequence-Dependent Setup Costs, in: EJOR, Vol. 75, 1994, S. 395 ff.;
vgl. Kang, S. / Malik, K. / Thomas, L.: Parallel machines, 1994;
vgl. Fleischmann, B. / Meyr, H.: The general lot-sizing and scheduling problem, 1996;
vgl. Haase, K.: Capacitated lot-sizing, in: ORS, Vol. 18, 1996, S. 51 ff.;
vgl. Haase, K. / Kimms, A.: Lot sizing and scheduling with setup costs and times, 1996;
vgl. Salomon, M. / Solomon, M. / Wassenhove, L. van et al.: Solving the DLSP, in: EJOR, Vol. 100, 1997, S. 494 ff.

2 vgl. Potts, C. / Wassenhove, L. van: Integrating scheduling, in: JORS, Vol. 43, 1992, S. 395 ff.;
vgl. Jordan, C.: Batching and Scheduling, 1996;
vgl. Jordan, C. / Drexl, A.: Discrete lotsizing and scheduling by batch sequencing, 1994

Jede Verteilung bedingt aber die Definition eines Verteilungsschlüssels. Um als „gerecht“ empfunden zu werden, wird sich dieser wiederum an der „Leistungsverteilung“ im Netz orientieren, wobei nun zu definieren ist, was unter der hier relevanten „Leistung“ verstanden werden soll. Unabhängig davon, wie die „Leistung“ genau definiert ist, wird sie aufgrund von im Unternehmen zu messenden Daten bewertet werden, d. h. aufgrund von Daten, die entweder vom Unternehmen selbst bereitgestellt oder zwar auch von außen erkennbar, jedoch durch das Verhalten des Unternehmens generiert werden. Dies ist jedoch problematisch, da hierin die Gefahr opportunistischen Verhaltens liegt, denn um einen eigenen Vorteil zu Ungunsten der anderen Netzteilnehmer zu erlangen, könnte ein Unternehmen leicht versucht sein, entweder falsche Daten zu liefern oder durch sein Verhalten Daten zu generieren, die bewirken, dass zwar der eigene Anteil am Gesamtergebnis absolut oder evtl. auch nur relativ zu den anderen Netzteilnehmern zunimmt, das Gesamtergebnis des Netzes aber schrumpft. Die sich somit in einem zentral koordinierten Logistiknetz ergebenden spieltheoretischen Implikationen werden mit der vorliegenden Arbeit - aber auch in der Literatur - bislang nicht diskutiert. Allerdings sei darauf hingewiesen, dass statt einer Ergebnisverteilung nach einem definierten System auch eine Nutzenverteilung nach subjektiver Einschätzung der Entscheidungsträger im Logistiknetz erfolgen kann. Hierfür bestehen in der Praxis bereits einige Beispiele.[1] Die Notwendigkeit zur Ergebnisverteilung könnte insbesondere dann bedeutsam werden, wenn Unternehmen in weltweit aufgespannten Produktionsnetzen kooperieren, um die jeweiligen Standortvorteile, z. B. niedrige Lohnkosten, auszunutzen.[2]

Bei der Überschreitung von Unternehmensgrenzen wird deutlich, dass die auch mit der Optimierung von Logistiknetzen letztlich vorgenommene Losgrößenplanung mit anderen betrieblichen Funktionen eng verknüpft ist. Die hier bestehenden Interdependenzen und die daraus resultierende Notwendigkeit der Koordination stellen ebenfalls ein bisher nur wenig bearbeitetes Forschungsgebiet dar.[3]

---

1 vgl. Aichbauer, St.: Best-Practice zum Anfassen, in: LH, 4/2001, S. 49
2 vgl. Junge, K. / Zeng, M.: Entscheidungsfaktoren für industrielle Investitionen in China, in: AW, 6/2001, S. 10 ff. und 7/2001
3 vgl. Bellmann, K. / Herrmann, A.: CMPP, in: FM, 16. Jg., 2000, S. 20-25
vgl. Chandra, P. / Fisher, M.: Coordination, in: EJOR, Vol. 72, 1994, S. 503 ff.

Literaturverzeichnis

Monographien, Dissertationen, Aufsätze

A

Adam, D.: [Entscheidungsorientierte Kostenbewertung, 1970] Entscheidungsorientierte Kostenbewertung, Wiesbaden: Gabler, 1970

Adam, D.: [Produktions-Management, 1997] Produktions-Management, 8. Aufl., Wiesbaden: Gabler, 1997

Adam, D.: [Produktionsplanung bei Sortenfertigung, 1969] Produktionsplanung bei Sortenfertigung, ein Beitrag zur Theorie der Mehrproduktunternehmung, Wiesbaden: Gabler, 1969, zugl.: Hamburg, Univ., Diss., 1965

Adam, D.: [Produktionspolitik, 1988] Produktionspolitik, 5. Aufl., Wiesbaden: Gabler, 1988

Adam, D.: [Simultane Ablauf- und Programmplanung, in: ZfB, 33. Jg., 1963] Simultane Ablauf- und Programmplanung bei Sortenfertigung mit ganzzahliger linearer Programmierung, in: Zeitschrift für Betriebswirtschaft, 33. Jg., 1963, S. 233-245

Adam, D.: [Typen betriebswirtschaftlicher Modelle, in: WISU 1/76] Typen betriebswirtschaftlicher Modelle, in: WISU - Das Wirtschaftsstudium, 1/76, S. 1-5

Afentakis, P.: [Parallel heuristic algorithm, in: IIET, Vol. 19, 1987] A parallel heuristic algorithm for lot-sizing in multistage production systems, in: IIE Transactions, Vol. 19, 1987, S. 34-42

Aggarwal, A. / Park, J.: [Improved algorithms, in OR, Vol. 41, 1993] Improved algorithms for economic lot-size problems, in Operations Research, Vol. 41, 1993, S. 549-571

Ahmadi, R. / Dasu, S. / Tang, C.: [Line allocation problem, in: MS, Vol. 38, 1992] The dynamic line allocation problem, in: Management Science, Vol. 38, 1992

Aichbauer, St.: [Best-Practice zum Anfassen, in: LH, 4/2001] Best-Practice zum Anfassen, Die Erfolgsfaktoren für effektives Supply Chain Management am Beispiel von sieben Supply-Chain-Prozessführern, in: Logistik Heute, 23. Jg., 4/2001, S. 48-50

Altrogge, G.: [Investition und Finanzierung, 1996] Investition und Finanzierung, 4. Aufl., München: Oldenbourg, 1996

Altrogge, G.: [Netzplantechnik, 1979] Netzplantechnik, Wiesbaden: Gabler, 1979

Altrogge, G.: [Netzplantechnik, 1996] Netzplantechnik, 3. Aufl., Wiesbaden: Gabler, 1996

Andler, K.: [Rationalisierung der Fabrikation und Optimale Losgrösse, 1929] Rationalisierung der Fabrikation und Optimale Losgrösse, Oldenbourg, 1929, zugl.: Rationalisierung der Produktion und optimale Losgröße, Stuttgart, Univ., DisS. 1929

Anthony, R.: [Planning and Control Systems: A Framework for Analysis, 1965] Planning and Control Systems: A Framework for Analysis, Cambridge, Mass., USA: Harvard University Press, 1965

Arkin, E. / Joneja, D. / Roundy, R.: [Complexity, in: ORL, Vol. 8, 1989] Computational Complexity of Uncapacitated Multi-Echelon Production Planning Problems, in: Operations Reserach Letters, Vol. 8, 1989, S. 61-66

Arns, M. et al.: [Gestaltung von Beschaffungsnetzwerken, in: IM, 3/2000] Gestaltung von Beschaffungsnetzwerken auf Basis einer prozeßketten-orientierten Modellierung, in: Industrie Management, 3/2000, S. 33-36

Atkins, D.: [Dynamic assembly problem, in: EJOR, Vol. 75, 1994] A simple lower bound to the dynamic assembly problem, in: European Journal of Operational Research, Vol. 75, 1994, S. 462-466

Axsäter, S. / Rosling, K.: [Production-Inventory Control, in: EJOR, Vol. 75, 1994] Multi-Level Production-Inventory Control: Material Requirements Planning or Reorder Point Policies?, in: European Journal of Operational Research, Vol. 75, 1994, S. 405-412

B

Bachem, A.: [Komplexitätstheorie, in: ZfB, 50. Jg., 1980, S. 812] Komplexitätstheorie im Operations Research, in: Zeitschrift für Betriebswirtschaft, 50. Jg., 1980, S. 812-844

Bahl, H. / Ritzman, L. / Gupta, J.: [Determining lot sizes, in: OR, Vol. 35, 1987] Determining lot sizes and resource requirements: a review, in: Operations Research, Vol. 35, 1987, S. 329-345

Baker, K.: [Introduction to sequencing and scheduling, 1974] Introduction to sequencing and scheduling, New York, USA: John Wiley, 1974

Baker, K.: [Rolling Schedules, in: DS, Vol. 8, 1977] An Experimental Study of the Effectiveness of Rolling Schedules in Production Planning, in: Decision Sciences, Vol. 8, 1977, S. 19-27

Baker, T. / Muckstadt, J. Jr.: [The CHES problems, 1989] The CHES problems, Chesapeake Decision Sciences, Inc., 200 South Street, New Providence, New Jersey, USA, Arbeitspapier 1989

Bamberg, G. / Coenenberg, A.: [Betriebswirtschaftliche Entscheidungslehre, 1989] Betriebswirtschaftliche Entscheidungslehre, 5. Aufl., München: Vahlen, 1989

Barany, I. / Roy, T. van / Wolsey, L.: [Strong formulations, in: MS, Vol. 30, 1984] Strong formulations for multi-item capacitated lot sizing, in: Management Science, Vol. 30, 1984, S. 1255-1261

Baroum, S. / Patterson, J.: [Maximizing the Net Present Value in a Network, in: Weglarz, J. (Hrsg.): Project Scheduling, 1998] An Exact Solution Procedure for Maximizing the Net Present Value of Cash Flows in a Network, in: Weglarz, J. (Hrsg.): Project Scheduling, 1998, S. 107-134

Bartusch, M. / Möhring, R. / Radermacher F.: [Scheduling, in: AOR, Vol. 16, 1988] Scheduling project networks with resource constraints and time windows, in: Annals of Operations Research, Vol. 16, 1988, S. 201-240

Bellmann, K.: [Deckung des Elektrizitätsbedarfs, 1975] Die wirtschaftlich optimale Deckung des Elektrizitätsbedarfs, Ein simulatives Planungssystem als Entscheidungshilfe für die Investitionspolitik zur Elektroenergieversorgung, Frankfurt/M.: Harri Deutsch, 1975, zugl.: Mannheim, Univ., Diss.

Bellmann, K.: [Grundlagen der Produktionswirtschaft, 2000] Grundlagen der Produktionswirtschaft, Edingen: Fachbuch Verlag Winkler, 2000

Bellmann, K.: [Pay-as-Built - Innovative Organisationsmodelle, 2001] Pay-as-Built - Innovative Organisationsmodelle in der Automobilproduktion, Mainz, Univ., Lehrstuhl für Allgemeine Betriebswirtschaftslehre und Produktionswirtschaft, Arbeitspapier, 2001

Bellmann, K. / Herrmann, A.: [CMPP, in: FM, 16. Jg., 2000] CMPP: Marktorientiertes Produkt- und Produktionsmanagement, in: Forschungs-magazin der Johannes Gutenberg-Universität Mainz, 16. Jg., Sonderausgabe Messen 2000, S. 20-25

Belvaux, G. / Wolsey, L.: [bc-prod, in: MS, Vol. 46, 2000] bc-prod: A specialized branch and cut system for lot-sizing problems, in: Management Science, Vol. 46, 2000, S. 724-736

Berry, D. / Naim, M.: [Redesign strategies, in: IJPE, Vol. 46/47, 1996] Quantifying the relative improvements of redesign strategies in a P. C. supply chain, in: International Journal of Production Economics, Vol. 46/47, 1996, S. 181-196

Bey, R. / Doersch, R. / Patterson, J.: [Net Present Value, in: PMQ, Vol. 12, 1981] The Net Present Value Criterion: Its Impact on Project Scheduling, in: Project Management Quarterly, Vol. 12, 1981, S. 35-45

Billington, P. / Blackburn, J. / Maes, J. et al.: [Scheduling, in: Chikán, A. / Lovell, M. (Hrsg.): Inventory Management, 1988] Multi-Product Scheduling in Multi-Stage Serial Systems, in: Chikán, A. / Lovell, M. (Hrsg.): Inventory Management, 1988, S. 345-355 ff.

Billington, P. / McClain, J. / Thomas, L.: [Heuristics, in: MS, Vol. 32, 1986, S. 989 ff.] Heuristics for Multilevel Lot-Sizing with a Bottleneck, in: Management Science, Vol. 32, 1986, S. 989-1006 ff.

Billington, P. / McClain, J. / Thomas, L.: [Mathematical Programming Approaches, in: MS, Vol. 29, 1983] Mathematical Programming Approaches to Capacity-Constrained MRP Systems: Review, Formulation and Problem Reduction, in: Management Science, Vol. 29, 1983, S. 1126-1141

Bitran, G. / Matsuo, H.: [Approximation Formulations, in: OR, Vol. 34, 1986] Approximation Formulations for the Single-Product Capacitated Lot Size Problem, in: Operations Research, Vol. 34, 1986, S. 63-74

Bitran, G. / Yanasse, H.: [Computational Complexity, in: MS, Vol. 28, 1982] Computational Complexity of the Capacitated Lot Size Problem, in: Management Science, Vol. 28, 1982, S. 1174-1186

Blackburn, J. / Millen, R.: [Simultaneous lot-sizing, in: EJOR, Vol. 16, 1984] Simultaneous lot-sizing and capacity planning in multi-stage assembly processes, in: European Journal of Operational Research, Vol. 16, 1984, S. 84-93 ff.

Blazewicz, J.: [Selected Topics in Scheduling Theory, in: ADM, Vol. 31, 1987] Selected Topics in Scheduling Theory, in: Annals of Discrete Mathematics, Vol. 31, 1987, S. 1-59

Blazewicz, J. / Cellary, W. / Slowinski, R. et al.: [Scheduling, 1986] Scheduling under resource constraints - Deterministic models, Basel: Baltzer, 1986

Blazewicz, J. / Cellary, W. / Slowinski, R. et al.: [Scheduling, in: AOR, Vol. 7, 1986] Scheduling under Resource Constraints: Deterministic Models, in: Annals of Operations Research, Vol. 7, 1986, S. 11-132

Blazewicz, J. / Domschke, W. / Pesch, E.: [Job shop problem, in: EJOR, Vol. 93, 1996] The job shop scheduling problem: conventional and new solution techniques, in: European Journal of Operational Research, Vol. 93, 1996, S. 1-33

Blazewicz, J. / Dror, M. / Weglarz, J.: [Machine Scheduling, in: EJOR, Vol. 51, 1991] Mathematical Programming Formulations for Machine Scheduling: A Survey, in: European Journal of Operational Research, Vol. 51, 1991, S. 283-300

Blohm, H. / Lüder, K.: [Investition, 1991] Investition, Schwachstellen im Investitionsbereich des Industriebetriebs und Wege zu ihrer Beseitigung, 7. Aufl., München: Vahlen, 1991

Bogaschewsky, R.: [Supply Chain Management, in: Schneider, H. (Hrsg.): Produktionsmanagement, 2000] Supply Chain Management, in: Schneider, H. (Hrsg.): Produktionsmanage-ment, 2000, S. 287-310]

Bogaschewsky, R. / Müller, H. / Rollberg, R.: [Lieferantenbeziehungen, 1997] Kostenorientierte Optimierung logistischer Kunden-Lieferantenbeziehungen, TU Dresden, Fakultät der Wirtschaftswissenschaften, Nr. 8/97 der Dresdner Beiträge zur Betriebswirtschaftslehre, 1997

Bretzke, W.: [Logistik, in: Kern, W. / Schröder, H. / Weber, W. (Hrsg.): Produktionswirtschaft, 1996] Logistik, zwischenbetriebliche, in: Kern, W. / Schröder, H. / Weber, W. (Hrsg.): Produktionswirtschaft, 1996, Sp. 1109-1118

Bronstein, I. / Semendjajew, K.: [Taschenbuch der Mathematik, 1989] Taschenbuch der Mathematik, 24. Aufl., Thun / Frankfurt/M.: Harri Deutsch Verlag, 1989

Brucker, P.: [Scheduling Algorithms, 1995] Scheduling Algorithms, Berlin: Springer, 1995

Brüggemann, W.: [Ausgewählte Probleme der Produktionsplanung, 1995] Ausgewählte Probleme der Produktionsplanung - Modellierung, Komplexität und neuere Lösungsmöglichkeiten, Physica-Schriften zur Betriebswirtschaft, Vol. 52, Heidelberg: Physica, 1995

Brüggemann, W. / Jahnke, H.: [DLSP for 2-stage production, in: IJPR, Vol. 32, 1994] DLSP for 2-stage multi-item batch production, in: International Journal of Production Research, Vol. 32, 1994, S. 755-768

Brüggemann, W. / Jahnke, H.: [Remarks on: Some Extensions of the DLSP, 1994] Remarks on: „Some extensions of the discrete lotsizing and scheduling problem with setup times“ by M. Salomon, L. B. Kroon, R. Kuik, and L. N. Van Wassenhove in Management Science 37 (1991), 801-812, Hamburg, Univ., Institut für Logistik und Transport, Arbeitspapier 32, 1994

Buscher, R. / Jelken, O.: [ERP- und APS-Systeme, in: LH, 5/2000] ERP- und APS-Systeme, Von der Pflicht zur Kür, in: Logistik Heute, 5/2000, S. 64-66

Buscher, U.: [Supply Chain Management, in: ZfP, 10. Jg., 1999] Supply Chain Management, in: Zeitschrift für Planung, 10 Jg., 1999, S. 449-456

Buss, A. / Rosenblatt, M.: [Activity Delay in Stochastic Project Networks, 1993] Activity Delay in Stochastic Project Networks, Washington, USA, Univ., Working Paper, 1993

Buss, A. / Rosenblatt, M.: [Scheduling in Stochastic Project Networks, 1995] Resource Constrained Scheduling in Stochastic Project Networks, Paper presented at the INFORMS International Singapore Meeting, 1995

C

Campbell, G.: [Scheduling multiple products on parallel machines, in: POM, Vol. 1, 1992] Using short-term dedication for scheduling multiple products on parallel machines, in: Production and Operations Management, Vol. 1, 1992, S. 295-307

Carreno, J.: [Scheduling on parallel identical processors, in: MS, Vol. 36, 1990] Economic Lot Scheduling for Multiple Products on Parallel Identical Processors, in: Management Science, Vol. 36, 1990, S. 348-358

Cattrysse, D. / Maes, J.: [Set partitioning, in: EJOR, Vol. 46, 1990] Set partitioning and column generation heuristics for capacitated dynamic lotsizing, in: European Journal of Operational Research, Vol. 46, 1990, S. 38-47

Cattrysse, D. / Salomon, M. / Kuik, R. et al.: [Heuristic for the DLSP, in: MS, Vol. 39, 1993] A dual ascent and column generation heuristic for the discrete lotsizing and scheduling problem with setup-times, in: Management Science, Vol. 39, 1993, S. 477-486

Chand, S. / Morton, T. / Proth, J.: [Forecast horizons, in: OR, Vol. 38, 1990] Existence of forecast horizons in undiscounted discrete-time lot size models, in: Operations Research, Vol. 38, 1990, S. 884-892

Chandra, P. / Fisher, M.: [Coordination, in: EJOR, Vol. 72, 1994] Coordination of production and distribution planning, in: European Journal of Operational Research, Vol. 72, 1994, S. 503-517

Chase, R. / Aquilano, N.: [Production and Operations Management, 1992] Production and Operations Management, 6. Aufl., Homewood, USA: Irwin, 1992

Chen, F. / Zheng, Y.: [Lower Bounds, in: MS, Vol. 40, 1994] Lower Bounds for Multi-Echelon Stochastic Inventory Systems, in: Management Science, Vol. 40, 1994, S. 1426-1443

Chen, H. / Hearn, D. / Lee, C.: [Minimizing the error bound, in: ORL, Vol. 17, 1995] Minimizing the error bound for the dynamic lot size model, in: Operations Research Letters, Vol. 17, 1995, S. 57-68

Chen, W. / Thizy, J.: [Analysis of relaxations, in: AOR, Vol. 26, 1990] Analysis of relaxations for the multi-item capacitated lot-sizing problem, in: Annals of Operations Research, Vol. 26, 1990, S. 29-72

Cheng, T. / Sin, C.: [Parallel-Machine Research, in: EJOR, Vol. 47, 1990] A State-of-the-Art Review of Parallel-Machine Scheduling Research, in: European Journal of Operational Research, Vol. 47, 1990, S. 271-292

Choo, E. / Chan, G.: [Two-way eyeballing heuristics, in: C&OR, Vol. 17, 1990] Two-way eyeballing heuristics in dynamic lot sizing with backlogging, in: Computers & Operations Research, Vol. 17, 1990, S. 359-363

Christopher, M.: [Logistics and supply chain management, 1998] Logistics and supply chain management: Strategies for reducing cost and improving service, 2. Aufl., London, UK: Prentice Hall, 1998

Clark, A. / Scarf, H.: [Optimal Policies, in: MS, Vol. 6, 1960] Optimal Policies for a Multi-Echelon Inventory Problem, in: Management Science, Vol. 6, 1960, S. 475-490

Cleland, D. / King, W.: [Systems Analysis and Project Management, 1983] Systems Analysis and Project Management, New York, USA: McGraw-Hill, 1983

Coleman, B. / McKnew, M.: [An improved heuristic, in: DS, Vol. 22, 1991] An improved heuristic for multilevel lot sizing in material requirements planning, in: Decision Sciences, Vol. 22, 1991, S. 136-156

Collier, D.: [Research Issues for MRP Systems, in: JOM, Vol. 2, 1982] Research Issues for Multi-Level Lot Sizing MRP Systems, in: Journal of Operations Management, Vol. 2, 1982, S. 113-123

Conway, R. / Maxwell, W. / Miller, L.: [Theory of Scheduling, 1967] Theory of Scheduling, Reading: Addison-Wesley, 1967

Corsten, H. / Gössinger, R.: [Einführung in das Supply Chain Management, 2001] Einführung in das Supply Chain Management, München: Oldenbourg, 2001

D

Dantzig, G.: [Lineare Programmierung und Erweiterungen, 1966] Lineare Programmierung und Erweiterungen, Berlin: Springer, 1966

Dauzère-Péres, S. / Lasserre, J.: [An Integrated Approach, 1994] An Integrated Approach in Production Planning and Scheduling, Lecture Notes in Economics and Mathematical Systems, Vol. 411, Berlin: Springer, 1994

Dauzère-Péres, S. / Lasserre, J.: [Integration of lotsizing, in: EJOR, Vol. 75, 1994] Integration of lotsizing and scheduling decisions in a job-shop, in: European Journal of Operational Research, Vol. 75, 1994, S. 413-426

Davis, E.: [Project Scheduling under Resource Constraints, in: AIIET, Vol. 5, 1973] Project Scheduling under Resource Constraints - Historical Review and Categorization of Procedures, in: AIIE Transactions, Vol. 5, 1973, S. 297-313

Davis, E.: [Resource Allocation in Project Network Models, in: JIE, Vol. 17, 1966] Resource Allocation in Project Network Models - A Survey, in: Journal of Industrial Engineering, Vol. 17, 1966, S. 177-188

Davis, E. / Patterson J.: [Comparison of Heuristic and Optimum Solutions, in: MS, Vol. 21, 1975] A Comparison of Heuristic and Optimum Solutions in Resource-Constrained Project Scheduling, in: Management Science, Vol. 21, 1975, S. 944-955

De Both, M. / Gelders, L. / Wassenhove, L. van: [Lot Sizing, in: ECPE, Vol. 8, 1984] Lot sizing under dynamic demand conditions: a review, in: Engineering Costs and Production Economics, Vol. 8, 1984, S. 165-187

De Matta, R. / Guignard, M.: [Rolling production schedules, in: IIET, Vol. 27, 1995] The performance of rolling production schedules in a process industry, in: IIE Transactions, Vol. 27, 1995, S. 564-573

Deckro, R. / Hebert, J.: [Resource constrained project crashing, in OIJMS, 1989] Resource constrained project crashing, in: OMEGA International Journal of Management Science, Vol. 17, 1989, pp. 69-79

Delfmann, W.: [Organisation globaler Versorgungsketten, in: Glaser, H. / Schröder, E. / Werder, A. von (Hrsg.): Organisation im Wandel, 1998] Organisation globaler Versorgungsketten, in: Glaser, H. / Schröder, E. / Werder, A. von (Hrsg.): Organisation im Wandel, 1998, S. 61-89

Dellmann, K.: [Cash-Flow, in: Busse von Colbe, W. (Hrsg.): Rechnungswesen, 1991] Cash-Flow, in: Busse von Colbe, W. (Hrsg.): Lexikon des Rechnungswesens, 1991

Demeulemeester, E.: [Optimal Algorithms, 1992] Optimal Algorithms for Various Classes of Multiple Resource-Constrained Project Scheduling Problems, Leuven, Katholieke Universiteit, Ph. D. dissertation, 1992

Denardo, E. / Lee, C.: [Error bound, in: AOR, Vol. 2, 1991] Error bound for the dynamic lot size model with backlogging, in: Annals of Operations Research, Vol. 2, 1991, S. 213-228

Derstroff, M.: [Mehrstufige Losgrößenplanung, 1995] Mehrstufige Losgrößenplanung mit Kapazitätsbeschränkungen, Heidelberg: Physica, 1995, zugl.: Braunschweig, Univ., Diss., 1994

Diaby, M. / Bahl, H. / Karwan, M. et al.: [A Lagrangean Relaxation, in: MS, Vol. 38, 1992] A Lagrangean Relaxation Approach for Very-Large-Scale Capacitated Lot-Sizing, in: Management Science, Vol. 38, 1992, S. 1329-1340

Diaby, M. / Bahl, H. / Karwan, M. et al.: [Lot-sizing by Lagrangean relaxation, in: EJOR, Vol. 59, 1992] Capacitated lot-sizing and scheduling by Lagrangean relaxation, in: European Journal of Operational Research, Vol. 59, 1992, S. 444-458

Dillenberger, C. / Escudero, L. F. / Wollensak, A. et al.: [Resource allocation, in: EJOR, Vol. 75, 1994] On practical resource allocation for production planning and scheduling with period overlapping setups, in: European Journal of Operational Research, Vol. 75, 1994, S. 275-286

Dilts, D. / Ramsing, K.: [Lot sizing of multiple items, in: DS, Vol. 20, 1989] Joint lot sizing and scheduling of multiple items with sequence dependent setup costs, in: DS, Vol. 20, 1989, S. 120-133

Dinkelbach, W.: [Entscheidungsmodell, 1982] Entscheidungsmodell, Berlin: Walter de Gruyter, 1982

Dinkelbach, W.: [Produktionsplanung in Ein- und Mehrproduktunternehmen, 1964] Zum Problem der Produktionsplanung in Ein- und Mehrproduktunternehmen, 2. Aufl., Würzburg: Physica, 1964

Dixon, P. / Silver, E.: [A heuristic solution procedure, in: JOM, Vol. 2, 1981] A heuristic solution procedure for the multi-item single-level limited capacity lot-sizing problem, in: Journal of Operations Management, Vol. 2, 1981, S. 23-39

Dobbeler, C. von: [Berechnung der Fertigungseinheit, in: Der Betrieb, 1920] Berechnung der wirtschaftlichsten Fertigungseinheit bei der Aufstellung eines Fertigungsplans, in: Der Betrieb, 1920, S. 213-214

Dobson, G.: [Cyclic lot scheduling problem, in: OR, Vol. 40, 1992] The cyclic lot scheduling problem with sequence-dependent setups, in: Operations Research, Vol. 40, 1992, S. 736-749

Dobson, G.: [The economic lot scheduling problem, in: OR, Vol. 35, 1987] The economic lot scheduling problem: achieving feasibility using time varying lot sizes, in: Operations Research, Vol. 35, 1987, S. 764-771

Doersch, R. / Patterson, J.: [Scheduling a Project, in: MS, Vol. 23, 1977] Scheduling a Project to Maximize its Present Value: A Zero-One Programming Approach, in: Management Science, Vol. 23, 1977, S. 882-889

Domschke, W. / Drexl, A.: [Kapazitätsplanung in Netzwerken, in: ORS, Vol. 13, 1991] Kapazitätsplanung in Netzwerken - Ein Überblick über neuere Modelle und Verfahren, in: OR Spectrum, Vol. 13, 1991, S. 63-76

Domschke, W. / Drexl, A.: [Logistik: Standorte, 1996] Logistik: Standorte, 4. Aufl., München: Oldenbourg, 1996

Domschke, W. / Drexl, A.: [Operations Research, 1991] Einführung in Operations Research, 2. Aufl., Berlin: Springer, 1991

Domschke, W. / Drexl, A.: [Operations Research, 1995] Einführung in Operations Research, 3. Aufl., Berlin: Springer, 1995

Domschke, W. / Scholl, A. / Voß, St.: [Produktionsplanung, 1997] Produktionsplanung - Ablauforganisatorische Aspekte, 2. Aufl., Berlin: Springer, 1997

Drexl, A. / Fleischmann, B. / Günther, H. / Stadtler, H. / Tempelmeier, H.: [Konzeptionelle Grundlagen kapazitätsorientierter PPS-Systeme, in: ZfbF, 46. Jg., 1994] Konzeptionelle Grundlagen kapazitätsorientierter PPS-Systeme, in: Zeitschrift für betriebswirtschafliche Forschung, 46. Jg., 1994, S. 1022-1045

Drexl, A. / Haase, K.: [Proportional lotsizing and scheduling, in: IJPE, Vol. 40, 1995] Proportional lotsizing and scheduling, in: International Journal of Production Economics, Vol. 40, 1995, S. 73-87

Drexl, A. / Haase, K.: [Sequential-analysis, in: JORS, Vol. 47, 1996] Sequential-analysis based randomized-regret-method for lot-sizing and scheduling, in: Journal of the Operational Research Society, Vol. 47, 1996, S. 251-265

Drexl, A. / Kimms, A.: [Lot sizing and scheduling, in: EJOR, Vol. 99, 1997] Lot sizing and scheduling - survey and extensions, in: European Journal of Operational Research, Vol. 99, 1997, S. 221-235

Drexl, A. / Kolisch, R.: [Produktionsplanung und -steuerung, in: WiSt, 22. Jg., 1993] Produktionsplanung und -steuerung bei Einzel- und Kleinserienfertigung, in: Wirtschaftswissenschaftliches Studium, 22. Jg., 1993, S. 60-66, S. 102-103

Dürr, K.: [Die Bemessung der Auflage in der Serienfabrikation, 1952] Die Bemessung der Auflage in der Serienfabrikation, Bern, 1952

E

Eiselt, H. / Pederzoli, G. / Sandblohm, C.: [Continuous optimization models, 1987] Continuous optimization models, Berlin: Walter de Gruyter, 1987

Elmaghraby, S.: [Activity nets, in: EJOR, Vol. 82, 1995] Activity nets: A guided tour through some recent developments, in: European Journal of Operational Research, Vol. 82, 1995, S. 383-408

Elmaghraby, S.: [Activity networks, 1977] Activity networks: Project planning and control by network models, New York, USA: John Wiley, 1977

Elmaghraby, S.: [Economic lot scheduling problem (ELSP), in: MS, Vol. 24, 1978] The economic lot scheduling problem (ELSP): review and extensions, in: Management Science, Vol. 24, 1978, S. 587-598

Eppen, G. / Martin, R.: [Solving Lot-Sizing Problems, in: OR, Vol. 35, 1987] Solving Multi-Item Capacitated Lot-Sizing Problems Using Variable Redefi-nition, in: Operations Research, Vol. 35, 1987, S. 832-848

Erlenkotter, D.: [Ford Whitman Harris, in: OR, Vol. 38, 1990] Ford Whitman Harris and the economic order quantity model, in: Operations Research, Vol. 38, 1990, S. 937-946

Evans, J. / Anderson, D. / Sweeny, D. et al.: [Operations Management, 1990] Applied Productions and Operations Management, 3. Aufl., St. Paul, USA: West Publishing

Eversheim, W. / Spur, G. (Hrsg.): [Produktionstechnologie, in: Eversheim, W. / Schuh, G. (Hrsg.): Betriebshütte, Teil 2, 1996] Produktionstechnologie, in: Eversheim, W. / Schuh, G.: Betriebshütte, Teil 2, 1996, S. 11-1 - 11-233

F

Federgruen, A.: [Centralized Planning Models, in: Graves, S. / Kan, A. / Zipkin, P. (Hrsg.): Handbooks in Operations Research, Vol. 4, 1993] Centralized Planning Models for Multi-Echelon Inventory Systems under Uncertainty, in: Graves, S. / Kan, A. / Zipkin, P. (Hrsg.): Handbooks in Operations Research, Vol. 4: 1993, S. 133-173

Federgruen, A. / Tzur, M.: [A simple forward algorithm, in MS, Vol. 37, 1991] A simple forward algorithm to solve general dynamic lot sizing models with n periods in O(n log n) or O(n) time, in: Management Science, Vol. 37, 1991, S. 909-925

Federgruen, A. / Tzur, M.: [Dynamic lot-sizing model, in: NRL, Vol. 40, 1993] The dynamic lot-sizing model with backlogging: a simple O (n log n) algo-rithm and minimal forecast horizon procedure, in: Naval Research Logistics, Vol. 40, 1993, S. 459-478

Federgruen, A. / Tzur, M.: [Fast solution, in: MS, Vol. 41, 1995] Fast solution and detection of minimal forecast horizons in dynamic programs with a single indicator of the future: applications to dynamic lotsizing models, in: Managment Science, Vol. 41, 1995, S. 874-893

Federgruen, A. / Tzur, M.: [Minimal forecast horizons, in: OR, Vol. 42, 1994] Minimal forecast horizons and a new planning procedure for the general dynamic lot sizing model: nervousness revisited, in: Operations Research, Vol. 42, 1994, S. 456-468

Fichtner, C. / Engelsleben, T.: [Preismodelle der Kep-Dienstleister, in: LH, 7-8/2001] Preismodelle der Kep-Dienstleister: Verschenkter Profit, in: Logistik Heute, 23. Jg., 7-8/2001, S. 44-46

Fleischmann, B.: [Discrete Lot-Sizing Problem with Sequence Dependent Setup Costs, in: EJOR, Vol. 75, 1994] The discrete lot-sizing and scheduling problem with sequence-dependent setup costs, in: EJOR, Vol. 75, 1994, S. 395-404

Fleischmann, B.: [Distribution and Transport Planning, in: Stadtler, H. / Kilger, Chr. (Hrsg.): Supply Chain Management and Advanced Planning, 2000] Distribution and Transport Planning, in: Stadtler, H. / Kilger, Chr. (Hrsg.): Supply Chain Management, 2000, S. 167-181

Fleischmann, B.: [Operations-Research-Modelle, in: ZfbF, Vol. 58, 1988] Operations-Research-Modelle und -Verfahren in der Produktionsplanung, in: Zeitschrift für betriebswirtschaftliche Forschung, Vol. 58, 1988, S. 347-372

Fleischmann, B. / Meyr, H.: [General lotsizing problem, in: ORS, Vol. 19, 1997] The general lotsizing and scheduling problem, in: OR Spectrum, Vol. 19, 1997, S. 11-21

Fleischmann, B. / Meyr, H.: [The general lot-sizing and scheduling problem, 1996] The general lot-sizing and scheduling problem, Augsburg, Univ., Arbeitspapier, 1996

Fleischmann, B. / Meyr, H. / Wagner, M.: [Advanced Planning, in: Stadtler, H. / Kilger, Chr. (Hrsg.): Supply Chain Management, 2000] Advanced Planning, in: Stadtler, H. / Kilger, Chr. (Hrsg.): Supply Chain Management, Berlin: Springer, 2000, S. 57-71

Florian, M. / Lenstra, J. K. / Rinnooy Kan, A.: [Algorithms and complexity, in: MS, Vol. 26, 1980] Deterministic production planning: algorithms and complexity, in: Management Science, Vol. 26, 1980, S. 669-679

Forrester, J.: [Industrial dynamics, 1961] Industrial dynamics, Cambridge, Mass.: MIT Press, 1961

Forrester, J.: [Industrial Dynamics, in: HBR, Vol. 36, 1958, H. 4] Industrial DynamicS. A major breakthrough for decision makers, in: Harvard Business Review, Vol. 36, 1958, H. 4, S. 37-66

French, S.: [Sequencing and scheduling, 1982] Sequencing and scheduling: an introduction to the mathematics of the job-shop, New York, USA: John Wiley, 1982

G

Gallego, G. / Joneja, D.: [Economic lot scheduling problem, in: OR, Vol. 42, 1994] Economic lot scheduling problem with raw material considerations, in: Operations Research, Vol. 42, 1994, S. 92-101

Garey, M. / Johnson, D.: [Theory of NP-completeness, 1979] Computers and intractability - A guide to the theory of NP-completeness, San Francisco: Freeman, 1979

Gelders, L. / Maes, J. / Wassenhove, L. van: [A branch and bound algorithm, in: Axsäter, S. / Schneeweiss, C. / Silver, E. (Hrsg.): Production Planning, 1986] A branch and bound algorithm for the multi-item single level capacitated dynamic lotsizing problem, in: Axsäter, S. / Schneeweiss, C. / Silver, E. (Hrsg.): Production Planning, 1986

Glaser, H. / Geiger, W. / Rohde, V.: [PPS, Produktionsplanung und -steuerung, 1992] PPS, Produktionsplanung und -steuerung, 2. Aufl., Wiesbaden: Gabler, 1992

Goncalves, J. / Leachman, R. et al.: [Scheduling Policy, in: MS, Vol. 40, 1994] Heuristic Scheduling Policy for Multi-Item, Multi-Machine Production Systems with Time-Varying, Stochastic Demands, in: Management Science, Vol. 40, 1994, S. 1455-1468

Gopalakrishnan, M. / Miller, D. et al.: [A framework for modelling setup carryover, in: IJPR, Vol. 33, 1995] A framework for modelling setup carryover in the capacitated lot sizing problem, in: International Journal of Production Research, Vol. 33, 1995, S. 1973-1988

Göpfert, I.: [Stand und Entwicklung der Logistik, in: LM, 1. Jg., Nr. 1, 1998] Stand und Entwicklung der Logistik, in: Logistikmanagement, 1. Jg., Nr. 1, 1998, S. 19-33

Gorenstein, S.: [Planning tire production, in: MS, Vol. B 17, 1970] Planning tire production, in: Management Science, Vol. B 17, 1970, S. 72-82

Goyal, S. / Gunasekaran, A.: [Production-Inventory Systems, in: EJOR, Vol. 46, 1990] Multi-Stage Production-Inventory Systems, in: European Journal of Operational Research, Vol. 46, 1990, S. 1-20

Graf, H. / Putzlocher, St.: [Kooperation über sechs Stufen, in: LH, 4/2000] E-Supply bei Daimler-Chrysler: Kooperation über sechs Stufen, in: Logistik Heute, 22. Jg., 4/2000, S. 44-47

Graves, S. / Meal, H. / Dasu, S. et al.: [Two-Stage Production Planning, in: Axsäter, S. / Schneeweiss, C. / Silver, E. (Hrsg.): Production Planning, 1986] Two-Stage Production Planning in a Dynamic Environment, in: Axsäter, S. / Schneeweiss, C. / Silver, E. (Hrsg.): Production Planning, 1986, S. 9-43

Green, D.: [Pain Cost and Opportunity Cost, in: QJE, Vol. 8, 1894] Pain Cost and Opportunity Cost, in: The Quarterly Journal of Economics, Vol. 8, 1894

Greenberg, H.: [Post-solution Analysis,in: Woodruff, D. (Hrsg.): Optimization, 1998] An Annotated Bibliography for Post-solution Analysis in Mixed Integer Programming and Combinatorial Optimization, in: Woodruff, D. (Hrsg.): Optimization, 1998, S. 97-148

Grochla, E. / Fieten, R. / Puhlmann, M.: [Aktive Materialwirtschaft, 1984] Aktive Materialwirtschaft in mittelständischen Unternehmen: ein Leitfaden zur Verbesserung des Unternehmensergebnisses, Köln: Dt. Inst.-Verl., 1984

Gruner und Jahr (Hrsg.): [Absatzpotential Mittelstand, 1987] Absatzpotential Mittelstand - Unternehmen, Entscheider, Medien, Leitung: Albach, H., Hamburg: Gruner und Jahr, 1987

Grünert, T.: [Lotsizing and Scheduling, 1998] Multi-Level Sequence-Dependent Dynamic Lotsizing and Scheduling, Aachen: Shaker, 1998, zugl.: Aachen, RWTH, Diss., 1997

Günther, H.: [Hierarchical Model for Production Planning and Scheduling, in: Axsäter S. / Schneeweiss, C. / Silver, E. (Hrsg.): Production, 1986] The Design of an Hierarchical Model for Production Planning and Scheduling, in: Axsäter S. / Schneeweiss, C. / Silver, E. (Hrsg.): Production, 1986, S. 227-260

Günther, H.: [Planning Lot Sizes, in: EJOR, Vol. 31, 1987] Planning Lot Sizes and Capacity Requirements in a Single-Stage Production System, in: European Journal of Operational Research, Vol. 31, 1987, S. 223-231

Gupta, S. / Brennan, L.: [Lot sizing and backordering, in: PIMJ, Vol. 33, 1992] Lot sizing and backorderung in multi-level product structures, in: Production and Inventory Management Journal, Vol. 33, 1992, S. 27-35

Gupta, Y. / Keung, Y.: [Multi-Stage Lot-Sizing Models, in: IJPM, Vol. 10, 1990] A Review of Multi-Stage Lot-Sizing Models, in: International Journal of Production Management, Vol. 10, 1990, S. 57-73

Gutenberg, E.: [Einführung in die Betriebswirtschaftslehre, 1958] Einführung in die Betriebswirtschaftslehre, 1. Aufl. von 1958, unveränd. Nachdruck, Wiesbaden: Gabler, 1990

Gutenberg, E.: [Grundlagen der Betriebswirtschaftslehre, Die Produktion, 1983] Grundlagen der Betriebswirtschaftslehre, Erster Band, Die Produktion, 24. unveränd. Aufl., Berlin: Springer, 1983

H

Haase, K.: [Capacitated lot-sizing, in: ORS, Vol. 18, 1996] Capacitated lot-sizing with sequence dependent setup costs, in: OR Spectrum, Vol. 18, 1996, S. 51-59

Haase, K.: [Capacitated Lot-Sizing with Linked Production, 1993] Capacitated Lot-Sizing with Linked Production Quantities of Adjacent Periods, Kiel, Univ., Lehrstuhl für Produktion und Logistik, Arbeitspapier Nr. 334, 1993

Haase, K.: [Lotsizing and Scheduling for Production Planning, 1994] Lotsizing and Scheduling for Production Planning, Lecture Notes in Economics and Mathematical Systems, Vol. 408, Berlin: Springer, 1994

Haase, K. / Kimms, A.: [Lot sizing and scheduling with setup costs and times, 1996] Lot sizing and scheduling with sequence dependent setup costs and times and efficient rescheduling opportunities, Kiel, Univ., Lehrstuhl für Produktion und Logistik, Arbeitspapier Nr. 393, 1996

Haberstock, L.: [Kostenrechnung, 1987] Kostenrechnung I, Einführung, 8. Aufl., Hamburg: S+W Steuer- und Wirtschaftsverlag, 1987

Hadley, G. / Whitin, T.: [Analysis of Inventory Systems, 1963] Analysis of Inventory Systems, Englewood Cliffs, New Jersey, USA, 1963

Haehling von Lanzenauer, C.: [Production Scheduling, in: NRL, Vol. 17, 1970] Production and Employment Scheduling in Multistage Production Systems, in: Naval Research Logistics, Vol. 17, 1970, S. 193-198

Haehling von Lanzenauer, C. / Pilz-Glombik, K.: [Decisions, in: ORS, Vol. 24, 2002] Coordinating supply chain decisions, an optimization model in: OR Spectrum, Vol. 24, 2002, S. 59-78

Handfield, R. / Nichols, E. Jr.: [Introduction to Supply Chain Management, 1999] Introduction to Supply Chain Management, Upper Saddle River, New Jersey, USA: Prentice Hall, 1999

Hansmann, K.-W.: [Industrielles Management, 1997] Industrielles Management, 5. Aufl., München: Oldenbourg, 1997

Haritz, A.: [Innovationsnetzwerke, 2000] Innovationsnetzwerke, ein systemorientierter Ansatz, Wiesbaden: Gabler Edition Wissenschaft: Forum produktionswirtschaftliche Forschung, 2000, zugl. Mainz, Univ., Diss., 2000

Harris, F.: [How many parts to make at once, in: OR, Vol. 38, 1990, S. 947 ff., Nachdruck aus Factory, Vol. 10, 1913] How many parts to make at once, in: Operations Research, Vol. 38, 1990, S. 947-950, Nachdruck aus Factory, The Magazine of Management, Vol. 10, 1913, S. 135-136

Harris, F.: [Operations and Costs, in: Factory Management Series, 1915] Operations and Costs, in: Factory Management Series, Chicago, 1915

Hauth, M. / Schneeweiß, Chr.: [Kapazitätsanpassung, in: ORS, Vol. 19, 1997] Kapazitätsanpassung bei simultaner Losgrößen- und Reihenfolgeplanung, in: OR Spectrum, Vol. 19, 1997, S. 251-260

Hax, A. / Candea, D.: [Production and Inventory Management, 1984] Production and Inventory Management, Englewood Cliffs, New Jersey, USA: Prentice Hall, 1984

Hax, A. / Golovin, J.: [Hierarchical Production Planning Systems, in: Hax, A. (Hrsg.): Studies in Operations Management, 1978] Hierarchical Production Planning Systems, in: Hax, A. (Hrsg.): Studies in Operations Management, 1978

Hax, A. / Meal, H.: [Hierarchical integration,in: Geisler, M. (Hrsg.): Logistics: TIMS Studies in management sience, 1975] Hierarchical integration of production planning and scheduling, in: Geisler, M. (Hrsg.): Logistics: TIMS Studies in management sience, 1975, S. 53-69

Hax, H.: [Investitionstheorie, 1985] Investitionstheorie, 5. Aufl., Heidelberg: Physica, 1985

Hechtfischer, R.: [Kapazitätsorientierte Verfahren der Losgrößenplanung, 1991] Kapazitätsorientierte Verfahren der Losgrößenplanung, Wiesbaden: Gabler, 1991

Heinen, E.: [Betriebswirtschaftliche Kostenlehre, 1970] Betriebswirtschaftliche Kostenlehre, 3. Aufl., Wiesbaden: Gabler, 1970

Heinen, E.: [Das Zielsystem der Unternehmung, 1966] Das Zielsystem der Unternehmung, Wiesbaden: Gabler, 1966

Heizer, J. / Render, B.: [Production and Operations Management, 1993] Production and Operations Management, 3. Aufl., Boston, USA: Allyn and Bacon, 1993

Helber, St.: [Cash-Flow Oriented Lot Sizing in MRP II Systems, in: Drexl, A. / Kimms, A. (Hrsg.): Beyond manufacturing resource planning (MRP II), 1998] Cash-Flow Oriented Lot Sizing in MRP II Systems, in: Drexl, A. / Kimms, A. (Hrsg.): Beyond manufacturing resource planning, 1998, S. 147-183

Helber, St.: [Kapazitätsorientierte Losgrößenplanung in PPS-Systemen, 1994] Kapazitätsorientierte Losgrößenplanung in PPS-Systemen, Stuttgart: M&P-Verlag, 1994

Helber, St.: [Kapitalwertorientierte Pufferallokation, in ZfbF, Mai 2000] Kapitalwertorientierte Pufferallokation in stochastischen Fließproduktionssystemen, in: Zeitschrift für betriebswirtschaftliche Forschung, Jg. 52, Mai 2000, S. 211-233

Helber, St.: [Lot sizing, in: ORS, Vol. 17, 1995] Lot sizing in capacitated production planning an control systems, in: OR Spectrum, Vol. 17, 1995, S. 5-18

Helfrich, Chr.: [Ist das beste PPS kein PPS?, in: PPS Management, 4/1999] Ist das beste PPS kein PPS?, in: PPS Management, Zeitschrift für Produktions-planung und Steuerung, 4. Jg. (1999), S. 39-41

Herroelen, W.: [Resource-Constrained Project Scheduling, in: ORQ, Vol. 23, 1972] Resource-Constrained Project Scheduling - The State of the Art, in: Operations Research Quarterly, Vol. 23, 1972, S. 261-275

Herroelen, W. / Demeulemeester, E. / De Reyck, B.: [Project Scheduling, in: Weglarz, J. (Hrsg.): Project Scheduling, 1998] A Classification Scheme for Project Scheduling, in: Weglarz, J. (Hrsg.): Project Scheduling, 1998, S. 1-26

Herroelen, W. / Dommelen, P. van / Demeulemeester, E.: [Project Network Models, in: EJOR, Vol. 100, 1997] Project Network Models with Discounted Cash Flows: A guided tour through recent developments, in: European Journal of Operational Research, Vol. 100, 1997, S. 97-121

Hicks, A.: [The Manager's Guide, Part I, in: IIE Solutions, Vol. 29, Sep. 1997] The Manager's Guide to Supply Chain and Logistics Problem-Solving Tools and Techniques, Part I: Understanding the techniques, in: IIE Solutions, Vol. 29, Sep. 1997, S. 43-47

Hille, A.: [Dortmunder Perspektiven, in: FJ, 33. Jg., Oktober 2001] Dortmunder Perspektiven, Logistik-Tagung des Fraunhofer IML, in: Fördermittel Journal, 33. Jg., Oktober 2001, S. 50-52

Hindi, K.: [Algorithms for Lot-Sizing, in: JORS, Vol. 46, 1995] Algorithms for Capacitated, Multi-Item Lot-Sizing without Set-ups, in: Journal of the Operational Research Society, Vol. 46, 1995, S. 465-472

Hindi, K.: [Solving the CLSP by a Tabu Search Heuristic, in: JORS, Vol. 47, 1996] Solving the CLSP by a Tabu Search Heuristic, in: Journal of the Operational Research Society, Vol. 47, 1996, S. 151-161

Hoesel, S. van / Kolen, A.: [Description of The Discrete Lot-Sizing Problem, in: EJOR, Vol. 75, 1994] A Linear Description of the Discrete Lot-Sizing and Scheduling Problem, in: European Journal of Operational Research, Vol. 75, 1994, S. 342-353

Hofmann, C.: [Abstimmung von Losgrößen, in: ORS, 16. Jg., 1994] Abstimmung von Produktions- und Transportlosgrößen zwischen Zulieferer und Produzent. Eine Analyse auf der Grundlage stationärer Losgrößenmodelle, in: OR Spectrum, 16. Jg., 1994, S. 9-20

Hoitsch, H.: [Opportunitätskosten, in: Horváth, P. / Reichling, Th. (Hrsg.): Controlling, 1993] Opportunitätskosten, in: Horváth, P. / Reichling, Th. (Hrsg.): Controlling, 1993, S. 464

Houlihan, J.: [International Supply Chain Managment, in: IJPDMM, 15/1985] International Supply Chain Managment, in: International Journal of Physical Distribution & Materials Management, 15/1985, S. 22-38

Houtum, G. van / Inderfurth, K. / Zijm, W.: [Coordination, in: EJOR, Vol. 95, 1996] Materials coordination in stochastic multi-echelon systems, in: European Journal of Operational Research, Vol. 95, 1996, S. 1-23

Hsieh, H. / Lam, K. / Choo, E.: [Comparative study, in: C&OR, Vol. 19, 1992] Comparative study of dynamic lot sizing heuristics with backlogging, in: Computers & Operations Research, Vol. 19, 1992, S. 393-407

Hsu, W.: [Scheduling lot sizes, in: MS, Vol. 29, 1983] On the general feasibility test of scheduling lot sizes for several products on one machine, in: Management Science, Vol. 29, 1983, S. 93-105

Hung, Y.-F. / Chien, K.-L.: [A multi-class model, in: JORS, Vol. 51, 2000] A multi-class multi-level capacitated lot sizing model, in: JORS, Vol. 51, 2000, S. 1309-1318

Hurtmanns, F. / Packowski, J.: [Optimierung mit SAP APO, in: PdW, 36. Jg., Juni 1999] Supply Chain Optimierung mit SAP APO in der Chemieindustrie, in: Praxis der Wirtschaftsinformatik, 36. Jg., Juni 1999, S. 58-69

I

Icmeli, O. / Erengüc, S.: [Branch and Bound, in: MS, 1996, Vol. 42, No. 10] A Branch and Bound Procedure for the Resource Constrained Project Scheduling Problem with Discounted Cash Flows, in: Management Science, 1996, Vol. 42, No. 10, S. 1395-1408

Icmeli, O. / Erengüc, S. / Zappe, C.: [Project Scheduling, in: IJOPM, Vol. 13, 1993] Project Scheduling Problems: A Survey, in: International Journal of Operations and Production Management, Vol. 13, 1993, S. 80-91

Icmeli, O. / Rom, W.: [Analysis of the characteristics of projects in diverse industries, in: JOM, Vol. 16, 1998] Analysis of the characteristics of projects in diverse industries, in: Journal of Operations Management, Vol. 16, 1998, S. 43-61

Ihde, G.: [Mikro- und Makrologistik, in: Weber, J. / Baumgarten, H. (Hrsg.): Handbuch Logistik, 1999] Mikro- und Makrologistik, in: Weber, J. / Baumgarten, H. (Hrsg.): Handbuch Logistik, 1999, S. 115-128

Isermann, H.: [Mehrfache Zielsetzung, in: ORS, Vol. 1, 1979] Strukturierung von Entscheidungsprozessen bei mehrfacher Zielsetzung, in: OR Spectrum, Vol. 1, 1979, S. 3-26

J

Jacob, H.: [Planung, in: Jacob, H. (Hrsg.): Industriebetriebslehre, 1986] Grundlagen und Grundtatbestände der Planung im Industriebetrieb, in: Jacob, H. (Hrsg.): Industriebetriebslehre, 1986

Jacobs, F. / Khumawala, B.: [Multi-Level Lot Sizing: An Experimental Analysis, in: PAIDS, 1980] Multi-Level Lot Sizing: An Experimental Analysis, in: Proceedings of the American Institute of Decision Sciences, 1980, S. 280

Jahnke, H.: [Produktion bei Unsicherheit, 1995] Produktion bei Unsicherheit - Elemente einer betriebswirtschaftlichen Produktionslehre bei Unsicherheit, Heidelberg: Physica, 1995

Jahnke, H. / Biskup, D.: [Planung und Steuerung der Produktion, 1999] Planung und Steuerung der Produktion, Landsberg/Lech: Verlag Moderne Industrie, 1999

Johnson, S.: [Two- and Three-Stage Production, in: NRL, 1. Jg., 1954] Optimal Two- and Three-Stage Production Schedules with Setup Times Included, in: Naval Research Logistics, Vol. 1, 1954, S. 61-68

Joneja, D.: [Multi-echelon assembly systems, in: OR, Vol. 39, 1991] Multi-echelon assembly systems with non-stationary demands: heuristics and worst case performance bounds, in: Operations Research, Vol. 39, 1991, S. 512-518

Jordan, C.: [Batching and Scheduling, 1996] Batching and Scheduling, Models and Methods for Several Problem Classes, Lecture Notes in Economics and Mathematical Systems, Vol. 437, Berlin: Springer, 1996

Jordan, C. / Drexl, A.: [Discrete lotsizing and scheduling by batch sequencing, 1994] Discrete lotsizing and scheduling by batch sequencing, Kiel, Univ., Lehrstuhl für Produktion und Logistik, Arbeitspapier Nr. 343 (überarbeitete Version), 1994

Junge, K. / Jacobsen, G.: [Messemarkt Brasilien, in: m+a report, 10/1999] Messemarkt Brasilien: Ein schlummerndes Potential, in: m+a report, Das Magazin für Messen, Events und Marketing, 10/1999

Junge, K. / Zeng, M.: [Entscheidungsfaktoren für industrielle Investitionen in China, in: AW, 6/2001 und 7/2001] Entscheidungsfaktoren für industrielle Investitionen in China, in: AussenWirtschaft, Die Zeitschrift für Export und Import - Branchen und Märkte, Nr. 6/2001 (Teil 1), S. 10 ff., Nr. 7/2001 (Teil 2)

K

Kang, S. / Malik, K. / Thomas, L.: [Parallel machines, 1994] Lotsizing and scheduling on parallel machines with sequence-dependent setup costs, Cornell, Univ., Working Paper No. 94-06, 1994

Kargl, H.: [Datenverarbeitung, in: Schweitzer, M. (Hrsg.): Industriebetriebslehre, 1994] Industrielle Datenverarbeitung, in: Schweitzer, M.: Industriebetriebslehre, 1994, S. 963-1104

Karmarkar, U. / Kekre, S. / Kekre, S. et al.: [Lotsizing, in: IF, Vol. 15 (2), 1985] Lotsizing and lead-time performance in a manufacturing cell, in: Interfaces, Vol. 15 (2), 1985, S. 1-9

Karmarkar, U. / Kekre, S. / Kekre, S.: [The Deterministic Lotsizing Problem, in: OR, Vol. 35, 1987] The Deterministic Lotsizing Problem with Startup and Reservation Costs, in: Operations Research, Vol. 35, 1987, S. 389-398

Karmarkar, U. / Schrage, L.: [The Deterministic Dynamic Product Cycling Problem, in: OR, Vol. 33, 1985] The Deterministic Dynamic Product Cycling Problem, in: Operations Research, Vol. 33, 1985, S. 326-345

Katok, E. / Lewis, H. S. / Harrison, T. P.: [Lot sizing, in: MS, Vol. 44, 1998] Lot sizing in general assembly systems with setup costs, setup times, and multiple constrained resources, in: Management Science, Vol. 44, 1998, S. 859-877

Kilger, W.: [Flexible Plankostenrechnung und Deckungsbeitragsrechnung, 1961] Flexible Plankostenrechnung und Deckungsbeitragsrechnung, 1. Aufl., 1961

Kilger, W.: [Flexible Plankostenrechnung und Deckungsbeitragsrechnung, 1993] Flexible Plankostenrechnung und Deckungsbeitragsrechnung, 10. Aufl., bearbeitet durch Kurt Vikas, Wiesbaden: Gabler, 1993

Kilger, W.: [Optimale Produktions- und Absatzplanung, 1973] Optimale Produktions- und Absatzplanung, Entscheidungsmodelle für den Produktions- und Absatzbereich industrieller Betriebe, Opladen: Westdeutscher Verlag, 1973

Kimms, A.: [A genetic algorithm for lot sizing and scheduling, 1996] A genetic algorithm for multi-level, multi-machine lot sizing and scheduling, Kiel, Univ., Lehrstuhl für Produktion und Logistik, Arbeitspapier Nr. 415, 1996

Kimms, A.: [Improved lower bounds, 1996] Improved lower bounds for the proportional lot sizing and scheduling problem, Kiel, Univ., Lehrstuhl für Produktion und Logistik, Arbeitspapier Nr. 414, 1996

Kimms, A.: [Methods for multi-level lot sizing, in: IJPR, Vol. 34, 1996] Competitive methods for multi-level lot sizing and scheduling: Tabu Search and randomized regrets, in: International Journal of Production Research, Vol. 34, 1996, S. 2279-2298

Kimms, A.: [Multi-Level Lot Sizing and Scheduling, 1997] Multi-Level Lot Sizing and Scheduling, Methods for Capacitated, Dynamic, and Deterministic Models, Heidelberg: Physica-Verlag, 1997, zugl.: Kiel, Univ., Diss.

Kimms, A.: [Multi-level, single-machine lot sizing, in: EJOR, Vol. 89, 1996] Multi-Level, Single-Machine Lot Sizing and Scheduling (with Initial Inventory), in: European Journal of Operational Research, Vol. 89, 1996, S. 86-99

Kimms, A.: [Optimal Multi-Level Lot Sizing and Scheduling, 1994] Optimal Multi-Level Lot Sizing and Scheduling with Dedicated Machines, Kiel, Univ., Lehrstuhl für Produktion und Logistik, Arbeitspapier Nr. 351, 1994

Kimms, A.: [Tabu Search and Randomized Regrets, 1994] Competitive Methods for Multi-Level Lot Sizing and Scheduling: Tabu Search and Randomized Regrets, Kiel, Univ., Lehrstuhl für Produktion und Logistik, Arbeitspapier Nr. 348, 1994

Kimms, A. / Drexl, A.: [Proportional lot sizing and scheduling, 1996] Some insights into proportional lot sizing and scheduling, Kiel, Univ., Lehrstuhl für Produktion und Logistik, Arbeitspapier Nr. 406, 1996

Kimms, A. / Drexl, A.: [Proportional lot sizing and scheduling: extensions, 1996] Proportional lot sizing and scheduling: some extensions, Kiel, Univ., Lehrstuhl für Produktion und Logistik, Arbeitspapier Nr. 407, 1996

Kirca, Ö. / Kökten, M.: [A New Heuristic Approach, in: EJOR, Vol. 75, 1994] A New Heuristic Approach for the Multi-Item Dynamic Lot Sizing Problem, in: European Journal of Operational Research, Vol. 75, 1994, S. 332-341

Kistner, K. / Steven, M.: [Produktionsplanung, in: OR Spectrum, 13. Jg., 1991] Die Bedeutung des Operations Research für die hierarchische Produktions-planung, in: OR Spectrum, 13. Jg., 1991, S. 123-132

Klein, St.: [Interorganisationssysteme und Unternehmensnetzwerke, 1996] Interorganisationssysteme und Unternehmensnetzwerke: Wechselwirkungen zwischen organisatorischer und informationstechnischer Entwicklung, Wiesbaden: Dt. Univ.-Verl., 1996, zugl.: St. Gallen, Univ., Habil.-Schr., 1995

Knolmayer, G. / Rückle, D.: [Projektkostenminimierung, in: ZfbF, 28. Jg., 1976] Betriebswirtschaftliche Grundlagen der Projektkostenminimierung in der Netzplantechnik, in: Zeitschrift für betriebswirtschaftliche Forschung, 28. Jg., 1976, S. 431-447

Kolisch, R.: [Investitionsplanung in Netzwerken, 1996] Investitionsplanung in Netzwerken, Kiel, Univ., Institute für Betriebswirtschaftslehre, Manuskript Nr. 423, 1996

Kolisch, R.: [Investitionsplanung in Netzwerken, in: ZfB, 1997] Investitionsplanung in Netzwerken, in: Zeitschrift für Betriebswirtschaft, 67. Jg. (1997), S. 1057-1072

Kolisch, R.: [Project Scheduling under Resource Constraints, 1995] Project Scheduling under Resource Constraints, Efficient Heuristics for Several Problem Classes, Heidelberg: Physica, 1995, zugl.: Kiel, Univ., Diss.

Kosiol, E.: [Zur Problematik der Planung in der Unternehmung, in: ZfB, 37 Jg., 1967] Zur Problematik der Planung in der Unternehmung, in: Zeitschrift für Betriebswirtschaft, 37. Jg. (1967), S. 77-96

Krekó, B.: [Lehrbuch der Linearen Optimierung, 1973] Lehrbuch der Linearen Optimierung, 6. Aufl., Berlin: VEB Deutscher Verlag der Wissenschaften, 1973

Kruschwitz, L.: [Finanzmathematische Endwert- und Zinsfußmodelle, in: ZfB, 1976] Finanzmathematische Endwert- und Zinsfußmodelle, in: Zeitschrift für Betriebswirtschaft, 1976, S. 245-262

Kruschwitz, L.: [Investitionsrechnung, 1995] Investitionsrechnung, 6. Aufl., Berlin: Walter de Gruyter, 1995

Kruschwitz, L.: [Investitionsrechnung, 2000] Investitionsrechnung, 8. Aufl., München: Oldenbourg, 2000

Kuik, R. / Salomon, M.: [Multi-level lot-sizing, in: EJOR, Vol. 45, 1990] Multi-level lot-sizing problem: evaluation of a simulated-annealing heuristic, in: European Journal of Operational Research, Vol. 45, 1990, S. 25-37

Kuik, R. / Salomon, M. / Wassenhove, L. van: [Batching, in: EJOR, Vol. 75, 1994] Batching decisions: structure and models, in: European Journal of Operational Research, Vol. 75, 1994, S. 243-263

Kuik, R. / Salomon, M. / Wassenhove, L. van et al.: [Heuristics for lotsizing, in: IIET, Vol. 25, 1993] Linear Programming, Simulated Annealing and Tabu Search heuristics for lotsizing in bottleneck assembly systems, in: IIE Transactions, Vol. 25, 1993, S. 62-72

Kurtulus, I. / Davis, E.: [Multi project scheduling, in: MS, Vol. 28, 1982] Multi project scheduling: categorization of heuristic rule performance, in: Management Science, Vol. 28, 1982, S. 161-172

Kurtulus, I. / Narula, S.: [Multi project scheduling, in: IIE Trans., Vol. 17, 1985] Multi project scheduling: analysis of project performance, in: IIE Transactions, Vol. 17, 1985, S. 58-66

L

Lambrecht, M / Ecken, J. van der: [Series lot-sizing model, in: EJOR, Vol. 2, 1978] A facilities in series capacity constrained dynamic lot-sizing model, in: European Journal of Operational Research, Vol. 2, 1978, S. 42-49

Lang, S. / Jung, K.: [Planspiele für die Praxis, in: LH, 3/2001] Planspiele für die Praxis, Weiterbildung von Logistikmitarbeitern, in: Logistik Heute, 23. Jg., 3/2001, S. 50-52

Lasdon, L. / Terjung, R.: [An efficient algorithm, in: OR, Vol. 19, 1971] An efficient algorithm for multi-item scheduling, in: Operations Research, Vol. 19, 1971, S. 946-969

Lasserre, J.: [An integrated model, in: MS, Vol. 38, 1992] An integrated model for job-shop planning and scheduling, in: Management Science, Vol. 38, 1992, S. 1201-1211

Lawrence, S. / Morton, T.: [Multi-project scheduling, in: EJOR, Vol. 64, 1993] Resource-constrained multi-project scheduling with tardy costs: comparing myopic, bottleneck, and resource pricing heuristics, in: European Journal of Operational Research, Vol. 64, 1993, S. 168-187

Leachman, R. / Gascon, A. / Xiong, Z.: [Multi-item single-machine scheduling, in: JORS, Vol. 44, 1993] Multi-item single-machine scheduling with material supply constraints, in: Journal of the Operational Research Society, Vol. 44, 1993, S. 1145-1154

Lee, H. / Padmanabhan, V. / Whang, S.: [The bullwhip effect in supply chains, in: SMR, 1995] The bullwhip effect in supply chains, in: Sloan Management Review, Spring 1995, S. 93-102

Lotfi, V. / Chen, W.: [An Optimal Algorithm, in: EJOR, Vol. 52, 1991] An Optimal Algorithm for the Multi-Item Capacitated Production Planning Problem, in: European Journal of Operational Research, Vol. 52, 1991, S. 179-193

Lozano, S.: [Multilevel Lot-Sizing with one Bottleneck Work Center, 1988] Multilevel Lot-Sizing with one Bottleneck Work Center, Leuven, Katholieke Universiteit, Master Thesis, 1988

M

Maes, J. / McClain, J. / Wassenhove, L. van: [Complexity, in: EJOR, Vol. 53, 1991] Multilevel capacitated lotsizing complexity and LP-based heuristics, in: European Journal of Operational Research, Vol. 53, 1991, S. 131-148

Maes, J. / Wassenhove, L. van: [Heuristics, in: JORS, Vol. 39, 1988] Multi-Item Single-Level Capacitated Dynamic Lot-Sizing Heuristics: A General Review, in: Journal of the Operational Research Society, Vol. 39, 1988, S. 991-1004

Maes, J. / Wassenhove, L. van: [Serial systems, in: IJPR, Vol. 29, 1991] Capacitated dynamic lotsizing heuristics for serial systems, in: International Journal of Production Research, Vol. 29, 1991, S. 1235-1249

Magnanti, T. / Vacchani, R.: [Cutting plane algorithm, in: OR, Vol. 38, 1990] A strong cutting plane algorithm for production scheduling with changeover costs, in: Operations Research, Vol. 38, 1990, S. 456-473

Martin, R.: [Large scale linear and integer optimization: A unified approach, 1999] Large scale linear and integer optimization: A unified approach, Boston, USA: Kluwer, 1999

Mathes, H.: [Capacitated assembly line lotsizing problem, in: Fandel, G. / Gulledge, Th. / Jones, A. (Hrsg.): Operations Research in Production Planning and Control, 1993] Some valid constraints for the capacitated assembly line lotsizing problem, in: Fandel, G. / Gulledge, Th. / Jones, A. (Hrsg.): Operations Research, 1993

Mayr, M.: [Hierarchische Produktionsplanung mit zyklischen Auflagemustern, 1996] Hierarchische Produktionsplanung mit zyklischen Auflagemustern, Regensburg: Roderer, 1996

McKnew, M. / Saydam, C. / Coleman, B.: [Multilevel lot-sizing problem, in: DS, Vol. 22, 1991] An efficient zero-one formulation of the multilevel lot-sizing problem, in: Decision Sciences, Vol. 22, 1991, S. 280-295

Mesarovic, M. / Macko, D. / Takahara, Y.: [Hierarchical, Multilevel Systems, 1970] Theory of Hierarchical, Multilevel Systems, New York, USA: Academic Press, 1970

Meyr, H.: [Simultane Losgrößen- und Reihenfolgeplanung, 1999] Simultane Losgrößen- und Reihenfolgeplanung für kontinuierliche Produktionslinien, Wiesbaden: Gabler, 1999, zugl.: Augsburg, Univ., Diss., 1999

Meyr, H. / Wagner, M. / Rohde, J.: [Structure of Advanced Planning Systems, in: Stadtler, H. / Kilger, Chr. (Hrsg.): Supply Chain Management and Advanced Planning, 2000] Structure of Advanced Planning Systems, in: Stadtler, H. / Kilger, Chr. (Hrsg.): Supply Chain Management, 2000, S. 75-77

Mildenberger, U.: [Grundlagen des Internen Rechnungswesens, 2000] Grundlagen des Internen Rechnungswesens, Edingen: Winkler, 2000

Mildenberger, U.: [Selbstorganisation von Produktionsnetzwerken, 1998] Selbstorganisation von Produktionsnetzwerken: Erklärungsansatz auf Basis der neueren Systemtheorie, Wiesbaden: Gabler Edition Wissenschaft: Forum produktionswirtschaftliche Forschung, 1998, zugl.: Mainz, Univ., Diss., 1997

Moder, J. / Phillips, C. / Davis, E.: [Project management, 1983] Project management with CPM, PERT and precedence diagramming, 3. Aufl., New York, USA: Van Nostrand Reinhold, 1983

Mooney, Chr.: [Monte Carlo simulation, 1997] Monte Carlo simulation, Sage university papers: Series: Quantitative applications in the social sciences, Thousand Oaks, USA: Sage Publ., 1997

Moskilde E. / Larsen, E. / Sterman, J.: [Coping With Complexity, in: Casti, J. / Karlqvist, A.: Beyond belief, 1991] Coping With Complexity: Deterministic Chaos in Human Decisionmaking Behavior, in: Casti, J. / Karlqvist, A. (Hrsg.): Beyond belief, 1991, S. 199-229

Müller-Merbach, H.: [Operations Research, 1992] Operations Research, 10. Nachdruck aus 1992 der 3., durchgesehenen Auflage von 1973, München: Vahlen, 1992

N

Nemhauser, G. / Wolsey, L.: [Integer and Combinatorial Optimization, 1988] Integer and Combinatorial Optimization, New York, USA: John Wiley, 1988

Neumann, K.: [Operations Research Verfahren III, 1975] Operations Research Verfahren Band III, München: Carl Hanser Verlag, 1975

Neumann, K. / Schwindt, Chr.: [Activity-on-node networks, in: ORS, Vol. 19, 1997] Activity-on-node networks with minimal and maximal time lags and their application to make-to-order production, in: OR Spectrum, Vol. 19, 1997, S. 205-217

Neumann, K. / Schwindt, Chr.: [Project Scheduling, 1999] Project Scheduling with Inventory Constraints, Karlsruhe, TU, Institut für Wirtschaftstheorie und Operations Research, Report WIOR-572, 1999

Niemeyer, G.: [Systemsimulation, 1973] Systemsimulation, Studienbuch für Studierende der Wirtschafts- und Sozialwissenschaften sowie aller Ingenieur- und Naturwissenschaften, Frankfurt/M.: Akademische Verlagsgesellschaft, 1973

O

Ockens, K.: [Finanzierungsmodelle, Mieten statt kaufen, in: LH, 23. Jg., 12/2001] Ockens, K.: Finanzierungsmodelle, Mieten statt kaufen, in: Logistik Heute, 23. Jg., 12/2001, S. 54-56

Ohse, D.: [Quantitative Methoden in der Betriebswirtschaftslehre, 1998] Quantitative Methoden in der Betriebswirtschaftslehre, München: Vahlen, 1998

Oliff, M. / Burch, E.: [Multiproduct production scheduling at Owens-Corning Fiberglas, in: IF, Vol. 15 (5), 1985] Multiproduct production scheduling at Owens-Corning Fiberglas, in: Interfaces, Vol. 15 (5), 1985, S. 25-34

Oliver, R. / Webber, M.: [Supply-chain management: Logistics catches up with strategy, 1992, in: Christopher, M. (Hrsg.): Logistics - The strategic issues, 1992] Supply-chain management: Logistics catches up with strategy, Nachdruck aus Outlook, 1982, in: Christopher, M. (Hrsg.): Logistics - The strategic issues, 1992, S. 63-75

Orlicky, J.: [Material Requirements Planning, 1975] Material Requirements Planning, New York, USA: McGraw Hill, 1975

Otto, A. / Kotzab, H.: [Supply Chains, in: ZfbF, 53. Jg., März 2001] Der Beitrag des Supply Chain Management zum Management von Supply Chains, Überlegungen zu einer unpopulären Frage, in: Zeitschrift für betriebswirtschaftliche Forschung, 53. Jg., März 2001, S. 157-176

Özdamar, L. / Ulusoy, G.: [Project scheduling, in: IIET, Vol. 27, 1995] A Survey on the Resource-Constrained Project Scheduling Problem, in: IIE Transactions, Vol. 27, 1995, S. 574-586

P

Papadimitriou, C. / Steiglitz, K.: [Combinatorial optimization, 1982] Combinatorial optimization: Algorithms and complexity, Englewood Cliffs, New Jersey, USA: Prentice Hall, 1982

Patterson, J.: [Project scheduling, in: MS, Vol. 30] A Comparison of Exact Approaches for Solving the Multiple Constrained Resource Project Scheduling Problem, in: Management Science, Vol. 30, 1984, S. 854-867

Patterson, J. / Huber, W.: [Zero-one approach, in: MS, Vol. 20, 1974] A horizon-varying, zero-one approach to project scheduling, in: Management Science, Vol. 20, 1974, pp. 990-998

Patterson, J. / Talbot, F. / Slowinski, R. et al.: [Computational experience, in: EJOR, Vol. 49, 1990] Computational experience with a backtracking algorithm for solving a general class of precedence and resource-constrained scheduling problems, in: European Journal of Operational Research, Vol. 49, 1990, S. 68-79

Pattloch, M.: [Planung auf parallelen Maschinen, 1999] Simultane Losgrößen- und Ablaufplanung auf parallelen Maschinen, Saarbrücken, Univ., Diss., 1999

Pfaffenberger, U.: [Losreihenfolgeabhängige Kosten, 1960] Produktionsplanung bei losreihenfolgeabhängigen Maschinenumstellkosten, Unternehmensforschung, 1960

Pfohl, H.-Chr.: [Logistiksysteme, 1996] Logistiksysteme, Betriebswirtschaftliche Grundlagen, 5. Aufl.,Berlin: Springer, 1996

Pichler, H.: [Modellanalyse und Modellkritik, 1967] Modellanalyse und Modellkritik: Darstellung und Versuch einer Beurteilung vom Standpunkte der ganzheitlichen Wirtschaftslehre, Berlin: Duncker und Humblot, 1967

Piller, F.: [Mass Customization, 2000] Mass Customization: ein wettbewerbsstrategisches Konzept im Informations-zeitalter, Wiesbaden: Gabler, 2000, zugl.: Würzburg, Univ., Diss., 1999

Pinedo, M.: [Scheduling - Theory, Algorithms, and Systems, 1995] Scheduling - Theory, Algortihms, and Systems, Englewood Cliffs, New Jersey, USA: Prentice Hall, 1995

Plaut, H.: [Die Entwicklung der flexiblen Plankostenrechnung, in: ZfB, 57. Jg., 1987] Die Entwicklung der flexiblen Plankostenrechnung zu einem Instrument der Unternehmensführung, in: Zeitschrift für Betriebswirtschaft, 57. Jg., 1987, S. 355-366

Pochet, Y. / Wolsey, L.: [Lot-sizing problems, in: MS, Vol. 37, 1991] Solving multi-item lot-sizing problems using strong cutting planes, in: Management Science, Vol. 37, 1991, S. 53-67

Popp, T.: [Kapazitätsorientierte dynamische Losgrößen- und Ablaufplanung, 1992] Kapazitätsorientierte dynamische Losgrößen- und Ablaufplanung bei Sortenproduktion, Hamburg: Kovač, 1992

Potts, C. / Shmoys, D. / Williamson, D.: [Flow shop, in: ORL, Vol. 10, 1991] Permutation vS. non-permutation flow shop schedules, in: Operations Research Letters, Vol. 10, 1991, pp. 218-284

Potts, C. / Wassenhove, L. van: [Integrating scheduling, in: JORS, Vol. 43, 1992] Integrating scheduling with batching and lot-sizing: a review of algorithms and complexity, in: Journal of the Operational Research Society, Vol. 43, 1992, S. 395-406

Pyke, D. / Cohen, M.: [Performance characteristics, in: EJOR, Vol. 68, 1993] Performance characteristics of stochastic integrated production-distribution systems, in: European Journal of Operational Research, Vol. 68, 1993, S. 23-48

Pyke, D. / Cohen, M.: [Production-distribution systems, in: EJOR, Vol. 74, 1994] Multiproject integrated production-distribution systems, in: European Journal of Operational Research, Vol. 74, 1994, S. 18-49

R

Rabus, G.: [Typologie zum Vergleich von Fertigungsverfahren, 1980] Typologie zum überbetrieblichen Vergleich von Fertigungsverfahren im Maschinenbau, Berlin: Springer, 1980, zugl.: Stuttgart, Univ., Diss., 1980

Ramsay, T. / Rardin, R.: [Heuristics for Planning Problems, in: JORS, Vol. 34, 1983] Heuristics for Multistage Production Planning Problems, in: Journal of the Operational Research Society, Vol. 34, 1983, S. 61-70

Raturi, A. / Hill, A.: [Parameters for MRP Lot Sizing, in: DS, Vol. 19, 1988] An Experimental Analysis of Capacity-Sensitive Setup Parameters for MRP Lot Sizing, in: Decision Sciences, Vol. 19, 1988, S. 782-800

Reichwald, R. / Dietel, B.: [Produktionswirtschaft, in: Heinen, E. (Hrsg.): Industriebetriebslehre, 1991] Produktionswirtschaft, in: Heinen, E. (Hrsg.): Industriebetriebslehre, 1991, S. 395-624

Rieper, B.: [Hierarchische betriebliche Systeme, 1979] Hierarchische betriebliche Systeme, Wiesbaden: Gabler, 1979

Rieper, B.: [Hierarchische Entscheidungsmodelle, in: ZfB, 55. Jg., 1985] Hierarchische Entscheidungsmodelle in der Produktionswirtschaft, in: Zeitschrift für Betriebswirtschaft, 55. Jg., 1985, S. 770-789

Rieper, B.: [Planung von Produktionsvorgaben - ein hierarchischer Planungsansatz, in: ZfB, 51. Jg., 1981] Planung von Produktionsvorgaben - ein hierarchischer Planungsansatz, in: Zeitschrift für Betriebswirtschaft, 51. Jg., 1981, S. 1183-1203

Rogers, J.: [Economic lot scheduling problem, in: MS, Vol. 4, 1958] A computational approach to the economic lot scheduling problem, in: Management Science, Vol. 4, 1958, S. 264-291

Rohde, J. / Meyr, H. / Wagner, M.: [Planning Matrix, in: PPSM, 4. Jg., 5 (2000)] Die Supply Chain Planning Matrix, in: PPS Management, 4. Jg., 5 (2000), S. 10-15

Roll, Y. / Karni, R.: [Multi-item, multi-level lot sizing, in: EJOR, Vol. 51, 1991] Multi-item, multi-level lot sizing with an aggregate capacity constraint, in: European Journal of Operational Research, Vol. 51, 1991, S. 73-87

Roos, E. / Förster, H.-U. / Loeffelholz, F. Frhr. von: [PPS-Systeme, 1988] Marktspiegel, PPS-Systeme auf dem Prüfstand, 3. Aufl., Köln: TÜV Rheinland, 1988

Roth, Chr. / Seebauer, P.: [Fabrikplanung und Architektur, in: LH, 12/2001, S.27] Fabrikplanung und Architektur finden zusammen, Innovationspreis „Architektur und Technik", in: Logistik Heute, 23. Jg., 12/2001, S.27

Roundy, R.: [Lot sizing for multistage production systems, in: OR, Vol. 41, 1993] Efficient, effective lot sizing for multistage production systems, in: Operations Research, Vol. 41, 1993, S. 371-385

Rummel, K.: [Einheitliche Kostenrechnung, 1967] Einheitliche Kostenrechnung auf der Grundlage einer vorausgesetzten Proportionalität der Kosten zu betrieblichen Größen, 3. Aufl., Nachdruck, Düsseldorf: Stahleisen, 1967

Russel, A.: [Cash Flows in Networks, in: MS, 1970, Vol. 16, No. 5] Cash Flows in Networks, in: Management Science, 1970, Vol. 16, No. 5, S. 357-362

Russel, R. / Urban, T.: [Horizon extension, in: IJPE, Vol. 29, 1993] Horizon extension for rolling production schedules: Length and Accuracy requirements, in: International Journal of Production Economics, Vol. 29, 1993, S. 111-122

S

Sadowski, D.: [Supply Chain Management in der High-Tech Industrie, 2001] Supply Chain Management in der High-Tech Industrie, Theorie und Praxis am Beispiel von IBM, Mainz, Univ., Lehrstuhl für ABWL und Produktionswirtschaft, Diplomarbeit, 2001

Sainz, L. / Junge, K. / Pedra, J.: [Electrical Network Analysis, in: CIRED '97] Program for the Electrical Network Analysis in Harmonic Presence, in: CIRED '97, 14th International Conference and Exhibition on Electricity Distribution: "Distributing Power for the Millenium", Birmingham, UK, IEE CP 438, 1997

Salomon, M.: [Deterministic Lotsizing Models for Production Planning, 1991] Deterministic Lotsizing Models for Production Planning, Lecture Notes in Economics and Mathematical Systems, Vol. 355, Berlin: Springer, 1991

Salomon, M. / Kroon, L. / Kuik, R. et al.: [Some Extensions of the DLSP, in: MS, Vol. 37, 1991] Some Extensions of the Discrete Lotsizing and Scheduling Problem, in: Management Science, Vol. 37, 1991, S. 801-812

Salomon, M. / Kuik, R. / Wassenhove, L. van: [Lotsizing, in: AOR, Vol. 41, 1993] Statistical search methods for lotsizing problems, in: Annals of Operations Research, Vol. 41, 1993, S. 453-468

Salomon, M. / Solomon, M. / Wassenhove, L. van et al.: [Solving the DLSP, in: EJOR, Vol. 100, 1997] Solving the discrete lotsizing and scheduling problem with sequence dependent set-up costs and set-up times using the travelling salesman problem with time windows, in: European Journal of Operational Research, Vol. 100, 1997, S. 492-510

Sasieni, M. / Yaspan, A. / Friedman, L.: [Unternehmensforschung, 1965] Methoden und Probleme der Unternehmensforschung, 2. Aufl., Würzburg: Physica, 1965

Scheer, A.-W.: [Informationssysteme im Industriebetrieb, 1988] Wirschaftsinformatik, Informationssysteme im Industriebetrieb, 2. Aufl., Berlin: Springer, 1988

Schmidt, R. / Terberger, E.: [Investitions- und Finanzierungstheorie, 1996] Grundzüge der Investitions- und Finanzierungstheorie, 3. Aufl., Wiesbaden: Gabler, 1996

Schneeweiß, Chr.: [Einführung in die Produktionswirtschaft, 1993] Einführung in die Produktionswirtschaft, 5. Aufl., Berlin: Springer, 1993

Schneeweiß, Chr.: [Planung, Teil 1, 1991] Planung: 1. Systemanalytische und entscheidungstheoretische Grundlagen, Berlin: Springer, 1991

Scholz-Reiter, B. / Jakobza, J.: [Supply Chain Management, in: PdW, 36. Jg., Juni 1999] Supply Chain Management - Überblick und Konzeption, in: Praxis der Wirtschaftsinformatik, 36. Jg., Juni 1999, S. 6-15

Schomburg, E.: [EDV-gestützte Produktionsplanungssysteme, 1980] Entwicklung eines betriebstypologischen Instrumentariums zur systematischen Ermittlung der Anforderungen an EDV-gestützte Produktionsplanungs- und -steuerungssysteme im Maschinenbau, Aachen, RWTH, Diss., 1980

Schönsleben, P.: [Integrales Logistikmanagement, 2000] Integrales Logistikmanagement, Planung und Steuerung von umfassenden Geschäftsprozessen, 2., überarbeitete und erweiterte Auflage, Berlin u. a.: Springer, 2000

Schrage, L.: [Implicit enumeration, in: OR, Vol. 18, 1970] Solving resource-constrained network problems by implicit enumeration - nonpreemptive case in: Operations Research, Vol. 18, 1970, pp. 263-278

Schrage, L.: [Optimization Modeling with Lingo, 2000] Optimization Modeling with Lingo, Fourth Edition, Chicago, USA: Lindo Systems Inc., 2000

Schröder, H.: [Entwicklungsstand und -tendenzen bei PPS-Systemen, 1989] Entwicklungsstand und -tendenzen bei PPS-Systemen. Arbeitsbericht Nr. 26 des Seminars für Allgemeine Betriebswirtschaftslehre, Industriebetriebslehre und Produktionswirtschaft, Köln, 1989

Schweitzer, M.: [Industrielle Fertigungswirtschaft, in: Schweitzer, M. (Hrsg.): Industriebetriebslehre, 1990] Industrielle Fertigungswirtschaft, in: Schweitzer, M. (Hrsg.): Industriebetriebslehre, 1990, S. 563-696

Schweitzer, M.: [Planung von Puffern und Durchlaufzeiten, 1997] Planung von Puffern und Durchlaufzeiten: zeitbezogene Ansätze der Lagerhaltungstheorie, Wiesbaden: Gabler Edition Wissenschaft, 1997, zugl.: Saarbrücken, Univ., Diss., 1997

Schwenke, F.: [Fuzzy Set Theorie im Produktionsmanagement, 1995] Anwendungen der Fuzzy Set Theorie im Produktionsmanagement, Aachen, RWTH, Diplomarbeit, Lehrstuhl für Unternehmensforschung, 1995

Schwindt, Chr. / Trautmann, N.: [Batch scheduling in process industries, 1999] Batch scheduling in process industries - an application of resource constrained project scheduling, Karlsruhe, TU, Institut für Wirtschaftstheorie und Operations Research, Report WIOR-568, 1999

Seidl, K.: [Supply Chain Management Software, in: Pfohl, H.-Chr. (Hrsg.): Supply Chain Management: Logistik plus?, 2000] Supply Chain Management Software, Einsatzmöglichkeiten und Nutzen-erwartungen, in: Pfohl, H.-Chr. (Hrsg.): Supply Chain Management: Logistik plus?, 2000, S. 161-183

Shillinglaw, G.: [Cost Accounting: Analysis and Control, 1961] Cost Accounting: Analysis and Control, Homewood, Illinois, USA: Irwin, 1961

Sieben, G. / Gatzen, M.: [Gewinn, in: Busse von Colbe, W. (Hrsg.): Rechnungswesen, 1991] Gewinn, in: Busse von Colbe, W. (Hrsg.): Rechnungswesen, 1991, S. 222-229

Silver, E. / Peterson, R.: [Decision Systems, 1985] Decision Systems for Inventory Management and Production Planning, 2. Auflage, New York, USA: John Wiley, 1985

Simchi-Levi, D. / Kaminski, P. / Simchi-Levi, E.: [Supply Chain, 2000] Designing and Managing the Supply Chain, Concepts, Strategies and Case Studies, Boston, USA: McGraw-Hill, 2000

Simmons, D.: [Nonlinear programming for Operations Research, 1975] Nonlinear programming for Operations Research, Englewood Cliffs, New Jersey, USA: Prentice Hall, 1975

Simpson, N. / Erengüc, S.: [Improved heuristic methods, in: C&OR, Vol. 25, 1998] Improved heuristic methods for multiple stage production planning, in: Computers &Operations Research, Vol. 25, 1998, S. 611-623

Simpson, N. / Erengüc, S.: [Multiple Stage Production Planning Research, 1994] Multiple Stage Production Planning Research: History and Opportunities, Buffalo, New York, USA, State University, Working Paper, 1994

Simpson, N. / Erengüc, S.: [Production planning, 1998] Production planning in multiple stage manufacturing environments with joint costs, limited resources and set-up times, University of Florida, USA: Technical Report, 1998

Slowinski, R.: [Multiobjective project scheduling, in: Slowinski, R. / Weglarz, J. (Hrsg.): Advances in project scheduling, 1989] Multiobjective project scheduling under multi-category resource constraints, in: Slowinski, R. / Weglarz, J. (Hrsg.): Advances in project scheduling, 1989, S. 151-167

Smith-Daniels, V. / Ritzman, L.: [Process industries, in: IJPR, Vol. 26, 1988] A model for lot sizing and sequencing in process industries, in: International Journal of Production Research, Vol. 26, 1988, S. 647-674

Smith-Daniels, V. / Smith-Daniels, D.: [Mixed-integer, in: IIET, Vol. 18, 1986] A mixed-integer programming model for lot sizing and sequencing packaging lines in the process industries, in: IIE Transactions, Vol. 18, 1986, S. 278-285

Sox, C. / Gao, Y.: [The capacitated lot sizing problem with setup carry-over, 1996] The capacitated lot sizing problem with setup carry-over, Auburn University, USA, Working Paper 96-07, 1996

Sprecher, A.: [Resource-Constrained Project Scheduling, 1994] Resource-Constrained Project Scheduling - Exact Methods for the Multi-Mode Case, Lecture Notes in Economics and Mathematical Systems, Berlin: Springer, 1994

Spremann, K.: [Investition und Finanzierung, 1991] Investition und Finanzierung, 4. Aufl., München: Oldenbourg, 1991

Stackelberg, H. von: [Grundlagen einer reinen Kostentheorie, 1932] Grundlagen einer reinen Kostentheorie, Wien: Springer, 1932, Sonderabdruck aus: Zeitschrift für Nationalökonomie; Bd. 3, Heft. 3 und 4

Stadtler, H.: [Hierarchical production planning, in: Axsäter, S. / Schneeweiß, Chr. et al. (Hrsg.): Production planning, 1986] Hierarchical production planning, Tuning aggregate planning with sequencing and scheduling, in: Axsäter, S. / Schneeweiß, Chr. et al. (Hrsg.): Production planning, 1986

Stadtler, H.: [Hierarchische Produktionsplanung bei losweiser Fertigung, 1988] Hierarchische Produktionsplanung bei losweiser Fertigung, Heidelberg: Physica, 1988

Stadtler, H.: [Improved rolling schedules, in: MS, Vol. 46, 2000] Improved rolling schedules for the dynamic single-level lot-sizing problem, in: Management Science, Vol. 46, 2000, S. 318-326

Stadtler, H.: [Linear and Mixed Integer Programming, in: Stadtler, H. / Kilger, Chr. (Hrsg.): Supply Chain Management and Advanced Planning, 2000] Linear and Mixed Integer Programming, in: Stadtler, H. / Kilger, Chr. (Hrsg.): Supply Chain Management, 2000, S. 335-344

Stadtler, H.: [Mixed integer programming for dynamic multi-item multi-level capacitated lotsizing, in: EJOR, Vol. 94, 1996] Mixed integer programming model formulations for dynamic multi-item multi-level capacitated lotsizing, in: European Journal of Operational Research, Vol. 94, 1996, S. 561-581

Stadtler, H.: [Shortest route model, 1995] Reformulations of the shortest route model for dynamic multi-item multi-level capacitated lotsizing, Darmstadt, TU, Arbeitspapier, 1995

Stadtler, H.: [Supply Chain Management - An Overview, in: Stadtler, H. / Kilger, Chr. (Hrsg.): Supply Chain Management, 2000] Supply Chain Management - An Overview, in: Stadtler, H. / Kilger, Chr. (Hrsg.): Supply Chain Management, 2000, S. 7-27

Stefanic-Allmayer, K.: [Bestellmenge beim Einkauf, in: Sparwirtschaft, 1927] Die günstigste Bestellmenge beim Einkauf, in: Sparwirtschaft, 1927, S. 504-508

Steuer, R.: [Multiple criteria optimization, 1986] Multiple criteria optimization: theory, computation, and application, New York, USA: John Wiley, 1986

Steven, M.: [Hierarchische Produktionsplanung, 1994] Hierarchische Produktionsplanung, 2. Aufl., Heidelberg: Physica, 1994

Sum, C. / Hill, A.: [A new framework, in: DS, Vol. 24, 1993] A new framework for manufacturing planning and control systems, in: Decision Sciences, Vol. 24, 1993, S. 739-760

Sum, C. / Png, D. / Yang, K.: [Product structure complexity, in: DS, Vol. 24, 1993] Effects of product structure complexity on multi-level lot sizing, in: Decision Sciences, Vol. 24, 1993, S. 1135-1156

Switalski, M.: [Hierarchische Produktionsplanung, 1989] Hierarchische Produktionsplanung, Heidelberg: Physica, 1989

Sydow, J.: [Strategische Netzwerke: Evolution und Organisation, 1992] Strategische Netzwerke: Evolution und Organisation, Wiesbaden: Gabler, 1992, zugl.: Berlin, Freie Univ., Habil.-Schr., 1991/92

T

Taft, E.: [The Most Economical Production Lot, in: The Iron Age, 1918] The Most Economical Production Lot, in: The Iron Age, 1918, S. 1410-1412

Talbot, B.: [Resource-constrained project scheduling, in: MS, Vol. 28, 1982] Resource-constrained project scheduling with time-resource tradeoffs: The non-preemptive case, in: Management Science, Vol. 28, 1982, pp. 1197-1210

Tempelmeier, H.: [Material-Logistik, 1999] Material-Logistik, Modelle und Algorithmen für die Produktionsplanung und -steuerung und das Suppy Chain Management, 4. Aufl., Berlin: Springer, 1999

Tempelmeier, H. / Derstroff, M.: [Heuristic for lotsizing, in: MS, Vol. 42, 1996] A Lagrangean-based heuristic for dynamic multi-level multi-item constrained lotsizing with setup times, in: Management Science, Vol. 42, 1996, S. 738-757

Tempelmeier, H. / Derstroff, M.: [Losgrößenplanung, in: ORS, Vol. 15, 1993] Mehrstufige Mehrprodukt-Losgrößenplanung bei beschränkten Ressourcen und genereller Erzeugnisstruktur, in: OR Spectrum, Vol. 15, 1993, S. 63-73

Tempelmeier, H. / Helber, St.: [A heuristic for lotsizing, in: EJOR, Vol. 75, 1994] A heuristic for dynamic multi-item multi-level capacitated lotsizing for general product structures, in: European Journal of Operational Research, Vol. 75, 1994, S. 296-311

Teufel, S.: [Dynamische Mehrprodukt-Losgrößenplanung, 1994] Modelle und Verfahren der dynamischen Mehrprodukt-Losgrößenplanung, Augsburg, Univ., Diplomarbeit, Lehrstuhl für Produktion und Logistik, 1994

Thomsen, E.: [Management von Kernkompetenzen, 2001] Management von Kernkompetenzen: Methodik zur Identifikation und Entwicklung von Kernkompetenzen für die erfolgreiche strategische Ausrichtung von Unternehmen, Sternenfels: Verlag Wissenschaft & Praxis, 2001, zugl.: München, Techn. Univ., Diss., 2000

Thumb, N.: [Grundlagen und Praxis der Netzplantechnik, 1969] Grundlagen und Praxis der Netzplantechnik, 2. Aufl., München: Verlag Moderne Industrie, 1969

Toklu, B. / Wilson, J.: [Multi-level lot-sizing, in: IJPR, Vol. 30, 1992] A heuristic for multi-level lot-sizing problems with a bottleneck, in: International Journal of Production Research, Vol. 30, 1992, S. 787-798

U

Ulrich, P. / Fluri, E.: [Management, 1992] Management: Eine konzentrierte Einführung, 6. Aufl., Bern: Haupt, 1992

V

Vahrenkamp, R.: [Supply Chain Management, in: Weber, J. / Baumgarten, H. (Hrsg.): Handbuch Logistik, 1999] Supply Chain Management, in: Weber, J. / Baumgarten, H. (Hrsg.): Handbuch Logistik, 1999, S. 308-321

Vazsonyi, A.: [Scientific Programming in Business and Industry, 1958] Scientific Programming in Business and Industry, New York, USA: John Wiley, 1958

Vickery, S. / Markland, R.: [Multi-stage lot-sizing in a serial production system, in: IJPR, Vol. 24, 1986] Multi-stage lot-sizing in a serial production system, in: International Journal of Production Research, Vol. 24, 1986, S. 517-534

Vollmann, T. / Berry, W. / Whybark, D.: [Planning and Control Systems, 1997] Manufacturing Planning and Control Systems, 4. Aufl., Homewood, Illinois, USA: Irwin

W

Wagelmans, A. / Hoesel, S. van / Kolen, A.: [Economic lot sizing: an O(n log n) algorithm, in: OR, Vol. 40, 1992] Economic lot sizing: an O(n log n) algorithm, that runs in linear time in the Wagner-Whitin case, in: Operations Research, Vol. 40 (Supp. No. 1), 1992, S. 145-156

Wagner, H. / Whitin, T.: [Dynamic version, in: MS, Vol. 5, 1958] Dynamic version of the economic lot size model, in: Management Science, Vol. 5, 1958, S. 89-96

Wassermann, O.: [Das intelligente Unternehmen, 2001] Das intelligente Unternehmen: mit der Wassermann-Supply-chain-Idee den globalen Wettbewerb gewinnen, 4. Aufl. Berlin: Springer, 2001

Webster, F.: [Back-order version, in: PIMJ, Vol. 30, 1989] A back-order version of the Wagner-Whitin discrete demand EOQ algorithm by Dynamic Programming, in: Production and Inventory Management, Vol. 30, 1989, S. 1-5

Weng, Z.: [Pricing and ordering strategies, in: IIE Transactions, Vol. 28, 1997] Pricing and ordering strategies in manufacturing and distribution alliances, in: IIE Transactions, Vol. 28, 1997, S. 681-692

Wildemann, H.: [Electronic Logistics, in: LH, 7-8/2001] Electronic Logistics - Optimierung erst im „Extern-Net", in: Logistik Heute, 7-8/2001, S. 60-62

Winkler, D.: [Abstimmung zwischen Produktion und Lagerung, 1964] Die kurzfristige Abstimmung zwischen Produktion und Lagerung unter besonderer Berücksichtigung des Lagerbereichs, Saarbrücken: Univ., Diss., 1964

Winston, W.: [Operations Research: Applications and algorithms, 1994] Operations Research: Applications and algorithms, 3. Aufl., Belmont, California, USA: Duxbury, 2000

Witthoff, H.: [Kosten- und Leistungsrechnung, 2001] Kosten- und Leistungsrechnung der Industriebetriebe, 4. Aufl., Stuttgart: Schäffer-Poeschel, 2001

Wöhrle, Th.: [Internet-Mo-Dell, in: LH, 1-2/2000] E-Commerce in der Computerbranche, Das Internet-Mo-Dell, in: Logistik Heute, 1-2/2000, 22. Jg., S. 18-22

Wöhrle, Th.: [Industriepark-Modell bei Ford, in: LH, 1-2/2001] Industriepark-Modell bei Ford: „Agile Logistik" in Saarlouis, in: Logistik Heute, 1-2/2001, 23. Jg., S. 20-23

Wolsey, L.: [Integer Programming, 1998] Integer Programming, New York, USA: John Wiley, 1998

Wolsey, L.: [MIP modelling of changeovers, in: EJOR, Vol. 99, 1997] MIP modelling of changeovers in production planning and scheduling problems, in: European Journal of Operational Research, Vol. 99, 1997, S. 154-165

Y

Yano, C. / Lee, H.: [Lot Sizing with Random Yields, in: OR, Vol. 43, 1995] Lot Sizing with Random Yields: A Review, in: Operations Research, Vol. 43, 1995, S. 311-333

Z

Zäpfel, G.: [Produktionswirtschaft: Operatives Produktions-Management, 1982] Produktionswirtschaft: Operatives Produktions-Management, Berlin: Walter de Gruyter, 1982

Zäpfel, G.: [Strategisches Produktions-Management, 1989] Strategisches Produktions-Management, Berlin: Walter de Gruyter, 1989

Zäpfel, G.: [Taktisches Produktions-Management, 1989] Taktisches Produktions-Management, Berlin: Walter de Gruyter, 1989

Zäpfel, G.: [Supply Chain Management, in: Baumgarten, H. / Wiendahl, J. / Zentes, J. (Hrsg.): Logistik-Management, 2000] Supply Chain Management, in: Baumgarten, H. / Wiendahl, J. / Zentes, J. (Hrsg.): Logistik-Management, 2000, S. 1-31

Zäpfel, G. / Gfrerer, H.: [Sukzessive Produktionsplanung, in: WIST, 13. Jg., 1984] Sukzessive Produktionsplanung, in: Wirtschaftswissenschaftliches Studium, 13. Jg., 1984, S. 235-241

Zäpfel, G. / Missbauer, H.: [Durchlaufzeiten, in: INFM, Vol. 1, 1987] PPS-Systeme mit Bestandsregelung zur Senkung von Durchlaufzeiten und Beständen, in: Information Management, Vol. 1, 1987, S. 66-73

Zäpfel, G. / Wasner, M.: [Logistische Planungsprobleme in kooperativen Transportnetzwerken, in: Kaluza, B. / Blecker, Th. (Hrsg.): Produktions- und Logistikmanagement, 2000] Logistische Planungsprobleme in kooperativen Transportnetzwerken für Sammelgutspeditionen, in: Kaluza, B. / Blecker, Th. (Hrsg.): Produktions- und Logistikmanagement, 2000, S. 321-344

Zäpfel, G. / Wasner, M.: [Peitschenschlageffekt, in: LM, 1. Jg., 1999] Der Peitschenschlageffekt in der Logistikkette und Möglichkeiten der Überwindung chaotischen Verhaltens, in: Logistik Management, 1. Jg., 1999, S. 297-309

Zimmermann, G.: [PPS-Methoden auf dem Prüfstand, 1987] PPS-Methoden auf dem Prüfstand - was sie leisten, wann versagen sie?, Landsberg/Lech, 1987

Zimmermann, H.-J.: [Fuzzy Set Theory and its Applications, 1996] Fuzzy Set Theory and its Applications, 3rd edtition, Dordrecht, NL: Kluwer, 1996

Zipkin, P.: [Computing optimal lot sizes, in: OR, Vol. 39, 1991] Computing optimal lot sizes in the economic lot scheduling problem, in: Operations Research, Vol. 39, 1991, S. 56-63

Sammelwerke

A

Axsäter, S. / Schneeweiss, C. / Silver, E. (Hrsg.): [Production, 1986] Multi-Stage Production Planning and Inventory Control, Lecture Notes in Economics and Mathematical Systems, Vol. 266, Berlin: Springer, 1986

B

Baumgarten, H. / Wiendahl, J. / Zentes, J. (Hrsg.): [Logistik-Management, 2000] Logistik-Management. Strategien - Konzepte - Praxisbeispiele, Berlin: Springer, 2000

Busse von Colbe, W. (Hrsg.): [Rechnungswesen, 1991] Lexikon des Rechnungswesens, 2. Aufl., München: Oldenbourg, 1991

C

Casti, J. / Karlqvist, A. (Hrsg.): [Beyond belief, 1991] Beyond belief: randomness, prediction, and explanation in science, Boca Raton, USA, 1991

Chikán, A. / Lovell, M. (Hrsg.): [Inventory Management, 1988] The Economics of Inventory Management, Amsterdam, NL: Elsevier, 1988

Christopher, M. (Hrsg.): [Logistics - The strategic issues, 1992] Logistics - The strategic issues, London, UK: Chapman & Hall, 1992

D

Drexl, A. / Kimms, A. (Hrsg.): [Beyond manufacturing resource planning, 1998] Beyond manufacturing resource planning (MRP II): advanced models and methods for production planning, Berlin: Springer, 1998

E

Eversheim, W. / Schuh, G. (Hrsg.): [Betriebshütte, Teil 1, 1996] Betriebshütte - Produktion und Management, Teil 1, 7. Aufl., Berlin: Springer, 1996

Eversheim, W. / Schuh, G. (Hrsg.): [Betriebshütte, Teil 2, 1996] Betriebshütte - Produktion und Management, Teil 2, 7. Aufl., Berlin: Springer, 1996

F

Fandel, G. / Gulledge, Th. / Jones, A. (Hrsg.): [Operations Research, 1993] Operations Research in Production Planning and Control, Berlin: Springer, 1993

G

Geisler, M. (Hrsg.): [Logistics: TIMS Studies in management sience, 1975] Logistics: TIMS Studies in management sience, Vol. 1, Amsterdam, NL, 1975

Glaser, H. / Schröder, E. / Werder, A. von (Hrsg.): [Organisation im Wandel, 1998] Organisation im Wandel der Märkte, Wiesbaden: Gabler, 1998

Graves, S. / Kan, A. / Zipkin, P. (Hrsg.): [Operations Research, Vol. 4] Handbooks in Operations Research and Management Science, Vol. 4: Logistics of Production and Inventory, Amsterdam, NL: North-Holland, 1993

Gruner und Jahr (Hrsg.): [Absatzpotential Mittelstand, 1987] Absatzpotential Mittelstand - Unternehmen, Entscheider, Medien, Leitung: Albach, H., Hamburg: Gruner und Jahr, 1987

H

Hax, A. (Hrsg.): [Studies in Operations Management, 1978] Studies in Operations Management, Amsterdam, NL, 1978

Heinen, E. (Hrsg.): [Industriebetriebslehre, 1991] Industriebetriebslehre, Entscheidungen im Industriebetrieb, 9. Aufl., Wiesbaden: Gabler, 1991

Horváth, P. / Reichling, Th. (Hrsg.): [Controlling, 1993] Vahlens Großes Controlling Lexikon, München: Vahlen, Beck, 1993

I

Isermann, H. (Hrsg.): [Logistik: Gestaltung von Logistiksystemen, 1998] Logistik: Gestaltung von Logistiksystemen, 2. Aufl., Landsberg/Lech: Verlag Moderne Industrie, 1998

J

Jacob, H. (Hrsg.): [Industriebetriebslehre, 1986] Industriebetriebslehre, Handbuch für Studium und Prüfung, 3. Aufl., Wiesbaden: Gabler, 1986

K

Kaluza, B. / Blecker, Th. (Hrsg.): [Produktions- und Logistikmanagement, 2000] Produktions- und Logistikmanagement in Virtuellen Unternehmen und Unternehmensnetzwerken, Berlin: Springer, 2000

Kern, W. / Schröder, H. / Weber, W. (Hrsg.): [Produktionswirtschaft, 1996] Handwörterbuch der Produktionswirtschaft, 2. Aufl., Stuttgart: Schäffer-Poeschel, 1996

M

Müller, W. / Krink, J. (Hrsg.): [Rationelle Betriebswirtschaft, 1974] Rationelle Betriebswirtschaft, Neuwied, 1974

P

Pfeiffer, R. (Hrsg.): [Systemdenken und Globalisierung, 1997] Systemdenken und Globalisierung, Folgerungen für die lernende Organisation im internationalen Umfeld, Wissenschaftliche Jahrestagung der Gesellschaft für Wirtschafts- und Sozialkybernetik am 28. und 28. Oktober 1995 in Reutlingen, Berlin: Duncker & Humblot, 1997

Pfohl, H.-Chr. (Hrsg.): [Supply Chain Management: Logistik plus?, 2000] Supply Chain Management: Logistik plus?, Logistikkette - Marektingkette - Finanzkette, 15. Fachtagung der Deutschen Gesellschaft für Logistik e. V., Berlin: Erich Schmidt, 2000

S

Schneider, H. (Hrsg.): [Produktionsmanagement, 2000] Produktionsmanagement in kleinen und mittleren Unternehmen, Stuttgart: Schäffer-Poeschel, 2000

Schweitzer, M. (Hrsg.): [Industriebetriebslehre, 1990] Industriebetriebslehre, Das Wirtschaften in Industrieunternehmungen, München: Vahlen, 1990

Schweitzer, M. (Hrsg.): [Industriebetriebslehre, 1994] Industriebetriebslehre, Das Wirtschaften in Industrieunternehmungen, 2. Aufl., München: Vahlen, 1994

Schweitzer, M. / Ziolkowski, U. (Hrsg.): [Interne Unternehmungsrechnung, ZfbF Sonderheft 42, 1999] Interne Unternehmungsrechnung: aufwandsorientiert oder kalkulatorisch?, Zeitschrift für betriebswirtschaftliche Forschung, Sonderheft 42, 1999

Sierke, B. / Albe, F. (Hrsg.): [Erfolgsfaktoren, 1995] Branchenübergreifende Erfolgsfaktoren. Controlling, Organisation, Logistik, Wachstum, Wiesbaden: Gabler, 1995

Slowinski, R. / Weglarz, J. (Hrsg.): [Advances in project scheduling, 1989] Advances in project scheduling, Studies in Production and Engineering Economics, 9, Amsterdam, NL: Elsevier, 1989

Stadtler, H. / Kilger, Chr. (Hrsg.): [Supply Chain Management, 2000] Supply Chain Management and Advanced Planning, Concepts, Models, Software and Case Studies, Berlin: Springer, 2000

T

Tayur, S. / Ganeshan, R. / Magazine, M. (Hrsg.): [Quantitative Models, 2000] Quantitative Models for Supply Chain Management, Fourth Printing, Dordrecht, NL: Kluwer, 2000

W

Weber, J. / Baumgarten, H. (Hrsg.): [Handbuch Logistik, 1999] Handbuch Logistik, Management von Material- und Warenflußprozessen, Stuttgart: Schäffer-Poeschel, 1999

Weglarz, J. (Hrsg.): [Project Scheduling, 1998] Project Scheduling: Recent Models, Algorithms, and Applications, Dordrecht, NL: Kluwer, 1998

Wildemann, H. (Hrsg.): [Innovationen in der Produktionswirtschaft, 1998] Innovationen in der Produktionswirtschaft - Produkte, Prozesse, Planung und Steuerung, München: TCW, Transfer-Centrum-Verl., 1998

Woodruff, D. (Hrsg.): [Optimization, 1998] Advances in Computational and Stochastic Optimization, Logic Programming, and Heuristic Search, Boston, MA, USA: Kluwer, 1998, S. 97-148

Sonstige Quellen

www.dash.co.uk, Dez. 2001

www.ilog.com/products/cplex, Dez. 2001

www.lindo.com/lingowbf.htm, Feb. 2001

Stichwortverzeichnis

Lebenslauf

Personalien	
Name	Karsten Junge
Schulausbildung	
Zeitraum	1974-1987
Wehrdienst	
Zeitraum	1987-1989
Studium	
Zeitraum	1989-1996
Hochschule	Technische Universität Darmstadt (vormals Technische Hochschule)
Fach	Wirtschaftsingenieurwesen, techn. Fachrichtung Elektrotechnik
Abschluss	Dipl.-Wirtsch.-Ing.
Berufsweg	
Zeitraum	1996-1998
Tätigkeit	Unternehmensberater
Zeitraum	1998-2002
Tätigkeit	Wiss. Mitarbeiter am Lehrstuhl für ABWL und Produktionswirtschaft an der Universität Mainz, Univ.-Prof. Dr. K. Bellmann
Veröffentlichungen	
Junge, K. / Schellenberger, D.:	Dividendenausfall bei der DB-Soft AG, in: Nebenwerte-Journal Nr. 18, 20. Dezember 1995
Sainz, L./ Junge, K. / Pedra, J.:	Program for the Electrical Network Analysis in Harmonic Presence, in: CIRED `97 - 14th International Conference and Exhibition on Electricity Distribution, Birmingham, UK, IEEE
Epstein, R. / Junge, K.:	Die praktische Umsetzung der "Method EURO", Leitartikel in: ARTHUR ANDERSEN: Akzente Nr. 3/97
Junge, K. / Jacobsen, G.:	Messemarkt Brasilien: Ein schlummerndes Potential, in: m+a report, Das Magazin für Messen, Events und Marketing, 10/99
Junge, K. / Zeng, M.:	Entscheidungsfaktoren für industrielle Investitionen in China, in: AussenWirtschaft, Die Zeitschrift für Export und Import - Branchen und Märkte, 6/01 (Teil I), 7/01 (Teil II)
Junge, K. / Mildenberger U. / Wittmann, J. (Hrsg.)	Perspektiven und Facetten der Produktionswirtschaft, Schwerpunkte der Mainzer Forschung, Wiesbaden: Gabler, 2002, Festschrift zum 60. Geburtstag von Univ.-Prof. Dr. K. Bellmann
Junge, K.	Moden und Methoden in der Logistik, Ein kurzer Überblick über Ansätze zur Planung von Logistiknetzen, in: Junge / Mildenberger / Wittmann (Hrsg.): Perspektiven und Facetten der Produktionswirtschaft, Schwerpunkte der Mainzer Forschung, Wiesbaden: Gabler, 2003, S. 117-128